T0282510

# CAMBRIDGE LIBRARY COLLECTION

*Books of enduring scholarly value*

## Earth Sciences

In the nineteenth century, geology emerged as a distinct academic discipline. It pointed the way towards the theory of evolution, as scientists including Gideon Mantell, Adam Sedgwick, Charles Lyell and Roderick Murchison began to use the evidence of minerals, rock formations and fossils to demonstrate that the earth was older by millions of years than the conventional, Bible-based wisdom had supposed. They argued convincingly that the climate, flora and fauna of the distant past could be deduced from geological evidence. Volcanic activity, the formation of mountains, and the action of glaciers and rivers, tides and ocean currents also became better understood. This series includes landmark publications by pioneers of the modern earth sciences, who advanced the scientific understanding of our planet and the processes by which it is constantly re-shaped.

## Essai de géologie

Barthélemy Faujas de Saint-Fond (1741–1819) abandoned the legal profession to pursue studies in natural history. Appointed a royal commissioner of mines in 1785, he also served as professor of geology at the natural history museum in Paris from 1793 until his death. His keen interest in rocks, minerals and fossils led to a number of important discoveries, among which was confirmation that basalt was a volcanic product. The present work appeared in three parts between 1803 and 1809. The second volume was divided into two. This first part discusses rocks, minerals and metals, notably limestone, quartz and feldspar. Of related interest in the history of geology, *Minéralogie des volcans* (1784) and the revised English edition of *A Journey through England and Scotland to the Hebrides in 1784* (1907) are two other works by Faujas which are also reissued in this series.

Cambridge University Press has long been a pioneer in the reissuing of out-of-print titles from its own backlist, producing digital reprints of books that are still sought after by scholars and students but could not be reprinted economically using traditional technology. The Cambridge Library Collection extends this activity to a wider range of books which are still of importance to researchers and professionals, either for the source material they contain, or as landmarks in the history of their academic discipline.

Drawing from the world-renowned collections in the Cambridge University Library and other partner libraries, and guided by the advice of experts in each subject area, Cambridge University Press is using state-of-the-art scanning machines in its own Printing House to capture the content of each book selected for inclusion. The files are processed to give a consistently clear, crisp image, and the books finished to the high quality standard for which the Press is recognised around the world. The latest print-on-demand technology ensures that the books will remain available indefinitely, and that orders for single or multiple copies can quickly be supplied.

The Cambridge Library Collection brings back to life books of enduring scholarly value (including out-of-copyright works originally issued by other publishers) across a wide range of disciplines in the humanities and social sciences and in science and technology.

# Essai de géologie

*Ou, Mémoires pour servir a l'histoire naturelle du globe*

Volume 2 – Part 1: Minéraux

Barthélemy Faujas de Saint-Fond

CAMBRIDGE
UNIVERSITY PRESS

University Printing House, Cambridge, CB2 8BS, United Kingdom

Cambridge University Press is part of the University of Cambridge.
It furthers the University's mission by disseminating knowledge in the pursuit of education, learning and research at the highest international levels of excellence.

www.cambridge.org
Information on this title: www.cambridge.org/9781108070713



This edition first published 1809
This digitally printed version 2014

ISBN 978-1-108-07071-3 Paperback



The original edition of this book contains a number of colour plates, which have been reproduced in black and white. Colour versions of these images can be found online at www.cambridge.org/9781108070713

# ESSAI DE GÉOLOGIE,

OU

# MÉMOIRES

POUR SERVIR

A L'HISTOIRE NATURELLE DU GLOBE;

PAR B. FAUJAS S.T-FOND.

TOME SECOND, PREMIÈRE PARTIE,

ORNÉ DE CINQ PLANCHES EN COULEURS.

---

*Minéraux.*

---

A PARIS,

Chez GABRIEL DUFOUR et COMPAGNIE, Libraires,
rue des Mathurins Saint-Jacques, n.° 7.

1809.

# CHAPITRE PREMIER.

## DE LA TERRE CALCAIRE.

### VUES GÉNÉRALES.

Cette terre est une des productions minérales les plus abondantes, et la plus générale de toutes celles que la nature a mises en œuvre pour la formation de la matière solide du globe, dans les parties du moins que l'homme a été à portée de reconnaître.

Elle constitue des chaînes de montagnes d'une grande étendue, et d'une élévation qui le dispute quelquefois à ces colosses de granit qui élèvent leur tête au-dessus de la région des nuages (1).

(1) M. Ramond, dans son dernier *Voyage au Mont-Perdu*, a non-seulement reconnu que cette montagne, dont le sommet domine toute la chaîne des Pyrénées, était en général calcaire vers cette haute cime; mais il a trouvé sur cette partie du *sable fin*, *du charbon* mêlé d'un peu de fer, *de la pierre calcaire compacte, fétide*, qui alterne avec des pierres *calcaires coquil-*

Les familles si nombreuses des mollusques testacés construisent leur habitation avec cette substance, qu'ils solidifient; les crustacés en enduisent leurs enveloppes; les poissons en faconnent leurs ossemens, leurs armes d'attaque et de défense.

Les polypes, dont la prodigieuse fécondité et la multitude innombrable caractérisent si bien les forces vitales de la nature, filtrent de toute part la même terre, la faconnent en coraux, en madrépores, en astroïtes, et en construisent ces merveilleuses habitations, si variées de formes, si brillantes de couleurs, qui tapissent le fond des mers, qui bordent les rivages, entourent la plupart des îles, donnent naissance à quelques-unes, et même viennent à bout, avec le temps, d'opposer des barrières à la mer, et de former des écueils qui ont donné lieu a plus d'un naufrage.

La terre calcaire semble si nécessaire à l'organisation animale en général, que la charpente osseuse des quadrupèdes se soutient par elle, que les oiseaux en constituent les supports de

---

*lières* : j'emprunte ici ses expressions. L'on trouve surtout sur cette même montagne de grands dépôts de *numismales* ou *numulites*, quelques astroïtes, etc. Le sommet, mesuré par MM. Vidal, Reboul et Ramond, a dix-sept cent soixante-trois toises au-dessus du niveau de la mer, ou trois mille quatre cent trente-six mètres. M. Méchain ne lui a trouvé que dix-sept cent vingt-sept toises, ou trois mille trois cent soixante-six mètres.

leur corps, les balanciers de leurs aîles et l'enveloppe de leurs œufs; les insectes terrestres eux-mêmes l'élaborent pour donner de la consistance à leurs élytres, à leurs armures et aux pinces dont ils font usage pour saisir leur proie (1) : en un mot, elle joue un rôle universel dans tout le règne organisé de la nature.

Cette terre, devenue brute par la destruction des êtres vivans, est bientôt reprise par la nature, qui la dissémine dans les minéraux, la combine avec les acides, la dépose en bancs et en couches calcaires d'un grain plus ou moins fin, en marbre de diverses espèces; la cristallise en spath, la modèle en stalactites, la modifie en gypse, l'unit à l'acide phosphorique, la mêle intimement à l'alumine ou au quartz et à d'autres terres, et lui fait jouer par là un nouveau rôle dans la fabrication des pierres gemmes.

Cet aperçu rapide, susceptible d'un plus grand développement, suffit pour faire voir à ceux qui ne sont pas encore initiés dans les opérations de la nature, combien cette terre, que l'habitude

(1) *Voyez* le Mémoire très-intéressant de MM. Fourcroy et Vauquelin sur la nature chimique des fourmis. Un des résultats de leur savante analyse a été, que le *squelette osseux des fourmis est formé, comme celui des animaux à sang chaud, de phosphate de chaux*, ou d'acide phosphorique combiné avec la chaux. *Annales du Muséum d'Histoire naturelle*, tom. I, p. 341.

nous fait regarder avec une sorte d'indifférence, est digne de nos méditations, combien elle mérite qu'on fasse des recherches suivies sur son origine, et qu'on s'occupe, avec plus de suite et de constance qu'on ne l'a fait jusqu'à ce jour, de cet important objet, dont l'origine reconnue avec certitude, si elle peut l'être un jour, doit présenter des résultats d'une si haute importance.

Les minéralogistes qui ont observé depuis longtemps, à de grandes hauteurs et côte à côte des granits, des bancs calcaires dépourvus de corps marins, se sont crus autorisés, d'après cette dernière circonstance, à conclure que le calcaire de cette sorte devait appartenir à un autre ordre de choses, et différer essentiellement du calcaire qui ne se présente que comme un assemblage de madrépores, de coquilles, ou d'autres dépouilles nombreuses de la mer. De là s'est établie la distinction entre le *calcaire primitif* et le *calcaire secondaire*.

„ Cette distinction a paru si simple et si convenable à plusieurs naturalistes, qu'ils se sont hâtés de lui donner une plus grande extension, en établissant un calcaire de troisième et même de quatrième formation.

Si, en s'exprimant ainsi, on avait eu pour but d'établir de simples divisions relatives aux diverses epoques qui ont donné naissance à des dépôts calcaires, formés par des alluvions ordinaires ou par des déplacemens accidentels des mers, ce motif eût pu être admis; en le restreignant à ce sens, il devenait même philosophique.

Mais ce calcaire ancien ne fut appelé *primitif*, que parce qu'on chercha à l'assimiler, pour l'époque de sa formation, au granit, dont on ne connaissait pas mieux l'origine, et qu'on regardait comme l'ouvrage d'une création particulière. Or cette hypothèse, quoiqu'elle ne soit appuyée sur aucun fait, paraissait simple et commode, et fut admise avec d'autant plus de facilité qu'elle dispensait de recourir à des recherches épineuses, dans un temps surtout où la chimie n'avait pas fait toutes les découvertes qui l'ont mise à portée, depuis lors, de prêter son appui et de fournir de grands secours à la connaissance exacte des minéraux.

On croyait donc, et bien des naturalistes croient encore, que la terre calcaire, en totalité, est un résultat de la création; qu'elle a été universellement répandue dans la nature, afin que les animaux de la mer, ainsi que ceux qui peuplent la surface de la terre, et même les végétaux, pussent s'en approprier les portions qui leur sont convenables pour le complément de leur organisation : de manière que les mollusques testacés, les polypes, les poissons, les cétacés, la trouvent toute formée et flottante dans l'élément liquide qui constitue les mers; que les quadrupèdes et les autres animaux terrestres la puisent dans leurs alimens, et que les innombrables familles qui composent le règne végétal pompent la chaux par leurs racines, ou l'aspirent par les pores absorbans de leurs feuilles.

Buffon, Fortis, Blumenbach, Lamarck, et quelques autres célèbres scrutateurs de la nature, avaient adopté depuis long-temps une opinion bien différente : ils considéraient la chaux comme le produit immédiat des animaux. J'ai toujours pensé, et je pense certainement encore comme ces illustres savans : je développerai dans le cours de cet ouvrage les motifs sur lesquels j'appuie cette opinion.

Mais en attendant, qu'il me soit permis de dire qu'en bonne logique l'on doit s'abstenir de recourir à des suppositions abstraites, purement hypothétiques et hors de tout entendement, toutes les fois qu'on peut suivre pas à pas la marche admirable et toujours simple de la nature, qui nous présente de toute part le règne organique, et particulièrement l'immensité des êtres qui vivent dans la mer et en remplissent pour ainsi dire toutes les places, occupés sans cesse et depuis des temps infinis à fabriquer cette terre, et à mettre en jeu les élémens qui servent à sa formation.

En énonçant cette pensée, j'ose espérer qu'on ne m'accusera pas de considérer les êtres organisés, comme doués de la faculté de produire avec rien une substance matérielle bien distincte, dont les caractères sont invariables et constans, et dont les combinaisons avec divers acides donnent naissance à autant de sels pierreux particuliers.

Si j'avais une croyance aussi singulière, je m'exposerais au reproche que je fais à ceux qui, se trouvant embarrassés pour expliquer des phénomènes nouveaux dont la théorie n'est pas encore connue, font intervenir à volonté, et toutes les fois qu'ils en ont besoin, la puissance suprême, et lui font créer telle ou telle substance, qu'ils qualifient alors du titre de *matière primitive*, de *monde primitif*, de *granit primitif*, de *calcaire primitif*, etc.

Je considère les êtres organisés, comme étant en quelque sorte des instrumens de chimie vivans, propres à séparer, à modifier certains principes qu'ils puisent dans l'air, dans l'eau, peut-être même dans la lumière, et dont les molécules gazeuses, invisibles à notre œil, mais mises en jeu par la chaleur, la puissance attractive et la force vitale, peuvent donner naissance à des résultats nouveaux, et produire l'union et la combinaison particulière des élémens qui constituent la substance matériel leque nous avons appelée chaux.

Or, comme les sources où puisent tant de milliards d'êtres organisés de tout genre et de toute espèce, l'air et l'eau, sont en quelque sorte intarissables, puisque cette dernière se décompose et se régénère dans plusieurs cas (1), et que la lumière existera autant que brillera l'astre qui la projette ; il en résulte que ce concours de causes et de résultats doit durer autant que l'ordre actuel des choses, et jusqu'à ce qu'il plaise à celui qui a voulu produire cet admirable et céleste accord, d'en interrompre le cours ou d'en briser tous les ressorts.

Cette marche plus simple, plus conforme à l'état actuel des connaissances acquises dans l'étude de la nature, me paraît d'autant plus raisonnable et plus simple, qu'en se rapprochant davantage des lois physiques, elle nous dispense de recourir à des moyens partiels que notre faiblesse ose prêter à l'ordonnateur sublime d'un système sans bornes, dans lequel notre planète n'est qu'un atome imperceptible.

Cependant, en admettant que les eaux de la mer se sont élevées à des hauteurs qui excèdent dix-neuf cent toises (et certainement les coquilles, ainsi que les autres productions marines qu'on a reconnues

---

(1) « Il y a apparence, dit Bertholet, que la décom- » position d'eau se fait abondamment dans tous les ani- » maux; car ils se chargent d'une graisse abondante en » vivant d'alimens qui contiennent peu d'hydrogène, et en » général toutes les substances animales ont une grande » proportion d'hydrogène. » *Statistique chimique*, tom. II, p. 544.

à cette hauteur, l'attestent suffisamment) (1), des naturalistes très-instruits d'ailleurs n'en demeurent pas moins attachés à l'opinion qui admet un calcaire *préexistant* tout formé : ce qui signifie en d'autres termes, qu'ils considèrent ce calcaire comme l'ouvrage immédiat de la création, et c'est à ce titre qu'ils l'ont qualifié *de calcaire primitif*.

---

(1) Voici des observations nouvelles, faites avec toute l'attention possible par le plus intrépide et le plus savant voyageur ; c'est M. Humbold qui va parler. « Dans les » Andes, les débris de corps organisés sont en général » assez rares, parce que la pierre calcaire abonde très- » peu dans le voisinage de l'équateur. Cependant, près de » *Micuipampa*, dont j'ai observé la latitude australe de » 6° 45′ 38″, on a trouvé des coquilles pétrifiées, des » *cœurs*, des *ostrea* et des *échynites*, deux cents mètres » (cent trois toises) plus haut que la cime du pic de » Ténériffe, à trois mille neuf cents mètres (deux mille » toises) d'élévation. A *Huancavelica*, il en existe à » quatre mille trois cents mètres (deux mille deux cent » sept toises).

» Les os fossiles d'éléphans que j'ai rapportés de là » vallée du Mexique, de *Suacha* près de *Santa-fé*, de » Quito et du Pérou, ne se trouvent dans la Cordilière des » Andes qu'à deux mille trois cents et deux mille neuf » cents mètres (onze cent quatre-vingt-une et quatorze » cent quatre-vingt-neuf toises) de hauteur. » *Tableau physique des régions èquatoriales*, *Voyage de Humbold et Bonplànd*, prem. part., *Physique generale*, pag. 127 de la grande édition.

*Peut-on se refuser à une telle vérité*, disent haûtement ceux qu'une croyance aussi vague accommode, *puisque ce calcaire limitrophe des granits ne renferme jamais, ni coquille, ni le moindre vestige de corps organisés?* Je ne me suis certainement pas déguisé cette objection; je me plais même à lui donner une nouvelle force, en ajoutant que non-seulement le calcaire dont il s'agit touche aux granits, mais qu'on le trouve même quelquefois interposé entre les masses ou les bancs, et même entre les couches feuilletées de cette roche d'antique formation, et renfermant comme elles des paillettes de *mica* ou des portions d'*hornblende laminaire.*

Je n'ignore pas non plus que le *feld-spath*, qui forme un des principes constituans des granits, se trouve aussi quelquefois en grains, et même en cristaux, dans la pierre calcaire qui avoisine ces roches d'ancienne formation; l'analyse à son tour nous fait voir quelques portions de chaux unies ou combinées avec la plupart des *feld-spaths.*

J'ajoute même que je ne suis point éloigné de croire que ce calcaire a été tenu en dissolution à la même époque de la formation des granits, et dans le fluide qui servait d'intermède à leur cristallisation plus ou moins tumultueuse, plus ou moins régulière; c'est dire en deux mots que je considère ce calcaire comme contemporain des granits, mais ayant existé sous un autre mode avant l'époque où la nature, par des circonstances et des moyens qu'il ne nous est pas donné de savoir, du moins dans l'état actuel de nos connaissances, réunit, mélangea, combina, et cristallisa simultanément la terre quartzeuse, l'argile, les élémens du mica, de l'hornblende, du feld-spath, et les colora par le fer, en même temps qu'elle les unit au calcaire.

Alors le calcaire, plus facile à dissoudre, se précipita en spath, en marbre écailleux salin, et forma des couches, des veines, des filons, là où il se trouva en grande abondance, et donna naissance à ce prétendu *calcaire primitif*, qui, par cela même qu'il fut soumis à l'action d'un dissolvant, adopta des formes cristallines qui dûrent effacer toutes celles qu'il avait auparavant; car qui peut affirmer que ce calcaire, quoique les traces de son organisation antécédente aient disparu, n'a pas eu la même origine que celui qui se forme de nos jours, en quantité immense, dans le sein des mers, à l'aide des êtres vivans que la nature a doués de cette faculté en leur donnant les instrumens propres à combiner les élémens qui constituent la chaux, comme elle a donné à la canne à sucre ceux qui servent à composer les principes sucrés, qui n'existent certainement pas tout formés dans les terres diverses où croît ce riche et utile végétal ?

Cette opinion paraîtra aussi extraordinaire que hardie à ceux qui n'ont pas médité assez long-temps sur ce grand et important sujet, et qui n'ont pas pris les peines nécessaires pour faire sur les lieux les observations nombreuses, suivies et réitérées, qui tiennent au gisement, à la forme, à la composition de ces roches antiques qui attestent une des plus extraordinaires révolutions qu'ait éprouvées notre planète, et d'autant plus terrible qu'elle a été destructive des formes, et qu'elle n'a conservé que les élémens chimiques des corps.

Je n'ai certainement ni la prétention ni les moyens de rechercher les causes de ces grandes vicissitudes, qui par là même qu'elles tiennent à un système immense au-dessus de la portée de l'esprit humain, ne pourront jamais nous être connues, et qui d'ailleurs confondent tout, détruisent tout lorsqu'elles arrivent : mon but est seulement de faire voir que si le calcaire des granits n'a pas été formé par les animaux marins de toute espèce à une époque antérieure à la formation de ces mêmes granits, et qu'il faille le considérer comme le produit immédiat et direct d'une création particulière, il faudra recourir aussi à autant de créations différentes qu'il y a de matières particulières dans cette pierre composée, où l'on trouve le *quartz*, l'*argile* ou l'*alumine*; le *fer*, le *mica*, l'*hornblende*, le *grenat*, l'*apatite*, et tant d'autres matières minérales diverses qui entrent dans la composition de cet agrégat cristallisé.

Portons à présent nos regards sur la matière calcaire moins ancienne, répandue avec tant d'abondance et de profusion sur toutes les parties de la terre, qu'on peut dire avec un de nos plus célèbres minéralogistes, qu'*elle appartient à toutes les époques, et qu'il serait aussi difficile de citer des contrées où elle ne se trouve pas, que de faire l'énumération de tous les lieux où elle se trouve* (1).

La terre calcaire mérite d'autant plus l'attention des géologues, que semblable en quelque sorte à un protée, elle se présente sous une variété de combinaisons, de formes et de modifications, qui tiennent en quelque sorte à la mobilité dont elle paraît susceptible ; elle passe de l'état coquillier et madréporique à celui de terre brute, de pierre calcaire, tendre, dure, compacte, lamelleuse, spathique et transparente : les formes géométriques qu'elle est susceptible d'adopter dans son état de cristallisation sont si nombreuses, qu'elles ont véritablement de quoi nous étonner et nous surprendre (2).

---

(1) *Traité de minéralogie*, par M. Haüy, tom. II, pag. 191.

(2) « La chaux carbonatée, dit M. Haüy, étant de tous » les minéraux qui ont un rhomboïde pour noyau, ou plu-

Rapportons à présent, relativement à la mobilité des molécules calcaires et à la tendance qu'elles ont de se modeler sur des formes diverses, un exemple que les personnes les moins exercées dans l'étude des sciences naturelles puissent être à portée d'observer.

Les grandes cavernes qu'on trouve assez souvent dans les montagnes calcaires, ont attiré dans tous les temps l'admiration et la curiosité des hommes. Leur profondeur, leurs sinuosités, l'absence de la lumière, le silence profond qui y règne; tout inspire une sorte de respect religieux et de crainte, qui ont rendu célèbres plusieurs de ces antres, où le vulgaire croit voir sans cesse des objets merveilleux.

Plusieurs de ces cavernes sont situées dans des montagnes dont les bancs et les couches renferment des madrépores, des coquilles de diverses espèces;

---

» tôt de tous les minéraux en général, celui qui abonde » le plus en formes cristallines diversifiées, j'ai pensé » qu'il pourrait être intéressant de comparer le tableau » des résultats connus de la cristallisation avec celui que » présente la théorie, pour savoir jusqu'où s'étend l'ob- » servation dans l'immense série des possibles.... » Et les recherches de ce savant l'ont conduit à trouver, que le nombre de toutes les combinaisons possibles était de *huit millions trois cent quatre-vingt-huit mille six cent quatre. Mémoire sur les nouvelles variétés de chaux carbonatée, Annales du Muséum d'Histoire naturelle*, tom. I, pag. 114 et suiv. par M. Haüy.

il y en a même dont la totalité des pierres n'est composée que de *numulites.*

Or qu'observe-t-on dans l'intérieur de ces profonds labyrinthes, qu'il n'est permis de parcourir qu'à l'aide de flambeaux? Ici ce sont des nappes brillantes qui couvrent le sol et le revêtent du plus bel albâtre ; là, des pyramides resplendissantes, diversifiées par leur position et par leur hauteur, de grandes aiguilles disposées en faisceaux, d'autres en rayons qui pendent des voûtes, ou qui partent de terre et s'élèvent en obélisques. Si l'on s'enfonce plus avant, on entre sous de grandes arcades qui figurent des temples gothiques : des draperies épaisses, mais transparentes, descendent par ondulations des parties les plus élévées, et viennent se développer en festons élégans qui paraissent ornés de franges brillantes. On trouve, en un mot, de toute part de grands espàces ou des réduits mystérieux, ornés de groupes bizarres imitant diverses figures, et donnant lieu à des illusions et à des méprises d'autant plus étranges qu'on est éloigné de la porte du jour, et qu'une sorte de terreur involontaire semble s'emparer de celui qui visite et parcourt pour la première fois ces antres profonds et retirés, où la nature dans le silence travaille lentement à des opérations qui modifient ou changent les formes de la matière calcaire.

Cependant, le naturaliste exercé ne voit dans tout ce brillant appareil et dans tous les résultats de cette opération qu'une cause très-simple, produite par les infiltrations lentes et journalières du fluide aqueux, qui dissout, atténue, déplace les molécules qui constituent les masses supérieures, au milieu desquelles sont creusés ces antres profonds, et modifie en petits cristaux la matiere calcaire des corps marins, dont l'agrégation et les *detritus* composent les montagnes calcaires, dans le sein desquelles on trouve de semblables cavernes.

Ce sont ces modifications qui effacent à jamais, dans de telles circonstances, les caractères de l'organisation animale : et celui à qui l'on présenterait des morceaux détachés de ces pierres spathiques nouvellement cristallisées, sans le prévenir de la cause qui a donné lieu à ce genre de formation, ne prononcerait-il pas une grande erreur s'il annoncait qu'il les considère comme d'ancienne formation, comme provenant d'un calcaire primitif, parce qu'il ne saurait y reconnaître le plus léger vestige des corps organiques, c'est-à-dire des coquilles ou des madrépores, qui ont cependant servi de base à la formation secondaire de ce calcaire cristallisé ?

Je ne rapporte cet exemple que comme un fait propre à être pris en considération par ceux même qui n'auraient pas fait de profondes études en minéralogie, mais qui sont amis de l'exactitude et de la vérité ; car, en lui-même, ce fait n'est pour ainsi dire rien à côté des moyens que la nature sait mettre en œuvre toutes les fois qu'elle développe sa puissance en grand, particulièrement dans ces époques qui tiennent à des causes générales où tout semble devoir se confondre et changer de forme en même temps. Vainement voudrions-nous éloigner de notre pensée et jeter dans l'avenir le plus reculé les événemens désastreux qui attendent notre globe : nous voyons trop de traces et trop de preuves de ces terribles événemens, pour ne pas croire qu'ils sont arrivés plusieurs fois, et qu'ils doivent avoir lieu encore sur une terre telle que la nôtre, subordonnée à tant de causes et sujette à tant de vicissitudes ; dans un système où son rôle est si secondaire et si passif, que son état de calme et de repos ne saurait être d'une bien longue durée.

Comme dans un sujet aussi difficile et en même temps aussi compliqué que celui qui concerne toutes les modifications du calcaire dans les divers états où la nature le présente en grand à nos regards, on ne saurait adopter une marche trop méthodique ni écarter assez tout ce qui peut embarrasser la route, il est nécessaire de suspendre la discussion sur la question de l'origine du calcaire ancien, qualifié de *calcaire primitif* : ce sera en traitant des granits que cette même question pourra retrouver sa place; et alors le lecteur, qui aura présent à la pensée tout ce que nous allons établir sur le calcaire moins ancien, sera plus à portée de prononcer si l'opinion que j'ai énoncée sur le calcaire des pays granitiques est éloignée de toute probabilité, ou si elle est digne en quelque sorte de l'examen attentif des savans, qui aiment à reconnaître dans les opérations de la nature cet accord simple, cette marche égale et facile, qui ne sauraient subsister avec des ressorts trop compliqués.

C'est pour parvenir à ce but, qu'il me paraît nécessaire de diviser le calcaire dont il est question :

1.° En calcaire qui existe en grand dans la nature, sous forme de craie ;

2.° En calcaire disposé en couches coquillières;

3.° En calcaire formé en place par les madrépores et par les autres corps marins analogues ;

4.° En calcaire dont les couches pierreuses ne laissent apercevoir que peu de vestiges de corps organisés.

Mais avant tout et pour se mettre à portée de bien juger de la marche de la nature dans la formation de nos continens, il faut se rappeler à chaque instant, que c'est dans l'immense réceptacle des mers que se sont préparés et se préparent encore, à l'aide des forces physiques, à l'aide des forces vitales, réunies à toutes les combinaisons et à tous les modes chimiques possibles, les matériaux premiers destinés à augmenter la masse solide du globe et à diminuer en même temps le fluide aqueux, au milieu duquel et aux dépens duquel s'exécutent journellement ces grandes opérations de la nature.

Cette vérité, toujours présente à la pensée, pourra servir d'autant plus à nous éclairer sur les dépôts et les accumulations de matières calcaires qui constituent des chaînes entières de montagnes, que partout nous y reconnaîtrons l'ouvrage de la mer, et les restes plus ou moins atténués des corps organisés qui ont vécu autrefois dans son sein.

## § I.er

### *Du calcaire qui se présente sous forme de craie et occupe de grands espaces sur la surface de la terre.*

La craie, de même que la pierre calcaire, est composée de chaux et d'acide carbonique. Mais les craies qu'on trouve si abondamment répandues sur plusieurs parties de la terre paraissent avoir un principe de plus, celui qui produit la phosphorescence dont elles sont presque toutes douées, lorsque dans l'obscurité on répand leur poussière sur des charbons ardens. On ne s'est point occupé encore à examiner ce principe, qu'il serait cependant plus facile de reconnaître que jamais, à présent que la méthode des analyses a été portée à un haut degré de perfection, et que nous avons des hommes si exercés dans l'art des opérations chimiques les plus délicates.

2.

Ce principe phosphorescent, interposé en quelque sorte entre les molécules de la craie, ne serait-il pas une des causes qui s'opposent à leur intime rapprochement, et à la force de cohésion qui a donné tant de consistance et de dureté à un grand nombre de pierres calcaires ; tandis que les craies en général, quelle que soit l'étendue ou l'épaisseur de leurs couches, quelle que soit la pesanteur des masses pierreuses de toute autre nature qui les compriment, n'acquièrent jamais qu'une adhérence faible que le moindre effort détruit : l'humidité qui les pénètre n'y fait pas davantage, même à la longue, et celles que les mers submergent depuis des temps si reculés n'ont jamais cessé d'être dans le même état.

Dolomieu, qui habita si long-temps Malte et qui connaissait si bien l'histoire naturelle de cette île, dont le sol est d'un calcaire cretacé, dit que cette substance est toujours la même, et que la mer, loin de l'altérer ou de la modifier à la longue dans les parties qu'elle baigne, n'y a pas produit le moindre changement. La vase crayeuse « qui occupe le fond du port, dit cet habile géologue, est dans le même état de mollesse qu'elle avait lorsque les Phéniciens vinrent habiter les premiers cette île. » (1)

(1) *Journal de Physique et d'Histoire naturelle*, pag. 19. Novembre 1791.

Les sondages, au milieu des mers les plus lointaines, comme dans les plus rapprochées, nous montrent le même fait : lorsque la sonde touche un fond de craie, c'est toujours dans un état semblable à celui des craies ordinaires, qu'elle rapporte cette substance.

Les naturalistes voyageurs savent très-bien quelle est la vaste étendue qu'occupent les terrains crayeux. En France, la Champagne est traversée par une large et longue ceinture de cette nature de terre, qui s'étend dans plusieurs départemens, se divise en diverses ramifications qui couvrent de grands espaces : je me borne à citer ici cet exemple, parce qu'il est un des plus frappans et un des plus faciles à observer. Je rapporterai même quelques faits relatifs à un ou deux gisemens de ces craies, afin d'en donner une idée à ceux qui n'ont pas été à portée de faire des observations sur la position et l'état d'une terre calcaire en général si pure, et en même temps si peu consistante et si remarquable par l'éclat d'une blancheur qui fatigue trop souvent la vue.

C'est dans les exploitations principales des environs de Châlons-sur-Marne, dont quelques-unes ont été poussées jusqu'à cent pieds de profondeur, que j'ai fait les observations suivantes.

1.° La craie y est disposée en couches ou plutôt en bancs parallèles, ceux-ci ont depuis trois jusqu'à quatre pieds d'épaisseur, la couleur de la craie est blanche et égale partout. Les couches supérieures les plus exposées à l'air sont friables, gercées et réduites en petits éclats.

2.° Lorsqu'on est parvenu à quinze ou seize pieds de profondeur, la craie qui conserve son eau de carrière acquiert plus de consistance; mais elle n'est point dure, puisqu'on la coupe avec la plus grande facilité avec une hachette pour l'équarrir : on pourrait en faire de même avec un simple couteau. Il est difficile d'en tirer de grosses pièces, parce que l'effort des marteaux ou des pinces la casse facilement; les plus gros n'ont guère plus de quatorze pouces d'équarrissage.

3.° Un pied cube de craie solide, mais tendre, lorsqu'elle vient d'être tirée de la carrière, pèse

| | | |
|---|---|---|
| cent trente-neuf livres, quatorze onces, ci . . . . . . . . . . . . . . | 139 l. | 14 onces. |
| Séchée à l'air, au mois de juillet, elle ne pèse plus que cent onze livres, quinze onces, ci. . . . . . | 111 | 15 |
| Différence. . . . | 27 l. | 15 onc. |

Il existe plusieurs carrières qui ont été excavées jusqu'à la profondeur de plus de cent pieds au milieu de la craie, sans qu'on ait atteint la matière sur laquelle elle est assise; on ne va pas plus avant, parce que l'eau incommode les ouvriers et que le travail devient trop dispendieux. Cependant un vieillard que je consultai et qui était occupé à une carrière, m'assura qu'il avait vu dans sa jeunesse une excavation profonde, dans laquelle on reconnut que la craie reposait sur une *terre noirâtre, très-tenace*. Il est à présumer que c'était une espèce de marne mêlée de beaucoup d'argile; l'eau qui se montre dans les puits les plus profonds n'est retenue probablement que par cette terre.

4.° On emploie la craie la plus compacte à former du moellon pour bâtir à défaut de pierres. On en fait aussi de la chaux qui est d'une blancheur éblouissante lorsqu'elle est détrempée : elle est excellente pour enduire les murs et les voûtes; mais elle ne vaut pas, à beaucoup près, celle qui est faite avec la pierre calcaire dure, lorsqu'on l'emploie comme ciment. (1)

(1) Je trouvai à Châlons un simple chaufournier, propriétaire de la carrière de la *côte de Mahou*, homme extraordinaire et qui me fut bien utile. Il se nomme *Cartelet*, et loge au faubourg Saint-Jacques; il a l'air honnête, spirituel, et sa bonne physionomie ne trompe pas : il a des notions de mathématiques, a suivi avec fruit quelques cours de l'école centrale, et est passionné pour l'histoire naturelle des fossiles. C'est un second *Bernard de Palissy*. Il s'énonce clairement et en bons termes sur des matières de sciences; mais il a, comme Bernard de Palissy, une femme qui le tourmente et qui jette de temps en temps toutes ses collections à la rue. Il me fut fort utile dans mes recher-

5.° Les corps marins et autres fossiles sont peu communs en général dans les carrières de craie des environs de Châlons et des lieux circonvoisins, et ce n'est qu'à la profondeur de quarante à cinquante pieds qu'on trouve quelques bélemnites spathiques, jaunâtres, demi-transparentes, très-petites; trois différentes espèces d'*échinites*, remplis de craie, mais dont le test est passé à l'état spathique calcaire; quelques pointes d'oursins exotiques, très-singulières et spathiques; de très-petites dents de requin; des pyrites de diverses formes. J'en trouvai une entre Vitri-le-Francais et Châlons, qui pesait plus de dix livres et avait une forme conique, analogue à celle d'une pomme de pin. Je la cassai à coups de marteau, et je trouvai au milieu une jolie térébratule avec ses deux valves, qui servaient de noyau à la masse pyriteuse formée autour d'elle, et qui était elle-même pyritisée.

Les carrières de craie de Meudon, près de Paris, présentent aussi quelques faits instructifs. La colline qui en est formée a au moins deux cent-cinquante pieds de hauteur; elle est de plus couronnée de diverses couches de calcaire coquillier,

---

ches; il m'a écrit depuis lors et m'a envoyé quelques jolies coquilles : je lui en témoigne ici ma reconnaissance, ainsi qu'à M. *Devillarceau*, naturaliste éclairé, qui m'a fait connaître le bon Cartelet.

formant une masse d'environ cent-cinquante pieds de hauteur, qui repose immédiatement sur la craie. Celle-ci ne se présente point en couches horizontales, comme celle des environs de Châlons; mais l'on observe vers le tiers de l'épaisseur totale de la masse de craie, en partant du haut, une petite couche continue de substance siliceuse, qui partage horizontalement la masse de craie dans toute sa longueur. Ce dépôt siliceux, d'un brun noirâtre, n'a que quelques pouces d'épaisseur moyenne; et, comme on a ouvert des exploitations au-dessus et d'autres par-dessous, il en résulte qu'il sert de plancher aux travaux supérieurs, et de toit à ceux qui viennent immédiatement après. Les ouvriers ont donné le nom vulgaire de *plaquette* à cette petite couche siliceuse.

On trouve dans la craie de Meudon, 1.° quelques térébratules spathiques; lorsqu'on enlève entièrerement la craie qui est dedans, en les trempant dans l'eau et en les nettoyant avec une petite brosse, on s'aperçoit que la charnière est mobile, et qu'on fait jouer avec facilité les deux valves sans les séparer.

2.° Une fort belle espèce d'*échinite*, d'une parfaite conservation, changée en spath calcaire, et quelquefois passée à l'état siliceux. M. de Lamarck l'a prise pour type de son genre *ananchites*, et lui a donné le nom d'*ananchites ovatus*. (*Système des Animaux*, pag. 347). C'est l'*echinus ovatus* de Klein, *Ehinod.*, pag. 178, table VIII, lettre G.

3.° On y trouve aussi des bélemnites, une espèce d'huitre, et des noyaux de silex, isolés, de différentes formes et grosseurs, mais disposés en général sur des lignes parallèles diverses.

4.° Des fragmens d'un corps organisé que M. de France nous a fait connaître comme ayant appartenu à une espèce de *pinna rudis*, Lin., changés en spath calcaire, et formant des plaques de la grandeur de la main.

Il serait inutile et beaucoup trop long de nous étendre davantage ici sur le gisement des craies, et de faire mention de celles d'Angleterre, de Malte, etc., qui ne diffèrent guère de celles dont nous venons de parler.

## § II.

### *Du calcaire coquillier, disposé en bancs ou en couches.*

Si l'on disait aux neuf dixièmes des habitans de Paris, choisis dans la classe même de ceux qui ont reçu la meilleure éducation, mais à qui l'histoire naturelle est étrangère : *Votre immense cité, ses portiques, ses tours, ses temples, ses monumens pablics et la presque totalité de vos habitations, ne sont formés que des dépouilles d'animaux marins*; ils seraient bien étonnés d'un pareil langage, et cette vérité, loin de fixer leur attention au premier abord, serait regardée, peut-être, comme l'a été dans les premières années celle de la découverte, bien constatée, des pierres atmosphériques. Il ne faut point être étonné de cela; les progrès des connaissances humaines ne marchent qu'à pas très-lents.

Mais est-on bien assuré que ces blocs énormes qu'on transporte journellement pour les constructions de cette vaste capitale doivent leur origine à des corps marins? Non-seulement le fait est des plus certains pour celui qui, muni des connaissances préliminaires, prend la peine de les observer avec soin ; mais on peut affirmer aussi que la majorité des bancs superposés les uns au-dessus des autres, jusqu'à des profondeurs qu'on n'a point encore pu atteindre, ne sont presque entièrement composés que d'une seule espèce de coquille en forme de *vis*, à laquelle les naturalistes ont donné le nom de *cérite*, et qui a le plus grand rapport avec une coquille qu'on trouve en très-grande abondance dans plusieurs parties des mers indiennes. (1)

---

(1) Cette coquille est le *cerithium cerratum*, qui est figuré dans le superbe ouvrage anglais de *Martyn*, tom. I, planche 12, lettre G, et qu'il a nommé *clava rugata*. Elle a été figurée d'après une de celles qu'on trouve en si grand nombre aux *Iles-des-Amis*.

Les bancs des carrières de *Mont-Rouge* près de Paris, qui ont au moins la même épaisseur et la même étendue en profondeur que ceux qui sont sous Paris, auxquels ils se réunissent, sont composés non-seulement de la même espèce de *cérite*; mais ils reposent sur d'autres bancs aussi épais et aussi solides, qui ne sont presque entierement formés que d'un très-petit corps marin globuleux, un peu comprimé, qui avait échappé à l'observation des naturalistes, et que M. Defrance, à qui les fossiles des environs de Paris sont si familiers, a reconnu comme appartenant à un genre particulier de coquilles, auquel on a donné le nom de *miliolite*, parce que chacun de ces petits corps n'excède pas la grosseur d'un grain de milet (*panicum miliaceum*) M. de Lamarck, qui en a formé un genre et en a donné un bon développement dans ses Mémoires sur les Fossiles des environs de Paris, dit avec raison, que » C'est « avec les plus petits objets que la nature pro- « duit partout les phénomènes les plus imposans « et les plus remarquables. Or c'est encore ici « un de ces exemples nombreux qui attestent « que, dans la production des corps vivans, tout « ce que la nature semble perdre du côté du vo- « lume, elle le regagne amplement par le nombre « des individus, qu'elle multiplie à l'infini et avec « une promptitude admirable. Aussi les dépouilles « de ces très-petits corps vivans du règne animal,

« influent-elles bien plus sur l'état des masses qui « composent la surface de notre globe, que celles « des grands animaux, qui, quoique constituant « des masses bien plus considérables, sont infini- « ment moins multipliées dans la nature. » (1)

Les deux exemples que je viens de rapporter au sujet de l'immense multiplication de certaines espèces de coquilles, je les ai choisis de préférence dans les environs d'une cité qui, étant le point central des lumières, permet à un plus grand nombre de personnes d'en prendre connaissance; mais ces deux faits ne sont rien, si on les compare à une multitude d'autres où la nature nous offre des collines, et quelquefois même des montagnes, formées des pierres les plus dures, et qui ne sont composées que d'une seule espèce de corps marin.

Les *numismales* sont de ce nombre. J'ai observé dans le Véronais, dans le Vicentin, dans le Frioul et ailleurs, des bancs de pierres de la

---

(1) *Annales du Muséum d'Histoire naturelle*, tom. V, pag. 349, genre *miliolite*. M. de Lamarck distingue sept espèces de ce genre qu'on trouve dans l'état fossile; il a donné avec raison le nom de *miliolite des pierres* (*miliolites saxorum*) à celle de Mont-Rouge. Ce qu'il y a de remarquable, c'est qu'on trouve dans la mer de Corse, sur les coralines et les fucus, une *miliolite* vivante, qui est l'analogue de la *miliolites planulata*, variété β. de M. de Lamarck. On en trouve une autre vivante à la mer du Sud.

plus grande dureté, qui n'étaient absolument composés que de ce genre de corps marin, dont les espèces et les variétés sont si nombreuses, que Fortis, qui s'est occupé à les classer systématiquement dans sa *Géologie du Vicentin*, en a décrit douze espèces bien caractérisées, et plus de cinquante variétés qu'il a fait figurer avec soin (1); j'en possède dans ma collection plus de huit espèces que Fortis n'a pas connues, et que j'ai recueillies depuis la publication de son excellent ouvrage. J'ai observé à *Monte-Bolca* dans la partie qui dépend du Vicentin, du côté d'*Altissimo*, plus de huit couches alternatives, dont plusieurs avaient jusqu'à deux pieds d'épaisseur, qui n'étaient entièrement composées que d'une très-petite *numulite*, qui avait formé une pierre susceptible, par la dureté et le rapprochement des molécules, de recevoir le plus beau poli. Ces numulites y sont si multipliées, qu'elles sont absolument adhérentes les unes aux autres dans tous les points, presque toutes de la même grandeur et de la plus belle conservation; mais ce qu'il y a de plus remarquable, c'est que ces couches pierreuses de numulites recouvrent les lits fissiles beaucoup plus tendres qui renferment les beaux poissons fossiles de *Monte-Bolca*, si recherchés par les naturalistes,

(1) *Géologie du Vicentin*, par *Fortis*, tom. II, pag. 5 et suivantes. Paris 1802, fig. 2 vol. in-8°.

et dont le Muséum d'Histoire naturelle de France possède la plus nombreuse et la plus précieuse collection; grâces à la munificence de l'Empereur.

Si cette multiplication des *numulites* a véritament de quoi nous étonner, celle des *entroques* n'est pas moins surprenante; on a donné anciennement ce nom à des articulations et à des débris d'un genre de polypes marins, connu des naturalistes sous les dénominations spécifiques d'*encrinite*, de *pentancrinite*, etc. Des montagnes entières, souvent d'une grande étendue, ne sont composées que de couches pierreuses qui doivent leur formation à ces corps marins dont on regardait les espèces vivantes comme perdues, mais qui ne le sont certainement pas toutes, puisqu'on possède dans les galeries du Muséum d'Histoire naturelle de Paris l'analogue d'une des espèces du *pentancrinite*, qui fut enlevé vivant au bout d'une sonde jetée dans la mer des Indes, à une grande profondeur.

Dans la structure des bancs calcaires coquilliers, le géologue doit distinguer avec soin les coquilles qui vivent en familles, telles que les *ostracites*, les *pectinites* et autres mollusques testacés, dont les analogues sont réunis encore par familles dans nos mers; car l'on doit tirer de cette disposition, des conclusions bien différentes de celles qui résultent d'un mélange, et d'une accumulation sans ordre, de coquilles, que les flots auraient réunies pour en former à la longue des stratifications diverses, qui par la suite auraient passé à l'état de pétrifications.

Je n'ai parlé ici que du calcaire coquillier disposé en couches pierreuses, formant des collines et des montagnes, parce que mon but, dans ce paragraphe, n'est que de considérer les corps marins de cette nature, comme pouvant donner naissance, par leur multiplication immense et par leur accumulation, à des bancs entiers qui ne sont formés absolument que de ces corps ou de leurs débris. C'est pourquoi je ne fais point mention ici de ces immenses amas de coquilles connues en Touraine sous le nom de *faluns*, sur lesquels Réaumur a publié un excellent Mémoire dans ceux de l'Académie des Sciences en 1770. Cet habile naturaliste ne laissa pas échapper l'observation géologique suivante. Ayant déterminé l'étendue du *faluns* à neuf lieues carrées de surface, et les couches entièrement coquillières à dix-huit pieds d'épaisseur moyenne, le calcul lui donna *cent trente millions six cent quatre-vingt mille toises cubiques de matière coquillière*. M. de Réaumur n'avait voulu prendre dans son calcul que le minimum d'étendue et de profondeur de la masse exploitée; et il en prévient en convenant que l'on extrait le falun à vingt-deux pieds de profondeur, et que si l'eau ne gênait pas les ouvriers, on creuserait bien plus profondément encore.

Il reste maintenant à répondre à une objection que font naturellement ceux qui, n'ayant ni observé ni étudié les productions de la mer, et ne pouvant par conséquent se former une idée de leur étonnante multiplication, demandent si ce qui a eu lieu autrefois relativement aux corps marins fossiles, dont tout atteste le nombre immense, puisque des collines et même des montagnes entières en sont formées, s'opère à présent dans les mers que nous connaissons.

Pour répondre d'une manière positive à cette question, nous allons choisir un exemple à portée de nous : car si nous voulions porter nos regards vers les latitudes equatoriales, ou la nature développe de préférence tous les genres de fécondité, de manière qu'il n'y a pas une place dans ces mers qui ne soit peuplée d'êtres vivans de tous les genres et de toutes les espèces, on pourrait dire qu'il n'est donné qu'à un petit nombre d'observateurs d'aller contempler la nature dans des lieux aussi lointains, où toutes les forces vitales sont en action et en mouvement pour produire et multiplier des êtres de tant d'espèces.

Portons donc nos regards vers des latitudes beaucoup plus rapprochées de nous : choisissons des mers moins fertiles, et où le froid qui s'y fait sentir doit ralentir nécessairement pendant plusieurs mois l'énergie des ressorts de la vie, et en éloigner un grand nombre d'espèces qui ne sauraient se passer de chaleur. Transportons-nous pour un moment sur le rivage de la mer de Hollande, non loin de la Haye.

Là, nous verrons qu'en face de *Schevelling* on fait la pêche presque journalière d'une espèce de petite coquille bivalve, dont on charge une multitude de barques, qui remontent les canaux jusqu'à Leyde et y déposent leur chargement; entièrement destiné à faire de la chaux; car c'est là principalement que l'on calcine ces coquilles dans de grands fours qu'on chauffe avec de la tourbe, et qu'on fait toute la chaux qui sert chaque jour aux diverses constructions des villes, des villages, des travaux hydrauliques et des nombreuses habitations d'un peuple économe et industrieux qui sait tout mettre à profit. J'ai vu au pied des fours à chaux de Leyde, des approvisionnemens si considérables de ces coquilles bivalves, presque toutes d'une seule et même espèce (*mactra solida* de Linné), qui n'est guère plus grosse que l'ongle, qu'elles forment une suite de monticules élevées qu'on renouvelle fréquemment en raison de la consommation. Je fus fort étonné la première fois que je vis ces grands amas d'une même espèce de coquilles, que l'on pêche lorsque l'animal n'y est plus; car sans cela l'air en serait infecté, et je ne pus m'empêcher de dire à ceux qui étaient avec moi : *Y a-t-il une preuve plus frappante de l'etonnante multiplication de certaines espèces de coquilles, que ce que nous voyons ici ; et si l'on réunissait toutes celles qui ont été converties en chaux depuis que l'on en fait usage, n'y aurait-il pas de quoi former une grande colline, ou plutôt une montagne, entièrement composée d'une même espèce de coquillages ?*

De retour à la Haye, je me rendis à la rade de Schevelling, afin d'y prendre les renseignemens nécessaires sur l'étendue qu'occupait en mer le banc des coquilles en question. Je consultai le plus grand nombre des pêcheurs, qui, lorsque la saison de la pêche du poisson n'est pas favorable, vont charger leurs barques de ces coquillages ; et l'on m'apprit que c'est à une grande lieue en mer qu'est le banc des coquilles destinées à faire la chaux : il occupe une longueur de plusieurs lieues tout le long de la côte, qui est de sable.

Les coquilles vivantes réunies, en avant des coquilles mortes, forment un banc parallèle à ces dernières, qui occupent la même longueur : car lorsque les vivantes meurent naturellement ou par des causes accidentelles, les vagues et la marée les enlèvent et les entraînent vers le rivage ; mais le reflux les ramenant à la mer, elles sont arrêtées par le banc de celles qui sont vivantes et qui se tiennent attachées au sol et réunies en familles, où elles forment une digue continue qui a une largeur de plusieurs toises, et une grande étendue en longueur. C'est là que les pêcheurs vont les puiser avec des dragues; et comme ces coquilles ne sont point adhérentes, on les recueille avec facilité. Un des plus anciens pêcheurs me dit qu'il ne s'était jamais aperçu que le nombre en diminuât, et que quoiqu'on en enlevât chaque année de grands et nombreux chargemens, il n'y paraissait pas. Comme j'étais à la Haye pendant l'hiver, au commencement de la guerre avec l'Angleterre, les pêcheurs n'osaient guères s'exposer alors à se mettre en mer; sans quoi je serais allé plusieurs fois avec eux pour suivre le banc dans toute son étendue, et en mesurer la longueur, la largeur et la profondeur, si la chose eût été possible: mais d'autres pourront le faire. Voilà donc un fait remarquable qui prouve l'étonnante multiplication de certaines espèces de coquilles dans une mer bien différente, quant à la latitude, de celle des tropiques.

La réunion de tant de coquilles de la même espèce; l'accumulation pour ainsi dire journalière de la dépouille calcaire de ces corps organisés, sur un fond qu'ils combleraient à la longue, et où ils ont déjà formé un banc d'une grande étendue; le rappprochement des fragmens coquilliers que les vagues usent, et dont les molécules viennent remplir les interstices et les vides qui existent entre tant de corps ainsi réunis; la compression qu'ils éprouvent; le dégagement des gaz qui émanent de la putréfaction des matières animales qui s'y trouvent engagées; les combinaisons qui peuvent en résulter : tout concourt à démontrer qu'à la longue, et lorsque toutes les circonstances sont favorables, de tels bancs coquilliers peuvent former des masses pierreuses considérables et d'une grande solidité, qui doivent leur origine à des corps organiques. Cet exemple prouve donc que ce qui a eu lieu autrefois peut se renouveler, et a lieu encore de nos jours; mais, je le répète, ce n'est pas là, c'est entre les tropiques qu'il faut aller admirer l'inconcevable fécondité de la nature.

Si l'on voulait se former encore une idée de la prodigieuse multiplication des coquilles marines même dans des climats moins favorables à leur propagation, on n'aurait qu'à songer à cette quantité véritablement extraordinaire d'huîtres qui se recueillent et se consomment depuis Brest jusqu'à Dieppe et au-delà; si l'on réunissait seulement toutes celles qui ont été transportées à Paris depuis que cette grande capitale existe et en fait de si fortes consommations, on aurait de quoi en former une montagne. Au reste, on pourrait avoir à ce sujet des données assez exactes pour obtenir, par le calcul, des résultats très-approximatifs sur la quantité de toises cubes que produiraient ces dépouilles calcaires d'une seule espèce de coquille bivalve, dont la consommation annuelle est si considérable et se renouvelle depuis plus de dix siècles.

## § III.

### *Des bancs calcaires provenus des madrépores.*

Il y a plus de dix-huit ans qu'une circonstance particulière me mit à portée de reconnaître, entre *Monaco* et *Menton* sur le *Cap-Martin* et au bord de la mer, des couches nombreuses d'un marbre blanc, salin, translucide sur les bords, dur et susceptible de recevoir le plus beau poli; en observant cette espèce de marbre dont tout le Cap-Martin est formé, mais qui est recouvert de quelques pieds de terre végétale, où croissent de très-beaux myrtes, je reconnus que sa formation était due à des madrépores exotiques dont les polypes avaient vécu dans les mêmes places, et y avaient construit leurs habitations respectives en les établissant comme par couches, les unes au-dessus des autres. Ce que j'avais pris d'abord pour des stratifications diverses, dues à d'anciens dépôts calcaires de la mer, n'était en quelque sorte que des espèces de séparations ou de solutions de continuité, occasionées par de nouvelles familles de madrépores qui élevaient leur habitation étage par étage les unes au-dessus des autres, à des époques déterminées.

Ce passage des madrépores à l'état de marbre ne tient qu'au simple déplacement des molécules spathiques que l'eau entraîne et dépose lentement dans les petites cellules régulières, dont les formes disparaissent à leur tour par suite des mêmes déplacemens; de manière qu'à la longue tout s'efface, au point que si l'on n'avait pas comme ici le moyen d'observer et de suivre les passages graduels de cette formation par les traces qui en restent, on ne croirait jamais que ces espèces de bancs, où tous les caractères d'organisation sont effacés et n'offrent plus qu'un véritable marbre, eussent jamais pu appartenir anciennement à de véritables madrépores qui ont vécu là : et cependant leurs analogues n'existent plus à présent que dans des mers situées sous des latitudes équatoriales.

Je recueillis de beaux échantillons qui constatent tous ces passages : beaucoup de célèbres naturalistes les ont vus dans mes collections avec le plus grand intérêt, et chaque année, dans le cours de géologie que je fais au Muséum d'Histoire naturelle, je rappelle ces circonstances, et je laisse la liberté à chacun d'observer les mêmes morceaux.

Mais depuis lors j'ai trouvé le même fait répété dans la ci-devant Lorraine, en Italie dans le Vicentin et dans plusieurs autres lieux. Il faut donc admettre un calcaire formé en place par les madrépores qui, dans plusieurs circonstances, passent à l'état de véritable marbre spathique et salin. Il seroit même possible que plusieurs marbres, tels, par exemple, que ceux de la Flandre noirs et blancs, qui renferment une si grande quantité de madrépores, n'eussent pas d'autre origine; mais dans tous les cas, je ne crois pas qu'on puisse se dispenser en géologie d'établir la distinction des *bancs calcaires formés en place par les madrépores* : ce qui est une démonstration de plus du long séjour de la mer sur toutes les parties du globe, et une preuve du changement de température, quelle qu'en puisse être la cause; car, d'après les belles observations de M. Péron, l'un des naturalistes de l'expédition des découvertes dans les terres australes, tout concourt à démontrer que *les animaux qui forment les zoophites solides se trouvent relégués par la nature au milieu des mers plus chaudes et plus paisibles des régions équinoxiales et de celles qui les avoisinent* (1). Or, toutes les fois que nous trouvons les mêmes madrépores en place dans l'état fossile, sous des latitudes boréales, ne sommes nous pas autorisés d'après cela à en conclure que la température a changé depuis lors?

Si nous pouvons faire voir, par plusieurs

---

(1) *Memoire sur quelques faits zoologiques applicables à la théorie du globe*, par M. *F. Péron*, pag 18, lu à l'Institut, le 30 vendémiaire an XII.

exemples, que ce qui a eu lieu autrefois pour la formation des madrépores en place sur diverses parties de nos continens où nous les trouvons dans l'état fossile, se répète de la même manière à présent dans le sein des mers australes, nous parviendrons à obtenir une preuve de plus, propre à démontrer que dans des opérations aussi grandes la nature n'agit que par des moyens simples, presque toujours uniformes, et dont le cours ne saurait être interrompu que lorsque les causes générales, qui les produisent, cessent. Alors la distinction d'un *calcaire madréporique* en place deviendra absolument nécessaire.

Choisissons ces exemples dans les observations des voyageurs naturalistes les plus instruits et les mieux exercés dans l'art de bien voir.

« Toutes les îles basses du tropique de la mer « du Sud, dit Forster (1), semblent avoir été pro- « duites par des animaux ressemblans aux po- « lypes qui forment les lithophites. Ces animal- « cules élèvent peu à peu leurs habitations de « dessus une base imperceptible, qui s'étend de « plus en plus, à mesure que la structure s'élève « davantage; ils emploient pour matériaux une « espèce de chaux mêlée de substances animales.

---

(1) *Observations faites pendant le second voyage de M. Cook dans l'hemisphère austral*, par *Forster*, in-4.°, pag. 21 de la traduction française.

« J'ai vu de ces larges structures à tous les degrés « de leur construction et de différentes étendues « près de l'Ile-de-la-Tortue. Il y a à peu de milles « de distance, et au-dessus de cette terre, un large « récif circulaire, d'une étendue considérable, sur « lequel la mer brise partout : aucune de ces par- « ties n'est au-dessus de l'eau ; dans les autres, les « parties élevées sont liées par des récifs, dont « quelques-uns sont à sec à la marée basse, et « d'autres toujours sous l'eau. Les parties élevées « sont d'un sol léger, noirâtre, formé de végétaux « pourris et de fiente d'oiseaux de mer, et com- « munément couverts de cocotiers et d'autres « arbres.

« Le récif, premier fondement de l'île, est formé « par les animaux qui habitent les lithophites ; « ils construisent leurs habitations à peu de dis- « tance de la surface de la mer : des coquillages, « des algues, du sable, de petits morceaux de « corail et d'autres choses s'amoncellent peu à « peu au sommet de ces rochers de corail, qui « enfin se montrent au-dessus de l'eau ; ce dépôt « s'accumule jusqu'à ce qu'un oiseau ou les vagues « y portent des graines de plantes qui croissent « sur la côte de la mer.

« Les animalcules qui bâtissent ces récifs ont « besoin de mettre leurs habitations à l'abri de « l'impétuosité des vents et de la fureur des vagues : « mais comme en dedans des tropiques le vent

« souffle communément du même rumb, l'instinct
« ne les porte qu'à travailler de cette maniere le
« banc en dedans duquel est une lagune ; ils
« construisent des bancs très-étroits de rochers
« de corail, pour assurer dans leur milieu une
« place calme et abritée. Cette théorie me paraît
« la plus probable de celles qu'on peut donner
« sur l'origine des îles basses du tropique dans
« la mer du Sud. »

Le même naturaliste fait ensuite mention des îles qu'il appelle *hautes* et qui ont des montagnes élevées. Celles-ci ont presque toutes pour noyau des laves et autres productions volcaniques; mais elles n'en sont pas moins intéressantes sous le point de vue qui nous occupe, puisqu'elles sont toutes entourées de récifs fort larges, qui s'élèvent déjà bien au-dessus de l'eau, et qui ne sont formés que de madrépores. De ce nombre sont l'île d'*Otaïti*, celles de la *Société*, *Maatéa*. Les îles plus élevées des Amis, telles que celles d'*Amsterdam*, de *Middelburgh*, d'*Anamocka*, de la *Tortue*, de la *Nouvelle-Calédonie*, etc. ; les îles de *Tofooa*, d'*Ambrym* et de *Tanna*, ont des volcans en activité dans l'intérieur de leurs terres : mais elles n'en sont pas moins entourées de rochers formés par ces madrépores. Voyez encore à ce sujet Forster dans l'ouvrage déjà cité.

Ce qui a lieu dans les différens groupes d'îles

disséminés sur tant de points de la mer du Sud, relativement à la formation de cette grande quantité de récifs et de bancs de madrépores qui les entourent de toute part, se manifeste de la même manière, mais dans un genre bien plus grand encore, autour d'une partie de la Nouvelle-Hollande et de la terre de Diemen : or comme les points d'appui où s'attachent ces madrépores, sont d'une étendue en circonférence égale au moins à celle de l'Europe entière, il en résulte que les ouvriers étant proportionnés à l'immensité de l'ouvrage, nous pouvons contempler dans cet ensemble la puissance de la nature, lorsque les circonstances concourent à favoriser son immense fécondité, j'oserais presque dire, son besoin de produire. C'est donc essentiellement sous les latitudes où le soleil, riche de lumière et de principes vivifians, a une marche égale et régulière, qu'on trouve le grand foyer de toutes les productions de la mer.

Il ne faut point s'étonner si de simples polypes, dont rien ne contrarie l'existence et la multiplication, peuvent prospérer à ce point dans une mer dont la température leur est si convenable, où tout leur est si propice. Ces insectes, quoique les plus frêles et les plus délicats en apparence, sont ceux dont l'organisation et les moyens de reproduction sont les plus simples, et par conséquent les plus parfaits. Tout concourt à leur conservation et en même temps à leur étonnante multiplication : car la nature, d'une part, les a doués de la faculté de se construire des demeures fortes et solides qui les mettent à l'abri des tempêtes et des attaques de leurs ennemis; de l'autre, si quelque accident ou trop d'action dans la force vitale sépare quelques parties de leur corps, le tronc principal n'en souffre point, la partie séparée devient bientôt un polype parfait, qui suit à son tour le même cercle de reproduction.

D'après de semblables moyens de régénération qui multiplient autant les polypes, l'on conçoit que leurs travaux consécutifs, qui augmentent comme leur nombre, pour ainsi dire, à chaque instant, doivent, avec le temps, donner naissance, non-seulement à des îles, à des écueils, mais qu'ils peuvent à la longue embarrasser le fond des mers, les combler même, et agrandir par là l'étendue de certains continens.

Écoutons à se sujet un de nos meilleurs naturalistes, qui a couru plus d'un danger au milieu de ces rochers madréporiques de nouvelle formation.

« Ces récifs sont, comme on sait, l'ouvrage, « des polypes. Le danger qu'ils présentent, « dit Labillardière dans son *Voyage à la « recherche de la Peyrouse*, est d'autant plus « à craindre, qu'ils forment des rochers escarpés, « couverts par les flots, et qui ne peuvent être « aperçus qu'à de très-petites distances. Si le

« calme survient et que le vaisseau y soit porté « par le courant, sa perte est presque inévitable : « on chercherait en vain à se sauver en je- « tant l'ancre ; *elle ne pourrait atteindre le fond,* « *même tout près de ces murs de corail élevés* « *perpendiculairement du fond des eaux.* Ces « polypiers dont l'accroissement continuel obs- « true de plus en plus le bassin des mers, sont « bien capables d'effrayer les navigateurs, et « beaucoup de bas-fonds qui offrent encore au- « jourd'hui un passage, ne tarderont pas à for- « mer des écueils extrêmement dangereux. (1) »

M. de Labillardiere nous fait connaître ensuite, à la page 219 du tome I.er de son Voyage, quelle est la hauteur de quelques-uns de ces grands murs de madrépores qui s'élevent perpendiculairement du fond de la mer. « Des canots furent expédiés « de chaque bord pour aller reconnaître la pro- « fondeur de la mer sur les roches, où le moindre « fond fut trouvé de six mètres de profondeur : « une vague un peu agitée eût pu nous y faire « toucher. Ces roches, de même que les ré- « cifs de la Nouvelle-Calédonie, sont le tra- « vail des polypes ; comme ces récifs, *elles sont* « *bâties perpendiculairement, et tout près on* « *ne trouve point de fond à deux cents mètres de*

(1) *Relation du voyage à la recherche de la Peyrouse*, par *Labillardière*, tom. I.er, pag. 215 de l'édition in-4.°

« *profondeur*. Ces écueils s'élèvent comme autant « de colonnes du fond de la mer : leur accrois« sement progressif augmente de jour en jour le « danger de la navigation dans ces parages. »

Mais rien n'est aussi instructif sous un double rapport que les observations faites par le capitaine Vancouver, dont on connaît la sévère exactitude, à la rade du roi George III, vers la côte sud-ouest de la Nouvelle-Hollande, par le 35° 5′ de latitude, et 118° de longitude, au sujet des immenses constructions des polypes, qui non-seulement tapissent dans cette partie le fond de la mer et bordent son rivage, mais qui existent au-dessus de la terre ferme, où ils ont formé dans un temps de hautes collines; ce qui démontre d'une manière incontestable l'abaissement de cette mer. Mais il faut entendre le capitaine Vancouver lui-même, qui, quoiqu'il n'eût pas des connaissances profondes en minéralogie, étonné de ce qu'il voyait, en a donné une bonne description.

« L'aspect le long des côtes ressemble, sous « la plupart des rapports, à celui de l'Afrique au« tour du cap de Bonne-Espérance. Mais le pays « est principalement formé de corail; et il semble « que son élevation au-dessus de l'Océan soit « d'une date moderne : car, non-seulement les « *rivages et le banc qui s'étend le long de la* « *côte* sont en général composés de corail, « puisque nos sondes en ont toujours rapporté;

« mais on en trouve *sur les plus hautes collines* « *où nous soyons montés*, et en particulier sur « le sommet de *Bald-Head*, qui est à une telle « hauteur au-dessus du niveau de la mer, qu'on « le voit à douze ou quatorze lieues de distance. « Le corail était ici dans son état primitif, spécia- « lement sur un champ uni, d'*environ huit acres*, « qui ne produisait pas la moindre herbe dans « le sable blanc dont il se trouvait revêtu, mais « d'où sortaient des branches de corail *exacte-* « *ment pareilles à celles que presentent les lits* « *de même substance au-dessous de la surface* « *de la mer*, avec des ramifications de diverses « grosseurs, les unes de moins d'un demi-pouce, « et les autres de quatre ou cinq pouces de cir « conférence. On *rencontre plusieurs de ces* « *champs de corail*, si je puis me servir de cette « expression; on y aperçoit une grande quan- « tité de coquilles de mer, les unes parfaites et « encores adhérentes au corail, et les autres à dif- « férens degrés de dissolution. Le corail était plus « ou moins friable; les extrémités des branches, « dont quelques-unes s'élevaient à près de quatre « pieds au-dessus du sable, se réduisaient faci- « lement en poudre ; quant aux parties qui « étaient tout auprès, au-dessous de la surface, il « *fallait un certain degré de force pour les déta-* « *cher du fondement de roche d'où elles sem-* « *blaient jaillir*. J'ai vu dans beaucoup de pays,

« du corail à une distance considérable de la « mer, mais je ne l'ai trouvé nulle part si élevé « ni si parfait. » (1)

On lit un second fait analogue à celui-ci, dans un Mémoire très-intéressant que M. Péron, naturaliste de l'expédition des dernieres découvertes faites aux terres australes par les Français, lut le 30 vendémiaire an XII à la classe des Sciences physiques et mathématiques de l'Institut.

« La grande île de Timor présente un champ « vaste et imposant aux observations sur les zoo- « phites. C'est là que tout atteste, et leur pou- « voir, et les révolutions opérées dans la nature. « Sur le sommet des montagnes les plus élevées « des environs de Coupang, on les retrouve, on « les reconnaît aisément ; dans les cavernes les « plus profondes, dans les crevasses les plus larges, « ils offrent encore un tissu, des caractères qu'on « ne saurait méconnaître : dans le voyage si pé- « nible et si dangereux que nous fîmes, mon « ami Le Sueur et moi, pour aller chasser des « crocodiles à Olinama, nous observâmes par- « tout la même composition; à Oba, Lassiana, « Ménicki, Noëbaki, Oebello, Olinama. De ce der-

---

(1) *Voyage de découvertes à l'Océan pacifique du Nord et autour du monde, ordonné par le roi d'Angleterre;* par le capitaine *Georges Vancouver*, tome I.er, page 77 de la traduction française, in-4.°

« nier point nous nous trouvions en face de la « grande chaîne de montagnes d'Amntôa et de « Tateleou, dont le revers est inhabitable à cause « de l'énorme quantité de crocodiles monstrueux « qui vivent dans les marais de cette partie du « rivage. Eh bien! ce large plateau qui domine « toute cette portion de Timor, est entièrement « composé lui-même de matieres madréporiques. »

Voilà sans doute un très-beau fait, relatif aux madrépores en place dans l'état fossile, et qui ont existé là en nombre si immense, qu'il en est résulté de grandes collines et de vastes plateaux entièrement composés des dépouilles pierreuses formées par les polypes. Peut-on voir des preuves plus frappantes de l'abaissement des mers? L'identité de ces madrépores avec ceux qui tapissent les bas fonds autour de l'île de Timor, est démontrée par ce que dit M. Péron; il établit ensuite un second fait sur lequel on ne saurait élever le moindre doute, et qui sert à prouver doublement l'existence des analogues dans une multitude de circonstances semblables à celles-ci. En effet, les deux plus grandes coquilles connues, la *tridacna gigas* de Lamarck, appelée vulgairement *le grand bénitier* ou *la grande faitière*, l'*hyppopus* du même auteur, vulgairement *le chou*, vivent dans cette mer, et on les retrouve pétrifiés sur les collines de Timor au milieu des madrépores : or, comme ces

deux genres se distinguent par leur volume, et par des caractères bien prononcés qui ne permettent pas de les confondre avec d'autres, ce fait devient très-important. Écoutons-en les détails donnés par M. Péron lui-même. « Cette composi-
« tion est plus frappante encore à Timor. Sur
« le sommet de ces montagnes dont j'ai déjà parlé,
« l'on trouve, à plus de quinze ou dix-huit cents
« pieds au-dessus du niveau de la mer, *un grand*
« *nombre de coquilles incrustées au milieu*
« *des masses madreporiques qui les forment.*
« La plupart de ces coquilles sont à l'état sili-
« ceux; quelques-unes, encore à l'état calcaire,
« sont plus ou moins altérées et friables. Il en est
« de monstrueuses parmi elles. J'en ai vu moi-
« même, et toutes les personnes de notre expé-
« dition en ont pu voir, ainsi que moi, plusieurs
« individus qui n'avaient pas moins de *quatre*
« *à cinq pieds de longueur;* toutes les grandes
« coquilles appartenaient évidemment au genre
« *hyppope* et *tridacne* de M. Lamarck: et, ce qu'il
« y a de plus important, *les individus fossiles*
« *ressemblent tellement à ceux du même genre*
« *qu'on retrouve sur le rivage au pied des*
« *montagnes, que je crus pouvoir consigner*
« *leur identite dans ma topographie générale*
« *de la baie de Coupang.* Il n'est pas, en effet,
« jusqu'aux portions gigantesques des tridacnes
« fossiles, qu'on ne retrouve dans celles vivantes.

« J'en ai vu moi-même une valve qui servait « habituellement d'auget à cinq ou six cochons. « Dans le fort des Hollandais, il y en avait une « autre dans laquelle on voyait journellement « les soldats de la garnison laver leur linge. Le « défaut de couleur, commun aux tridacnes vi- « vantes et fossiles, devenait une nouvelle raison « d'identité. Il en était de même de plusieurs « espèces de zoophites, qui, vivant aujourd'hui « sur le rivage, paraissent tellement identiques « avec quelques-uns de ceux qui forment les « montagnes de cette partie de l'île, que je n'a- « vais pas cru devoir balancer à les regarder « comme tels.

M. Péron ajoute plus bas : « Ce n'est pas seu- « lement dans cet état de mort ou d'inertie que « les zoophites à Timor doivent exciter l'admi- « ration et l'intérêt : vivans, ils y encombrent le « fond de la mer, ils élèvent dans la baie de « Babâo les récifs et les îles. Celle aux Tortues « (Kéa Pouloù), celle aux Oiseaux (Bourou « Pouloù), celle aux Singes (Côdê Pouloù), sont « exclusivement leur ouvrage. De longues traî- « nées de récifs, parties de la pointe de Simaô, « rétrécissent de plus en plus l'ouverture de la « baie sur ce point : ils rendent inabordables « les côtes de Fatoumâ, de Soulamâ ; ils pressent « les atterrissemens sur tous les points. Déjà, du « côté d'Osapa, l'on peut, à mer basse, s'avan-

« cer à plus de trois quarts de lieue sur le rivage « lui-même abandonné par les flots. C'est là « qu'avec un étonnement mêlé d'admiration l'on « peut jouir à son aise du spectacle merveilleux « de ces milliers d'animalcules, occupés sans « cesse de la formation des rochers sur lesquels « on s'avance: tous les genres à la fois sont réu- « nis aux pieds de l'observateur; ils se pressent « autour de lui; leurs formes bizarres et singu- « lières, les modifications diverses de leurs cou- « leurs, celles de leur organisation, de leur « structure, appellent tour à tour ses regards et « ses méditations; et lorsque, armé d'une forte « loupe, il vient à contempler ces êtres si fai- « bles, il a peine à concevoir comment, par des « moyens aussi petits en apparence, la nature « a pu élever du fond des mers ces vastes pla- « teaux de montagnes qui se prolongent sur la « surface de l'île, et qui paraissent former sa « substance presque entière. »

M. Péron, en terminant cette notice intéressante, dit avec raison que c'est à Timor qu'on serait à portée, plus que partout ailleurs, de faire des observations aussi curieuses qu'utiles; et il serait à désirer, en effet, qu'on envoyât sur cette île des naturalistes instruits, et en état de déterminer méthodiquement les nombreuses espèces de polypes qui se sont pour ainsi dire emparés de ces parages: nous obtiendrions par là des détails et des faits en ce genre qui manquent à l'histoire naturelle de ces innombrables animalcules de la mer, sans cesse occupés à fabriquer en grand des masses énormes de chaux, substance qui n'existe certainement pas toute formée dans la mer ; car il y a déjà bien des siecles que toutes les sources en seraient complétement taries par l'emploi que la nature en a fait et ne cesse d'en faire, soit dans la formation des anciennes montagnes coquillieres et madréporiques qui constituent une grande partie des continens, soit dans celles qui s'ébauchent et se préparent par les mêmes moyens dans le sein des mers. Il faut donc qu'il existe un mode de la reproduire, ou plutôt de la régénérer; et, puisque nous voyons tous les corps organisés occupés sans relâche à la procréer ( car ils ne sauraient la prendre toute formée là où elle n'est pas), il faut croire que la nature a un moyen particulier pour la produire et en approvisionner l'immense multitude d'êtres qui en ont besoin.

Au reste, former ou donner naissance à la chaux, n'est ce autre chose, je le répète, que la faculté accordée aux êtres organisés de combiner les principes gazeux propres à produire cette substance minérale si utile et si nécessaire à leur existence, et destinée ensuite à augmenter la matiere solide du globe.

## § IV.

### *Des hautes montagnes calcaires dans lesquelles on n'aperçoit que peu de corps organisés.*

Il s'agit ici d'un calcaire disposé en grandes masses, mais moins ancien sans doute que celui qu'on trouve parmi les granits; ce dernier, je le répète, a été tenu en dissolution, et ne se montre jamais que sous forme spathique. Le calcaire qui fait l'objet de cette division mérite d'autant plus d'attention, qu'il constitue la majeure partie des chaînes calcaires les plus étendues et en même temps les plus élevées.

C'est celui-ci que Saussure a appelé *calcaire compacte*, tandis qu'il a nommé celui des pays granitiques *calcaire grenu :* mais l'une et l'autre dénomination paraissent trop vagues, trop équivoques, et induiraient souvent en erreur ceux qui commencent à se livrer à l'étude de la géologie, et même ceux qui n'auraient pas une très-grande habitude des minéraux.

Werner, en considérant ce calcaire comme formé après son *calcaire primitif*, et intermédiaire entre celui qu'il appelle *de troisième formation*, lui donna le nom de *calcaire de transition.*

Cette distinction serait bonne et même philosophique, s'il en etait de ces grandes opérations de la nature qui exigent des suites incalculables de siècles, comme de ces petits travaux que nous exécutons pour ainsi dire d'un seul jet, et dont nous pouvons déterminer le temps avec précision.

Les grands phénomènes qui ont donné naissance à la formation de toutes les chaînes calcaires ne sauraient être ainsi circonscrits ; ils tiennent à tant de données préliminaires et on y reconnaît une succession si continue et en même temps si lente de grands faits physiques, d'événemens et d'accidens de tant de genres qui en ont interverti ou suspendu le cours, ou qui l'ont accéléré dans d'autres circonstances, qu'il est absolument impossible à l'homme d'énoncer avec la moindre apparence de certitude, que tels ou tels résultats tiennent à une première, à une seconde, à une troisième ou à une quatrième formation.

Nous ne pouvons dire autre chose, sinon que les montagnes granitiques sont le produit d'une opération ou d'une suite d'opérations qui ont fait disparaître les formes premières des minéraux divers qui sont entrés dans la composition de ces rochers stériles, où nous ne devons plus trouver le moindre vestige de corps organisés, puisque tout y offre les résultats d'une dissolution et d'une cristallisation complète. Mais quelle a pu être la durée d'une telle époque ? qui pourra le dire? et qui osera avancer surtout qu'elle a été courte?

Mais lorsque des montagnes d'une autre nature offrent de toutes parts, dans leurs masses et dans leurs parties élémentaires, des restes de corps marins ou des corps organisés, d'une conservation qui nous permet de reconnaître et de distinguer des genres et des espèces, et que ces montagnes, appuyées contre celles de granit, disputent avec elles d'étendue et de hauteur, nous pouvons dire : Les mers s'élevaient sur ces sommets; elles étaient peuplées alors d'êtres vivans de toute espèce: or combien de siècles a-t-il fallu pour la formation et pour l'accumulation de tant de matières d'une même nature? Est-il certain que nos calculs soient suffisans pour les atteindre? Comment, d'après cela, oser circonscrire dans une période déterminée ce qui est le résultat peut-être de cent périodes diverses?

Tout ce que nous pouvons dire de plus raisonnable à ce sujet, c'est que toutes les fois que nous apercevons dans des couches d'un calcaire analogue en apparence avec celui dans lequel il n'existe que des coquilles, des empreintes de plantes ou d'autres débris de végétaux terrestres bien caractérisés, nous sommes fondés à croire qu'il y avait déjà des parties du globe découvertes, c'est-à-dire élevées au-dessus des eaux, où la végétation s'était établie : mais comme ces bois, comme ces plantes, sont au milieu des masses pierreuses dont ces montagnes sont composées ; il faut bien en conclure que des événemens physiques secondaires ont eu lieu, et que là le règne organique végétal est venu se confondre avec le règne organique animal.

Nous pouvons tirer aussi des conséquences analogues dans la circonstance où des ossemens de quadrupèdes, aussi bien caractérisés, par exemple, que le sont ceux des éléphans, des rhinocéros, des hippopotames, des tapirs, etc., se trouvent dans des bancs de pierre dont les stratifications seraient anciennes : nous pouvons dire, dans ce cas, qu'avant la formation de ces grands dépôts pierreux, il existait sur la terre des parties découvertes où ces quadrupèdes avaient vécu.

Il ne faut plus, dans cette dernière circonstance, assimiler ceux-ci avec ceux de la même espèce qu'on trouve en nombre si considérable dans les terrains d'alluvions, ou au milieu des brèches et des dépôts de pierres roulées qui attestent les effets de quelque déplacement subit des eaux de la mer.

Voila ce que l'état actuel de nos connaissances peut nous permettre de savoir d'une manière générale ; mais qui est-ce qui oserait, je le répète, fixer des limites de temps et de lieu à des événemens d'un si grand ordre, qui se sont répétés peut-être tant de fois et en tant de manières, que les types des corps organisés qui nous servent à présent de guides ont été cent et cent fois effacés, et que ceux que nous reconnaissons dans les circonstances actuelles des choses sont ensevelis peut-être dans les débris pulvérulens de toutes les générations qui les ont précédés.

L'on voit, d'après cela, que les distinctions de *calcaire compacte* de Saussure, de *calcaire de transition* de Werner, sont des expressions insuffisantes, moins propres à agrandir nos conceptions qu'à les resserrer dans des limites trop etroites.

On aurait pu donner à ce calcaire le nom de *calcaire des hautes montagnes;* mais ce nom laisserait encore à désirer, et pourrait même induire quelquefois en erreur : car les causes terribles qui ont donné lieu au creusement des grandes coupures et des vallées qui traversent les Alpes pennines, grecques, tyroliennes et autres chaînes de cet ordre, ayant entraîné jusque dans les plaines les matériaux et les vastes décombres arrachés du sein de ces hautes montagnes, le minéralogiste serait dérouté en trouvant dans le fond de ces plaines et à de grandes distances ce calcaire, qui ne serait plus pour lui *le calcaire des hautes montagnes*, puisqu'il le rencontrerait dans des lieux bas, quelquefois même en si grandes masses et dans des positions telles qu'il se trouverait embarrassé pour reconnaître sa véritable origine. Ainsi le nom que j'aurais eu envie de proposer ne vaudrait pas mieux que les autres : il faut donc se contenter de bien faire connaître le gisement, la disposition et les caractères de ce calcaire, qui paraît avoir succédé à la formation des granits, sans qu'on puisse avoir néanmoins aucune donnée sur l'intervalle qu'il peut y avoir eu entre le granit formé et l'époque où les coquilles ont pris naissance dans le sein des mers, et ont pu se multiplier en assez grandes quantités pour que leurs sédimens ou leurs restes constituassent ces chaînes de montagnes qui se sont en général appuyées contre les roches granitiques.

Les montagnes de ce calcaire ont une sorte de disposition qui semble leur appartenir exclusivement; car leurs couches sont tantôt horizontales, tantôt inclinées en sens contraire, quelquefois verticales, souvent arquées, contournées, feuilletées ou formant des zigzags.

Les secousses qu elles peuvent avoir éprouvées depuis leur antique existence, leur submersion à diverses époques, l'action souvent répétée des eaux pluviales, des neiges, des alternatives de froid et de chaud seraient sans doute de trop faibles moyens pour expliquer cette variété de forme; il est probable que les lois de la cristallisation sont entrées pour quelque chose dans cet arrangement singulier, et qu'elles ont donné lieu à ces grandes masses rhomboïdales que l'œil y distingue encore. Ces montagnes ont aussi quelquefois des cavernes naturelles.

On disait anciennement que ce calcaire ne contenait jamais de corps marins; on a dit ensuite qu'on y trouvait quelques empreintes d'*ammonites* et de *bélemnites :* mais depuis que l'histoire naturelle a fait plus de progrès, que les observations se sont multipliées, et qu'on a porté un œil plus attentif à l'examen de ce calcaire, on a reconnu qu'il renfermait des *ostracites*, des *pectinites*, des *térébratules*, des *buccinites* et des *ecchinites*, et bien d'autres especes de corps marins, même à de grandes hauteurs. Rapportons ici quelques exemples propres à éclairer cette partie importante de la géologie, et à dissiper en même temps les doutes qu'on avait voulu répandre sur l'existence de ce calcaire avec des corps organisés à de grandes hauteurs.

Entendons d'abord Saussure nous parler des corps marins qu'il reconnut dans un calcaire des Alpes élevé de plus de neuf cent quatre-vingt-quatre toises. « J'allai, dit-il, à l'est du lac de « Flaine, sur une montagne qui se nomme le « *haut du Verron* ou la *Croix-de-Fer*. Cette « sommité, élevée de plus de neuf cent quatre- « vingt-quatre toises au dessus de la mer, est « remarquable en ce que l'on y voit des *fragmens* « *d'huîtres pétrifiées*, coquillages que l'on a « bien rarement trouvés à une si grande elévation.

« Cette montagne est dominée par un rocher « escarpé, qui, s'il n'est pas inaccessible, est du « moins d'un bien difficile acces; il paraît pres- « que entièrement composé de *coquillages pétri-* « *fiés, renfermés daus un roc calcaire ou mar-* « *bre grossier noirâtre.* (1) Les fragmens qui « s'en détachent, et que l'on rencontre en mon- « tant à la Croix-de-Fer, *sont remplis de turbi-* « *nites de différentes espèces.* » *Voyage de Saussure dans les Alpes*, t. 1.$^{er}$, p. 393 et 394.

De son côté, Lamanon, dans son Mémoire lithologique sur la vallée de Champsaur et de Chaillot dans les Alpes du Dauphiné, pag. 28, s'exprime ainsi : « En dessus du pont de Pisset, le baromètre « se tenant à vingt-un pouces deux lignes, on « trouve *des bancs de pierre calcaire* (2) d'un « gris blanc, dans lesquels il y a *quelques em-*

---

(1) Le père Chrysologue de Gy, qui vient de publier une *theorie de la surface actuelle de la terre, fondée uniquement sur les faits*, a fait erreur sur le *fait* rapporté par Saussure, dont il connaît si bien les travaux. Le savant et l'exact naturaliste génevois dit positivement que les coquilles pétrifiées du *Haut du Verron* sont renfermées *dans un roc calcaire;* mais il ne dit pas qu'elles sont *dans des matières de transport,* comme s'exprime à ce sujet le père de Gy, pag. 254, ligne 4 de sa Théorie fondée sur les faits.

(2) Voilà un second fait contre *les faits* du père Chrysologue.

« *preintes de pectinites bien conservées.* C'est « le fossile le plus élevé qu'on ait encore dé- « couvert en France; il se trouve a environ douze « cent quarante-une toises au-dessus du niveau de « la mer. »

Voici ce que m'écrivait M. Guérin, qui s'est beaucoup occupé des hauteurs barométriques, et qui a voyagé en physicien et en naturaliste instruit dans les Alpes du Dauphiné, de la Provence, et sur d'autres grandes chaînes.

« J'ai trouvé sur le haut du *mont Ventoux*, « élevé de mille vingt-sept toises au-dessus de la « mer, des *ostracites*, des *nautilites* et des *am-* « *monites*, mal conservées à la vérité, mais qui « faisaient incontestablement partie de cette mon- « tagne de calcaire ancien. J'ai observé des parties « de madrépores sur le plateau de *Ciolane* près « de Barcelonnette, élevé de plus de quatorze « cents toises au-dessus du niveau de la mer. J'ai « fait la même observation sur le *mont Auroux*, « près de Gap, qui est à peu près de la même « hauteur, et sur plusieurs autres montagnes éle- « vées des Alpes provençales et dauphinoises. »

*Signé*, Guérin.

Alonso Barba, dont l'ouvrage est devenu rare, a fait connaître le premier, à ce que je crois, les coquilles pétrifiées qu'on trouve sur les hauteurs qui servent de passage pour aller du *Potosi* à *Oronesta*. Il en fut si étonné, qu'il en parle avec une grande naïveté et même avec une sorte de crainte, tant ces faits pouvaient paraître extraordinaires et hardis à cette époque. Voici comment il s'explique à ce sujet : *Ici on voit des coquillages de toute espèce, grands, moyens et petits : les uns sont placés en haut, les autres en bas, et présentent les traits les plus déliés propres à chaque coquille dans la plus grande perfection. Or cet endroit est directement au milieu du pays, et sur des éminences où ce serait une folie de croire que jamais la mer fût venue couvrir les terres et ait laissé là ces coquilles. Il n'y a*, dit-il, *que la main du Créateur qui puisse produire un pareil chef-d'œuvre. Parmi ces pierres, il y en a qui ressemblent parfaitement* au crapaud buccin granulé ou casque à verrue, à des bivalves *et autres de formes singulières : de sorte que, malgré le témoignage que j'ai eu, je ne parle qu'en craignant d'etre à peine cru de mes lecteurs.* Liv. I, chap. 17.

Don Ulloa, dans ses *Mémoires philosophiques*, fait mention des corps marins pétrifiés qu'on voit en place dans la partie élevée où l'on exploite la mine de mercure de Huanca-Velica.

« On voit dans ces montagnes, dit cet auteur, « des coquilles entières pétrifiées et renfermées « au milieu de la roche, que les eaux de pluie « mettent à découvert. Aussi reconnaît-on chaque

« chose distinctement, en rompant ces pétrifi-
« cations, sans pouvoir se tromper ni faire la
« moindre allusion. La plupart de ces coquilles
« sont de l'espèce des bivalves. Quant à la gran-
« deur, elles varient. On en trouve qui n'ont pas
« un pouce de long; d'autres qui ont depuis un
« pouce jusqu'à quatre dans leur plus grande
« longueur, sur trois et demi de large; d'autres
« tiennent un milieu entre ces dimensions. Les
« plus petites ont en général une figure convexe,
« sans aucune différence entre les deux écailles.
« Les autres sont de l'espèce qu'on appelle com-
« munément *coquilles de pélerin*. Toutes ont des
« stries, et même droites, qui s'engrenent les
« unes dans les autres au bord des deux écailles.

« La matière lapidifique où se trouvent ces
« coquilles n'est pas la même partout : on en
« voit de couleur noire, d'un *grain fin, dur,*
« *et pesant, à proportion;* l'autre est d'un gris
« cendré obscur, et moins dure et moins pesante
« que les premières. Il s'en trouve encore *dans*
« *des rochers si durs qu'ils résistent à l'acier:*
« *voilà pourquoi on ne peut les avoir entières.*
« Entre les espèces dont je viens de parler, il se
« trouve encore des *fongites*, etc. » *Mémoires physiologiques et physiques de don Ulloa*, Discours seizième, pag. 364.

Voici des observations beaucoup plus modernes, qui ne peuvent laisser subsister aucun doute sur l'existence des corps marins sur les grandes hauteurs équatoriales, du moins sur celles qui sont calcaires.

« La pierre calcaire secondaire, dit M. de
« Humboldt, s'élève près de Micuipampa, au
« Pérou, à dix-neuf cents toises.

« Les coquilles pétrifiées les plus élevées que
« l'on a découvertes dans l'ancien continent
« sont celles du Mont-Perdu, sur la cime la plus
« haute des Pyrénées, à dix-sept cent soixante-
« trois toises de hauteur. Près de Micuipampa,
« dont j'ai observé la latitude australe de 6° 45′
« 38″, on a trouvé des coquilles pétrifiées, des
« *cœurs*, des *ostrea* et des *echinites*, à deux
« mille toises d'élévation. A Huancavelica, il en
« existe à *deux mille deux cent sept toises* (1) ».

---

(1) Pourquoi le père Chrysologue de Gy, qui a lu M. Humboldt, puisqu'il le cite au sujet des restes d'éléphans fossiles des environs de Santa-Fe, ne fait-il mention que de *deux seules coquilles ?* « On en trouve rare-
» ment, dit-il, à de grandes hauteurs; les plus hautes
» qu'on ait trouvées sont *deux coquilles* à deux mille
» toises au-dessus de la mer, dans une montagne du Pé-
» rou». *Voyez* p. 253 de la *Théorie de la surface actuelle de la terre par les faits.* Mais *les faits ne sont pas tels*, d'après ce qu'on vient de lire ci-dessus. L'estimable et pieux géologue avait besoin de citer les ossemens d'éléphans comme ayant été transportés et accumulés sur les hauteurs de Santa-Fé par *la grande débâcle*

*Tableau physique des régions équinoxiales*, par Humboldt, I.[re] partie du Voyage, pag. 126 et 127.

« Les plaines de Bogota, dit le même et savant « voyageur, sont remplies, *à quatorze cents* « *toises*, de pierre calcaire coquillière, et près « de Zipaquira, même de sel gemme ». *Ibidem*, même page.

Il m'a paru important, pour l'exactitude des faits, d'insister sur l'existence des corps marins dans le calcaire des hautes montagnes, avec d'autant plus de raison que jusqu'à présent la géologie n'avait à ce sujet que quelques observations isolées; il ne faut pas douter que cet important objet ne fixe à l'avenir l'attention des voyageurs naturalistes qui visitent les hautes chaînes calcaires.

J'ose espérer qu'on voudra bien excuser les

---

du déluge de Moise. Cela était très-catholique; mais des coquilles en place à deux mille deux cent sept toises dans les pierres les plus dures, et sur des montagnes qui existaient avant cette grande débâcle, nuisaient à ce système. Deux coquilles ne signifiaient rien; on pouvait les avoir apportées: mais cette suite d'erreurs *de faits*, dans une Théorie de la terre *fondée uniquement sur les faits*, n ôte pas le mérite réel de ce géologue, qui a d'ailleurs très-bien observé et décrit avec soin plusieurs parties des Alpes; de manière que c'est dans son livre même qu'on trouve, selon moi, les preuves les plus démonstratives de l'incommensurable antiquité de la terre, *démontrée par les faits, sans système et sans hypothèse.*

détails indispensables dans lesquels j'ai été obligé d'entrer, en faveur de l'importance d'un sujet qui tient à une des bases principales de la géologie. En effet, puisqu'un grand et terrible événement dont il ne nous est pas donné de reconnaître les causes, mais bien de voir les résultats dans la formation des granits, effaca les types premiers des matières diverses qui servirent de principes constituans à cette *roche composée*, et non *simple* et *primitive*, ainsi qu'on l'a dit mal à propos; il est évident que si nous distinguons ensuite des restes de corps organisés dans les hautes montagnes calcaires qui se sont formées après cette grande époque, et se sont appuyées contre les granits mêmes, il a fallu nécessairement que les animaux marins aient été *introduits* dans l'Océan, selon l'expression de Saussure, que j'emprunte ici avec plaisir : les limites des faits sont alors bien positives; il n'y a ni théorie ni hypothèse dans tout cela. Nous abandonnons les limites des temps, elles doivent être incommensurables. Il fallait donc bien s'attacher à démontrer que ce calcaire élevé renferme des restes de corps marins; et lorsque nous trouvons les chaînes de cet antique calcaire coupées par de vastes excavations et de grandes ouvertures, nous devons attribuer ces accidens à d'autres révolutions : de même lorsque nous reconnaissons beaucoup plus bas d'autre calcaire coquillier, ou du calcaire madréporique, en place, d'un âge moins ancien, il appartient alors à d'autres périodes. Enfin, lorsque ces dernières chaînes sont coupées à leur tour, et que des brèches et des poudingues formés de leurs débris se sont élevés en collines, qui peut méconnaître encore d'autres accidens désastreux qu'a éprouvés la terre que nous habitons?

## § V.

### *Des brèches et des poudingues calcaires.*

La distinction entre les *brèches* et les *poudingues* est indispensable en géologie, puisque ces deux noms servent à désigner deux modifications différentes. Les *brèches* sont formées par des fragmens anguleux plus ou moins irréguliers, plus ou moins gros, de substances pierreuses qui ont appartenu, avant d'être reduites à cet état, à des bancs ou à des masses solides et préexistantes qui constituaient des montagnes, mais que des causes accidentelles ont attaqués, fracturés et réduits en éclats. La conservation des angles est un caractère très-prononcé, qui démontre que ces brèches n'ont pas été exposées à de grands déplacemens, ni à de longs mouvemens occasionés par les mers.

Les *poudingues*, au contraire, étant formés de corps pierreux toujours usés et arrondis par le frottement, supposent nécessairement une action violente, long-temps soutenue, et proportionnée à la dureté et à la grosseur de ces pierres, qu'on trouve quelquefois à de grandes hauteurs sur les montagnes alpines. On doit diviser les breches et les poudingues, en granitiques, en porphyriques, en quartzeux, en siliceux, en stéatiques, en calcaires, etc.

On peut voir ce que Saussure a écrit au sujet d'une brèche calcaire à petits fragmens aplatis, qu'il observa le premier dans le passage du col de *Laseigne*, à plus de neuf cents toises d'élévation au-dessus du niveau de la mer. *Voyez* § 841, pag. 271 du tome II du *Voyage dans les Alpes*, édit. in-4.°

L'affaissement inégal des couches, l'action répétée des gelées dans les fissures des bancs, l'alternative du froid et de la chaleur, la surcharge des masses sur des parties moins solides, sont autant de causes qui agissent à la longue sur les montagnes calcaires. Les débris qui s'accumulent ensuite au pied de ces montagnes se cimentent et se réunissent par l'action des eaux pluviales, qui en dissolvent des parties et les convertissent en spath. J'ai vu au pied du *Monte-Summano*, dans le Vicentin, à la naissance des Alpes calcaires du Tyrol italien, des brèches formées de cette maniere autóur de la base de cette haute et grande montagne calcaire. Il y a des causes plus majeures qui ont concouru aussi à la formation des brèches. Les déplacemens subits de la mer ont contribué à former les plus grandes masses, et les traînées les plus étendues des poudingues.

## § VI.

### *De la chaux considérée chimiquement.*

La chaux, dans son état de pureté, peut-elle être considérée comme une terre simple, ou comme une terre composée de diverses parties élémentaires? C'est ce que nous ne savons point encore mais je ne doute pas que les hauts progrès de la chimie ne nous conduisent tôt ou tard à la connaissance de la vérité à ce sujet. On peut d'autant mieux l'espérer, que le beau travail qui a été fait sur l'acide muriatique a mis sur la voie d'obtenir son radical. Il faut donc espérer aussi que, si l'on veut apporter le même zèle et la même constance à la recherche des élémens de la chaux, en variant les expériences et en tourmentant en quelque sorte la nature de toutes manières pour arriver à ce but, on n'obtienne des résultats instructifs.

Contentons-nous jusqu'à cette époque, qu'il ne tiendra qu'aux chimistes de rendre très-prochaine, de rapporter ici les résultats des savantes recherches d'un de nos plus profonds chimistes, qui a toujours porté un regard philosophique sur cette science, et transcrivons ici les rapprochemens qu'il a faits sur les alcalis, parmi lesquels il a rangé avec raison la chaux : l'ordre dans lequel il les a classés relativement à leur alcalinité, c'est-à-dire pour leur plus ou moins grande capacité de saturation, place la chaux avant la potasse et la soude; ce qui est bien digne d'attention. Voici ce tableau, publié dans la *Statique chimique*, tom. II, pag. 286; ouvrage qui a fait époque, et qui a rendu à jamais célèbre le nom de Berthollet.

*Ordre des alcalis, d'après la mesure de leur capacité de saturation avec les acides.*

1.° La magnésie;
2.° La chaux;
3.° La potasse;
4.° La soude;
5.° La strontiane;
6.° La baryte.

Il est bien remarquable, je le répète, de voir ici la chaux, qui est le produit des animaux, avoir une plus grande capacité de saturation que la potasse, qui doit sa naissance aux végétaux. Ainsi le règne organique animal conserve dans son état de décomposition la même prééminence qu'il avait sur le règne organique végétal dans son état de vie.

# CLASSIFICATION

GÉOLOGIQUE ET MINÉRALOGIQUE DE LA CHAUX, DE SES VARIÉTÉS ET DE SES DIVERSES MODIFICATIONS.

## PREMIÈRE SECTION.

*Terre calcaire, ou chaux combinée avec l'acide carbonique.*

### DIVISION PREMIÈRE.

*Calcaire en masses terreuses ou pierreuses.*

1. Les craies.
2. Pierre calcaire, en grains globuleux (oolithes). Elle existe en couches, quelquefois en bancs, souvent dans le voisinage des craies.
3. Pierre calcaire coquillière ( lumachelle des Italiens ), formée d'une multitude de *fragmens* de coquilles de diverses espèces.
4. *Idem*, avec des coquilles de diverses espèces, d'une *belle conservation*, pétrifiées, ou conservant encore leur substance coquillière.
5. *Idem*, formée d'une seule et même espèce de coquille.
6. Pierre calcaire *madréporique*, devant son origine à un mélange de fragmens plus ou moins usés de madrépores.

7. Pierre calcaire formée de madrépores réunis en place, et disposée en manière de couche.
8. Pierre calcaire grossière à grain rude.
9. Pierre calcaire compacte d une seule couleur.
10. *Idem*, de diverses couleurs, et d'une pate fine et assez dure pour recevoir le poli.
11. Breches calcaires, en bancs réguliers, en masses, en filons, formés de fragmens anguleux de pierres calcaires.
12. Poudingues calcaires, composés de fragmens de pierres de cette nature, ovales ou arrondis par le frottement.

DIVISION II.

*Calcaire spathique, ou calcaire cristallisé d'une manière plus ou moins régulière.*

1. Pierre calcaire à grain salin ou à très-petites lames écailleuses, en couches plus ou moins épaisses, quelquefois en grands bancs homogènes, susceptibles de recevoir le poli. Les marbres statuaires.
2. Spath calcaire proprement dit, plus ou moins transparent, en petites couches fissiles, en filons, en stalactites, en stalagmites; fibreux, globuleux, etc.
3. En cristaux réguliers. *Voyez*, au sujet des formes géométriques nombreuses que le calcaire spathique est susceptible d'adopter, le

savant *Traité de minéralogie* de M. l'abbé Haüy.

*Nota.* La modification particulière qui est propre au spath calcaire dit *arragonite*, ne doit pas l'empêcher de trouver sa place ici.

## DIVISION III.

*Calcaire mélangé de différentes substances terreuses.*

1. Marne terreuse, calcaire, mélangée d'argile, et d'un peu de terre quartzeuse.
2. Marne schisteuse dure, en couches fissiles.
3. Pierre marneuse dure, en couches et même en bancs : c'est un calcaire qui est un peu souillé d'argile et de terre quartzeuse ; il constitue quelquefois des montagnes entières, dans lesquelles on trouve des ammonites, des géodes avec de petits cristaux de quartz.
4. Calcaire mêlé de magnésie, *Bitter-Spath*, spath amer des Allemands.

   *Première variété*, en lames rhomboïdales transparentes.

   *Deuxième variété*, en masse grenue, *dolomie*, quelquefois avec mica ; elle sert particulièrement de gangue à la grammatite.
5. Calcaire mélangé de terre et de sable quartzeux (grès de Fontainebleau), en masses informes, en concrétions, en cristaux.

## DIVISION IV.

*Calcaire mélangé de bitume.*

1. Calcaire mêlé de bitume. Marbres fétides bitumineux.
2. Pierre calcaire demi-dure, pénétrée d'un bitume brun rapproché du naphte par sa grande inflammabilité. Elle est assez dure pour être taillée. On l'allume aisément, et la pierre acquiert par là de la blancheur. Elle se trouve dans les environs de Raguse. C'est Dolomieu qui nous la fit connaître le premier, et qui en envoya de fort gros échantillons.
3. Pierre calcaire unie à l'hydrogene sulfuré, pierre puante, pierre de *porc* des anciens minéralogistes.

## DIVISION V.

*Calcaire uni ou combiné avec des substances métalliques.*

1. Calcaire et fer sans manganèse, de Saltzbourg, analysé par Vauquelin.
2. Calcaire fer et manganèse *Braun-Spath* des Allemands.

## SECONDE SECTION.

*Chaux combinée avec l'acide sulfurique.*

1. Gypse grenu, mêlé de chaux carbonatée, pierre à plâtre de Paris.
2. *Idem*, compacte à grain salin.
3. *Idem*, laminaire.
4. *Idem*, strié soyeux.
5. *Idem*, lenticulaire.
6. *Idem*, aciculaire.
7. *Idem*, en cristaux de formes déterminables.
8. *Idem*, anhydre (ou sans eau de cristallisation.)
9. *Idem*, anhydre avec terre quartzeuse (pierre de Vulpino.)
10. *Idem*, anhydre muriatifère (de Hall en Tyrol).

## TROISIÈME SECTION.

*Chaux combinée avec l'acide fluorique.*

1. Fluor compacte.
2. *Idem*, terreux.
3. *Idem*, en cristaux le plus souvent cubiques.
4. *Idem*, souillée d'alumine, en cristaux cubiques plus ou moins réguliers et opaques, dans une gangue gypseuse, des environs de Boston en Derbishire.

## QUATRIÈME SECTION.

*Chaux combinée avec l'acide phosphorique (apatite des Allemands).*

1. Chaux phosphatée compacte à tissu lamellaire.
2. *Idem*, granuliforme.
3. *Idem*, en cristaux déterminables.
4. *Idem*, mêlée de quartz.

## CINQUIÈME SECTION.

*Chaux combinée avec l'acide de l'arsenic.*

1. Pharmacolithe en mamelons blancs, ou couleur fleur de pêcher, due au cobalt.
2. *Idem*, en aiguilles capillaires.

## LITHOLOGIE DU CALCAIRE.

### PIERRES.

Pierre calcaire avec *quartz limpide* (à Carrare).
avec *quartz rouge* hyacinthe de Compostelle dans l'arragonite cristallisée d'Espagne.
avec *amphibole d'un noir verdâtre*, dans le marbre rose de Tyri, l'une des Hébrides.

Pierre calcaire avec *épidote*, dans les cristaux calcaires du Dauphiné et des Pyrénées.

avec *stilbite blanche*, sur les beaux cristaux rhomboïdaux d'Islande.

avec *stilbite* d'un beau rouge, de la vallée des Zuccanti à une lieue de Shio dans le Vicentin.

avec *mica*, dans tous les marbres cipolins.

avec *des fragmens de serpentine* translucide, dans le marbre vert antique de la côte de Gênes.

avec *des cristaux de Feld-Spath*, dans le voisinage des granits.

avec *grammatite*, dans la dolomie ou chaux carbonatée magnésifère grenue du val Trémola.

avec *bitume élastique* du Derbishire.

avec *amianthe*, dans le spath calcaire de l'Oisan.

## MÉTAUX DANS LE CALCAIRE.

Pierre calcaire avec argent rouge, argent sulfuré, argent antimonié sulfuré et argent muriaté.
avec cuivre pyriteux, cuivre gris, cuivre carbonaté bleu (pierre d'Arménie).
avec plomb sulfuré.
avec fer sulfuré.
avec zinc sulfuré et zinc carbonaté.
avec arsenic sulfuré, dans la dolomie.
avec cobalt arsenical.

*Nota.* Les autres combinaisons de la chaux avec l'acide *sulfurique* et avec l'acide *fluorique* servent aussi de gangues à différens minéraux; ainsi par exemple on trouve dans le gypse :

De la soude muriatée, dans les salines de Bex en Suisse;

Des cristaux de magnésie boratée (vulg boracite);

Des cristaux d'arragonite d'Espagne;

Du soufre, en Sicile, etc.

Et dans la chaux fluatée du Derbishire on rencontre du plomb sulfuré (galène), du fer sulfuré (pyrite), du bitume élastique, etc.

# CHAPITRE II.

## DU QUARTZ.

### VUES GENÉRALES.

Le quartz est une substance minérale qui est entrée comme un des principes constitutifs dans la formation des roches granitiques. La terre quartzeuse existait donc sous un mode quelconque avant l'époque où les eaux de la mer, douées d'une faculté dissolvante très-active, réunirent et cristallisèrent simultanément les divers minéraux qui ont donné naissance à ces granits dont la théorie est encore une énigme de la nature. Mais l'on peut croire cependant que les élémens variés qui ont servi à former cette roche composée, ayant conservé les caractères chimiques et physiques qui leur sont propres et qui servent à établir de grandes différences entre eux, nous permettent de supposer que ces divers minéraux devaient exister sous un mode différent, avant l'opération qui effaça les types de leur origine première à l'aide d une dissolution et d'une cristallisation simultanée.

C'est donc dans les roches d'une aussi ancienne formation que nous devons d'abord considérer le quartz; car, en géologie, celui-ci ne saurait être confondu avec les silex et les autres substances analogues d'une origine moins ancienne, et dont nous parlerons bientôt : ils ont d'ailleurs une sorte de physionomie qui leur est propre, et sont dans des gisemens bien différens que les premiers.

Cette marche simple convient beaucoup mieux à la science qui nous occupe, que celle qui règne dans la plupart des systèmes minéralogiques, si peu d'accord entre eux : elle s'enchaîne graduellement avec les faits et rentre dans la méthode naturelle, qui sera toujours celle qui fixera de plus en plus l'attention des véritables naturalistes, à mesure que les différentes ramifications de l'histoire naturelle se simplifieront et se réuniront vers un même point; ce qui est l'ouvrage du temps, des progrès que font les sciences, et des travaux suivis d'un plus grand nombre d'hommes estimables qui les cultivent avec autant de désintéressement que de noblesse.

Portons donc nos regards sur le quartz des granits, et examinons le rôle qu'il a joué dans la formation de ces roches qui ont ensuite servi de noyau ou d'appui à des montagnes d'un ordre différent. Transportons-nous sur les hautes chaînes alpines, et voyons de quelle maniere le quartz s'y présente à l'œil de l'observateur qui prend la peine d'aller l'étudier à ces grandes et pénibles élévations au-dessus des glaces et des frimas.

Je dois prévenir ici que mon but principal étant de considérer le quartz dans les roches granitiques, je comprends sous cette dernière dénomination toutes les roches qui tiennent à cette même nature de formation, sans m'embarrasser de leur contexture Ce sera en traitant des granits que je m'attacherai à suivre les distinctions que la nature a établies dans la constitution de ces roches d'une si antique formation.

1.° Le quartz des granits, considéré relativement à la grosseur de ses grains, varie depuis celle des grains irréguliers de sel qu'on sert sur nos tables, jusqu'à celle des plus gros grains qu'on tire des salines, avec des formes plus ou moins anguleuses.

En comparant les grains de quartz des granits à ceux du sel marin obtenu par une cristallisation prompte, j'évite des détails minutieux sur les formes variées, irrégulières et difficiles à décrire, que présente le quartz dans cet état particulier.

2.° Je possède dans ma collection de roches un granit d'un rouge pâle, que j'ai recueilli à quatre lieues de distance de Saulieu, dans la ci-devant Bourgogne, dont les cristaux de quartz, qui sont petits, ont leur forme régulière. Les pyramides hexagones sont bien prononcées, et elles se correspondent sur un prisme court à six côtés, mais très-distincts. C'est dans la substance même du granit que ces cristaux se sont formés en même temps que le feld-spath, et non dans des vides. On ne trouve que rarement le quartz ainsi cristallisé dans les granits.

3.° Le quartz a adopté le plus souvent, dans les granits feuilletés ou schisteux, la forme lamelleuse des autres matières qui l'accompagnent : on le trouve alors disposé en petites écailles, plutôt qu'en grains. Je ne dois entrer ici dans aucun détail, relativement à la terre quartzeuse que les feld-spaths, les micas, les horneblendes et les autres substances des granits se sont appropriée dans les combinaisons diverses qui ont donné naissance à ces composés pierreux, parce qu'il en sera fait mention lorsque je traiterai spécialement des granits.

4.° La pâte du quartz des granits, lorsqu'elle n'a point éprouvé d'altération, est en général plus ou moins limpide ; mais sa couleur présente quelques variétés.

On en trouve assez souvent dont l'aspect est un peu gras et la couleur laiteuse.

J'en ai vu, mais en petite quantité, dans les

granits de Thain', département de la Drôme, dont la couleur était *améthiste ;* mais c'était par petites places.

On en voit aussi quelquefois d'enfumés ou d'une couleur plus ou moins noire.

Il existe sur le *Pic-Blanc*, et vers sa base, au *Mont-Rose*, du granit en masse, bien remarquable par la couleur singulière du quartz. Saussure, qui le premier l'a fait connaître et l'a décrit dans le § 2144 de son savant et utile *Voyage dans les Alpes*, fut fort étonné lorsqu'il s'aperçut que le quartz dans ce granit *était d'un bleu de lavande clair mais pourtant décidé, surtout dans les places où plusieurs de ses grains sont réunis, et dans celles où il forme des filons dans les fissures de la pierre.*

Ce quartz constitue la partie dominante de ce granit, composé de feld-spath d'un blanc jaunâtre, et de mica couleur plombée, un peu terne.

5.° Une nouvelle variété de quartz qu'on vient de trouver dans quelques granits de la Bretagne, est celle du *quartz fétide*, que M. de Morogue, minéralogiste plein de zèle et d'instruction, qui réside dans les environs d'Orléans, a reconnu auprès de *Salle-Verte*, dans un voyage géologique et minéralogique qu'il a fait dans diverses parties de la Bretagne.

Ce granit, à très-gros grains, est composé de feld-spath d'un blanc jaunâtre et de grandes écailles de mica blanc. Le quartz qui s'y trouve est très-dur, très-sain, et a l'aspect un peu gras; lorsqu'on le frappe à coups secs avec un marteau et qu'on parvient à en détacher un fragment d'une ligne environ d'épaisseur, il s'en exhale sur-le-champ une odeur forte, fétide, analogue à celle des *choux pourris*. Ce n'est pas en frappant à petits coups, mais en se conformant à ce que je viens de dire, qu'on obtient cette exhalaison désagréable.

Nous connaissions en lithologie deux variétés de marbres spathiques fétides : l'une connue des anciens minéralogistes sous le nom de *pierre puante*, de *pierre de porc* ( lapis suillus ), dont la mauvaise odeur a du rapport avec celle des œufs pourris, lorsqu'on la frappe ou qu'on la gratte avec un morceau de fer. M. Vauquelin a reconnu que l'odeur de cette pierre dépendait de l'hydro gene sulfuré.

La seconde variété de marbre fétide a une odeur bitumineuse mêlée quelquefois à une odeur de corne brûlée; tel est un marbre des environs de Namur, et un autre de Dinant.

Mais nous ignorions jusqu'à présent qu'il existât un quartz fétide; et quoique ce fait ne paraisse pas d'une grande importance, il n'est pas sans intérêt pour l'histoire naturelle des quartz, qui ont été jusqu'à ce jour si rebelles à toutes les analyses. Ce principe odorant tient certaine ment à quelque chose ; il pourra mettre peut-être nos chimistes sur la voie d'aller à sa recherche. Il serait même bien à désirer qu'on fît de nouvelles tentatives sur la terre quartzeuse, qu'on néglige trop parce qu'elle a opposé de la résistance à plusieurs réactifs ; mais on n'obtient rien dans les cas difficiles sans tourmenter, pour ainsi dire, la nature dans tous les sens, et ce n'est qu'ainsi qu'on parviendra à lui arracher quelque nouveau secret : or plus celui-ci paraît insurmontable, plus il y aurait du mérite et de la gloire à l'enlever.

Depuis que M. de Morogue a donné l'éveil sur le quartz fétide, M. Dubuisson, directeur du cabinet d'histoire naturelle de la ville de Nantes, qui a rendu bien des services à la minéralogie de ce département, a trouvé un quartz analogue dans les granits des environs de Nantes. (1)

Mais considérons la manière dont le quartz se montre sur les plus hautes cimes granitiques, et le plus souvent sur celles qui sont au-dessus de la ligne des neiges : c'est là qu'on le trouve disposé

---

(1) Je possède deux fort beaux échantillons de quartz fétide de *Salle-Verte*, dont M. de Morogue a bien voulu enrichir mes collections. Il y en a un très-remarquable par la quantité de feld-spath et de mica uni au quartz fétide, et qui forme un véritable granit à gros grain. M. Dubuisson, de son côté, a eu la bonté de m'envoyer un beau morceau de quartz fétide des environs de Nantes.

en grandes veines blanches plus ou moins larges qu'on aperçoit en dehors des escarpemens les plus rapides, et s'élèvant en lignes diagonales qui disparaissent ensuite et s'enfonçent dans l'épaisseur des masses qui leur servent d'appui.

Ces grandes bandes de quartz blanc, qui semblent s'écarter de la théorie ordinaire des filons et paraissent tenir à la formation même des granits, ont des espèces de soufflures, ou des vides plus ou moins étendus, dans lesquels les *cristaux de roche* ont pris naissance.

L'intrépide habitant des Alpes, accoutumé dès l'enfance à braver les dangers de la chasse du chamois, non moins passionné pour la recherche des cristaux, s'associe à plusieurs compagnons de chasse pour aller attaquer un filon de quartz, souvent même pour le sonder. Plus d'une fois alors il se fait suspendre par des cordes au bord de l'abîme le plus effrayant, frappe avec un petit marteau la veine de quartz; et si elle rend un son creux, cette indication favorable redoublant le zèle de tous, l'on avise au moyen d'exploiter le filon, et de le poursuivre en minant le rocher sans craindre les dangers, les fatigues et les obstacles de toute espèce. On suit ce travail avec une persévérance souvent ruineuse, ou qui n'est couronnée de succès heureux qu'apres plusieurs années de peines infinies.

Ces mineurs ont donné le nom vulgaire de

*poches* aux cavités oblongues qu'ils rencontrent au milieu des filons, qui dans cette circonstance ont éprouvé une sorte de boursouflure, ou plutôt ont formé une géode plus ou moins évasée, plus ou moins allongée. Ils ont donné le nom de *fours* aux cavités beaucoup plus considérables dans lesquelles on trouve de grandes quantités de cristaux.

Dans les divers voyages que j'ai faits dans les hautes Alpes, j'ai assisté à l'ouverture d'une poche dans laquelle on trouva plus de quinze cents livres de cristaux : c'était dans l'*Oisan*, dans le ci-devant Dauphiné. J'ai visité aussi ce qu'on appelle la *grande cristallière* auprès des glaciers de la grande *Herpière*, en partant du bourg d'Oisan, et en montant par la *Garde* , *Hués*, les *granges d'Hués*, *Brandes*, la *petite Herpière*, de là à la *grande Herpière* , en escaladant des rochers presque à pic au milieu des plus affreux abîmes. C'est le plus grand gisement de cristaux de roche qui existe dans cette partie des Alpes ; mais l'éloignement des *chalets* est si considérable , la voie si étroite, si escarpée et environnée de tant de dangers , qu'on ne sait comment en rapporter des matrices de cristaux un peu volumineuses, et, malgré sa richesse, on a été forcé d'abandonner cette exploitation. Je fis ce voyage pénible avec M. Guettard en 1775; le botaniste Liottard nous accompagnait. M. Guettard arriva très-bien jusqu'au pied de la grande cristallière; mais il ne put jamais franchir un passage aussi étroit que périlleux, où il fallait placer le pied sur une pierre en console au-dessus d'un abîme effrayant, et s'accrocher d'une main à une autre pierre qui n'était pas trop solide : il n'existait pas d'autre route. Nos domestiques et un guide qu'on nous avait donné au bourg d'Oisan, n'osèrent pas franchir ce précipice. Liottard et moi fûmes les seuls qui entrèrent dans la *grande cristallière*, où nous restâmes plus d'une heure à l'examiner. Mais j'étais jeune, hardi, et surtout fort étourdi. (1)

Ce n'est pas ici le seul amas de cristaux de roche qu'on trouve dans les Alpes du ci-devant Dau-

(1) Le soir de cette pénible journée, nous arrivâmes au bourg d'*Oisan*, au pied de ces montagnes solitaires. Nous nous attendions à n'y trouver qu'un gite analogue à la position du lieu : quelle fut notre surprise lorsqu'une jeune dame aimable, d'un bon ton, voyant notre embarras, voulut bien nous offrir un logement dans une maison commode et agréable! Cet ange de grâces et de beauté, car sa figure était céleste et sa bonté parfaite, nous accueillit, nous fêta, nous retint plusieurs jours chez elle. Je ne voyage jamais dans les hautes montagnes sans songer à tant d'accueil, et je ne prononce jamais le nom du bourg d'*Oisan*, sans vouer à cette dame de nouveaux sentimens de reconnaissance et d'attachement.

phiné, qui en sont bien pourvues, et qui renferment en outre d'autres belles espèces de minéraux. On a exploité beaucoup de cristaux de roche à *Marone*, à *Lagarde*, à *Armentière*, à *Frenay*, à la *Grave*, à *Veaujani*, ainsi que sur d'autres montagnes très-élevées de l'*Oisan*, presque constamment couvertes de neiges.

Les Alpes de la Suisse sont tout aussi riches en ce genre de minéral, et ont fourni des *druses* et des *aiguilles* d'un très-grand volume.

L'île de Madagascar renferme, dans ses hautes montagnes d'*Ambotismène*, la plus belle espèce et les plus grandes masses de quartz cristallin. Mon savant et estimable ami M. Rochon, nous a appris, dans son *Voyage aux Indes orientales*, que *la plus haute des montagnes d'Ambostimène peut avoir dix-huit cents toises au-dessus du niveau de la mer; que l'accès de ces montagnes est, au dire des insulaires, presque impraticable aux Européens*. Leurs sommets offrent des escarpemens et des précipices qui en défendent les abords, et *on y rencontre*, dit M. Rochon, *des blocs énormes de cristal de roche: les uns sont cristallisés; les autres ne paraissent affecter aucune forme régulière.* (1)

(1) *Voyage à Madagascar et aux Indes orientales*, par M. *Rochon*, de l'Académie royale des Sciences, pag. 170.

L'on voit que le cristal de roche se rencontre à Madagascar, ainsi qu'en Europe, sur les plus hautes montagnes. Celui qui nous est venu de cette île est le plus beau et le plus également transparent dans toutes ses parties que nous connaissions : mais ce sont les masses arrondies qui nous fournissent les plus belles matières ; car celui qui provient des cristaux en prismes, et qui n'a été envoyé qu'en petite quantité du même pays, n'a pas à beaucoup près une eau aussi belle et aussi pure.

L'on apporta à Paris, il y a environ vingt ans, une grande quantité de cristal de Madagascar en gros blocs arrondis, dont quelques-uns pesaient plus de cent cinquante livres : bientôt ils se répandirent dans le commerce ; et les lapidaires, ainsi que les joailliers, ayant reconnu sa supériorité sur celui de la Suisse et des Alpes dauphinoises, s'en approvisionnèrent. On en a déjà employé beaucoup depuis cette époque ; ce qui fait qu'il commence à devenir rare. Les blocs de cristal de roche de Madagascar n'ont la forme arrondie que parce que les eaux les ont entraînés des hautes montagnes d'*Ambotismène*, et en ont abattu les angles en les faisant rouler avec rapidité au milieu des débris d'autres pierres.

Il n'est venu que rarement en Europe des cristaux de roche de Madagascar autrement qu'en blocs plus ou moins roulés ; ce qui provient de l'extrême difficulté qu'il y a de pénétrer dans la partie des hautes montagnes où l'on pourrait trouver de beaux cristaux en grandes aiguilles. Mais la pâte n'en serait pas plus brillante ni plus égale de pureté que celle des masses arrondies qu'on a la facilité de choisir dans le lit des torrens : je ne crois pas même que les cristaux à deux pointes soient si diaphanes, si nous en jugeons par une aiguille de dix-huit pouces de longueur sur trois pouces de largeur, que M. Rochon, donna au Muséum d'Histoire naturelle avec beaucoup d'autres minéraux qu'il rapporta du cap de Bonne-Espérance, et notamment la *prhénite*, que l'on ne connaissait point encore en Europe avant lui.

Le quartz des régions granitiques se présente sous un mode différent, à des hauteurs beaucoup moins considérables que celles où l'on trouve le cristal de roche. Je laisserais une lacune dans l'histoire naturelle des divers gisemens du quartz, si je passais sous silence la manière dont il se montre dans les montagnes beaucoup plus basses, le plus souvent au milieu des schistes granitiques micacés, où on le trouve en masses très-considérables.

Cette dernière distinction n'ayant été faite jusqu'à présent par aucun géologue, je dois l'appuyer de faits, et désigner des lieux qu'on puisse visiter sans beaucoup de peine : quelques exemples suffiront et mettront les minéralogistes à portée de faire les mêmes observations ailleurs.

C'est vers la base de la montagne granitique

du *Felsberg*, dans le pays de Darmstadt, à quatre lieues de cette ville, non loin du hameau de *Reichenbach*, que l'on peut observer un gisement de quartz demi-transparent, dont la position, la forme et l'étendue méritent l'attention particulière des géologues. (1)

C'est sur le flanc méridional de la montagne garnitique du *Felsberg*, à un quart de lieue tout au plus du hameau dont il est fait mention ci-dessus, en se dirigeant vers le haut de la montagne, mais loin encore de son sommet, qu'on aperçoit une espèce de grande muraille de *quartz*, qui s'élève perpendiculairement et se

---

(1) Si l'on part de *Manheim* pour aller visiter la montagne du *Felsberg*, remarquable par les grandes masses d'un des plus beaux granits que les Romains aient employés, et où l'on en trouve une grande colonne ébauchée par eux, qui est encore en place, on se rend à *Bensem*, gros bourg éloigné de six lieues de Manheim, où l'on trouve un gîte passable. Le lendemain, on prend la route de *Reichenbac*, qui est peu fréquentée (on peut s'y rendre à cheval dans une heure et demie); on y prend un guide, et l'on monte à pied sur le Felsberg: bientôt on trouve la *muraille de quartz* dont il est question, qui est assise sur un plateau adossé contre la montagne. Il faut de là se diriger sur ce qu'on appelle dans le pays la *mer des pierres* : c'est un entassement immense de blocs de granits, dont quelques-uns sont énormes, jetés irrégulièrement les uns sur les autres, tantôt verticalement et debout, tantôt horizontalement, ayant presque

montre à nu, comme si elle était sortie subitement d'une roche feuilletée granitoïde sur laquelle elle repose : ce filon, entièrement dépouillé de la gangue qui devait l'entourer autrefois, a quatorze à quinze pieds de hauteur moyenne sur dix pieds d'épaisseur environ, et occupe une longueur de plus de quatre-vingts toises dans cette partie.

Le quartz dont il est formé est d'une pâte vitreuse, demi-transparente, très-brillante et très-dure, mais colorée de place en place et d'une manière irrégulière par des taches et des zones de couleur d'un rouge clair, qui n'altère point sa transparence et qui tranche d'une manière

---

tous leurs angles abattus; ils attestent un de ces grands et prompts déplacemens des mers, qui peuvent seuls agiter et transporter d'aussi énormes masses. Le sommet du Felsberg est jonché de semblables blocs, qui, ayant pu résister à tant de chocs, sont sains dans toutes leurs parties, et se trouvent disposés de manière à être remués et travaillés avec bien plus de facilité que s'il fallait les tailler dans les bancs des carrières, où l'on n'a jamais la certitude de les trouver aussi sains ni en aussi grandes masses. Ce granit, à fond blanc avec des taches d'un noir foncé, est d'une belle pâte et reçoit un poli éclatant. On le retrouve dans les monumens antiques à Rome; il existe encore en place au Felsberg, une colonne d'un seul jet, qui a vingt-huit pieds neuf pouces de longueur, et d'une belle proportion.

très-agréable sur le fond blanc et translucide des autres parties du quartz, qui n'ont pas été colorées par l'oxide de fer.

Cette matière peut recevoir un aussi beau poli que le cristal de roche, et servirait à faire de magnifiques ouvrages, si elle n'avait pas trop de *fils* et des especes de gerçures, qui ne diminuent en rien sa solidité, mais que les lapidaires regardent comme une imperfection. J'en fis faire cependant une fort belle tabatière ovale à Oberstein.

Cette muraille de quartz, je le répète, paraît avoir appartenu à un énorme filon d'une très-grande étendue, puisqu'on peut suivre sa direction sur la partie de la montagne opposée, où il se montre également à découvert, dans une distance de près d'une demi-lieue ; il est à croire que le granit schisteux et friable qui lui servait d'appui a été détruit par l'effet de la révolution qui a accumulé tant de masses énormes de granit sur le sommet du Felsberg, qui en est jonché de toutes parts.

Cette révolution désastreuse est écrite ici en caractères qui resteront long-temps ineffacables; car une vallée très-profonde et qui a plus d'une demi-lieue de largeur dans son grand diamètre, sépare les deux montagnes où se trouve la muraille de quartz. Or ces deux montagnes n'en formaient qu'une avant le creusement de la vallée;

puisque le grand filon, mis à jour, se correspond parfaitement sur les pentes rapides de l'un et l'autre bord de cette vaste excavation. Le quartz est absolument de la même nature de chaque côté, et le schiste feuilleté et granitique sur lequel il repose ne présente aucune différence. Le petit ruisseau qui coule au fond de la vallée ne doit être considéré que comme le résultat nécessaire de l'écoulement des eaux de pluies et de sources, lorsqu'une fois la vallée fut ouverte par la seule force qui ait pu renverser une aussi formidable barrière; et il n'y a que la mer seule, lorsqu'elle éprouve un déplacement prompt et rapide, qui ait la puissance d'opérer de si grands effets.

On pourrait objecter peut-être que j'admets dans cette circonstance le quartz dont il est question, comme appartenant à un filon mis à découvert, tandis que je n'ai pas considéré la théorie des filons comme applicable aux bandes de quartz, qui se divisent verticalement ou diagonalement sur les hauts sommets de quelques montagnes alpines, où ils donnent naissance aux cavités ou *poches* qui renferment le cristal de roche. Voici comment j'explique cette contradiction apparente.

J'ai considéré la formation des granits comme le résultat de la dissolution simultanée et de la cristallisation plus ou moins complète des substances minérales diverses qui ont concouru à l'organisation de cette antique roche; et j'ai dit, par exemple, en faisant mention du *calcaire des granits*, qu'il ne fallait pas le considérer comme arrivé après coup dans les fissures, dans les fentes, et encore moins entre les stratifications granitiques, où on le rencontre si souvent melé avec le mica; mais que tenu en dissolution comme les autres matières, il a dû, lorsqu'il s'est trouvé en trop grande abondance dans certaines places, se cristalliser et se précipiter séparément. Toutes les observations locales confirment ce fait.

Il a dû en être de même du *quartz* toutes les fois qu'il s'est trouvé surabondant : l'excédent s'est déposé et cristallisé séparément, en formant des zones et des bandes particulières à côté ou au milieu des autres masses de matières diverses, soumises aux mêmes lois chimiques et physiques; et dans ces cas-la on ne saurait considérer comme de véritables filons accidentels formés après coup, ce qui est le résultat d'une seule et même opération. Les bandes de quartz qui ont donné naissance au cristal de roche, sont si intimement unies et même soudées avec les granits ou avec les schistes micacés granitiques environnans, qu'on ne saurait les considérer dans ces circonstances comme des fentes qui auraient été remplies après coup par la matière du quartz.

J'aurais dû peut-être, d'après cela, ne pas

donner le nom de *filon* à la muraille de quartz des environs du Felsberg, qui pourrait bien n'avoir eu d'autre origine que celle des bandes de quartz des hautes montagnes alpines, et avoir été formée en place en même temps que les schistes granitiques environnans, et qui ne l'ont laissé ainsi à nu que parce qu'ils étaient d'une contexture beaucoup moins solide. Mais comme il pourrait y avoir quelque doute sur l'origine de cette grande muraille quartzeuse, j'ai préféré de lui donner le nom de *filon*, qu'il est facile de lui retirer, si l'on aime mieux le considérer comme formé dans la même opération qui a donné naissance au schiste micacé, sur lequel il a sa base encore attachée.

Je me suis peut-être beaucoup trop étendu sur cette matière : mais elle tient à une des parties fondamentales de la formation des granits ; et ce sujet est si neuf et en même temps si difficile, qu'il ne faut rien négliger de ce qui pourrait servir à répandre la moindre lumière sur ce grand fait de la nature.

Les parties inférieures des chaînes granitiques nous présentent encore le quartz sous un mode de formation qui diffère un peu de celui que nous venons de faire connaître, du moins quant à la grandeur des masses et à la disposition de ses parties, quoiqu'il ait les mêmes principes chimiques.

C'est particulièrement en France, dans le département de la Haute-Sarthe et au-dessus d'Alençon, qu'on peut observer de grands gisemens de ce quartz, qui ne s'y présente pas en masses isolées, mais qui forme des collines entières et contiguës de plusieurs lieues de longueur, ou plutôt des espèces de remparts escarpés qui ont plus de quatre-vingts pieds de hauteur moyenne, et sont attenans, tantôt à des granits, tantôt à des schistes granitiques micacés.

Ce quartz est remarquable, en ce que sa cassure a une fausse apparence d'un grès quartzeux, dont les molécules vitreuses seraient intimement liées; mais il en diffère entièrement, tant par la disposition et l'homogénéité des masses, que par la contexture. C'est un véritable quartz, qui doit être considéré comme le résultat d'une cristallisation trop prompte et trop rapprochée ; je l'appellerais volontiers un *quartz salin*, relativement à son grain. Sa couleur présente plusieurs variétés ; on en trouve de blanc, de grisâtre, de noirâtre, de rougeâtre : mais ces diverses couleurs, qui n'altèrent point sa demi-transparence, ne permettent pas d'assimiler ce quartz avec les jaspes.

Il faut donc le considérer comme un quartz *sui generis*, d'autant plus remarquable et d'autant plus intéressant pour les géologues, qu'il doit être regardé comme l'analogue véritable, quant à l'espèce, de ces cailloux roulés quartzeux, qui forment de si longues traînées et occupent de si grands espaces, qu'ils ont souvent rempli des vallées entières, et ont fait le désespoir de Saussure lorsqu'il les suivait depuis Lyon jusqu'à Arles, et surtout lorsqu'il les considérait dans la plaine de la Crau (*Campus lapideus* ou *Campus herculeus* des anciens), dont la surface est de vingt lieues carrées. Les neuf dixièmes de ces cailloux sont d'un quartz absolument analogue à celui du département de la Haute-Sarthe, tant pour la pâte que pour les nuances de couleurs. Saussure, après avoir discuté les diverses opinions énoncées sur l'origine de ces cailloux roulés et les avoir rejetées, s'arrête à la plus raisonnable et à la plus probable, en les considérant, avec raison, comme le résultat de la destruction d'anciennes montagnes de quartz qui ont été la proie de la dernière révolution (1). Cependant il se trouve un peu embarrassé dans cette circonstance, parce qu'il ne trouve pas sur la route qu'occupent ces immenses amas de cailloux roulés quartzeux, des montagnes de cette nature. J'aime à l'entendre nous dire : *L'origine de ces cailloux de quartz est d'autant plus difficile à déterminer, que dans toutes les montagnes qui bordent le Rhône (depuis Lyon jusqu'à la Crau), et même dans les chaînes attenantes à ces mon-*

---

(1) *Voyez* tom. III, pag. 402, § 1198.

*tagnes, on n'en connaît aucune d'une certaine étendue qui soit entièrement de cette pierre* (1).

On voit cependant, par ce que nous venons de dire, que des roches analogues existent encore en place, et qu'on les retrouvera dans bien d'autres pays lorsqu'on apportera une attention particulière à leur recherche. C'est donc essentiellement sous ce point de vue que la distinction que j'ai établie à ce sujet devient utile, je dirais même indispensable, puisqu'elle peut servir à donner la solution d'un problème géologique qui avait embarrassé Saussure.

Ce célèbre naturaliste comprenait très-bien que la vaste étendue et l'accumulation de quartz roulés qui régnaient depuis Lyon jusqu'à la plaine de la *Crau*, qui en est entièrement recouverte elle-même, devaient être le résultat d'un grand et prompt déplacement des eaux de la mer, qui avait donné lieu à ce qu'il appelait *la grande débâcle*. Mais il cherchait vainement les places où pouvaient avoir existé les quartz en masse qui avaient produit tant de pierres transportées, parce qu'il supposait qu'il y avait eu dans les plaines recouvertes de tant de cailloux roulés quartzeux, des montagnes de cette espèce de quartz qui avaient été détruites par cette dernière révolution.

(1) *Voyez* tom. III, pag. 361, § 1551.

Mais ce n'était point dans le voisinage de ces immenses amas de pierres si dures, arrondies par le frottement, qu'il fallait chercher à reconnaître les sources qui les avaient produits : c'était dans des parties plus lointaines et plus élevées, d'où elles étaient descendues avec une grande rapidité par les ouvertures et les grandes brèches qui servent à présent de lits au Rhône, à l'Isère et à la Durance, excavées peut-être à cette époque, ou qui l'avaient été précédemment par d'autres révolutions beaucoup plus anciennes.

Il existe dans la plaine même de la Crau un fait lithologique bien propre à confirmer que les quartz sont descendus des Hautes-Alpes, puisqu'on trouve parmi eux quelques variolites vertes de la Durance (*variolites viridis verus*). Or les minéralogistes savent que c'est à quatre lieues au dessus de Briançon et dans la vallée de *Servières*, qu'est le grand dépôt de ces pierres, qui n'ont aucun rapport avec le quartz.

Cette variolite, que la Durance charrie encore, semble nous indiquer que c'est des parties plus ou moins élevées des Alpes que sont descendus les quartz, en suivant l'ouverture où coule le Rhône, celles de l'Isère et de la Durance. Les eaux pendantes des montagnes du Vivarais peuvent aussi y avoir apporté d'autres pierres roulées ; et c'est dans ce cas que la théorie de *la débâcle* dont parle Saussure, s'applique d'une manière naturelle au transport de cette immense quantité de quartz arrachés des roches qui existaient vers le haut ou à mi-côte des Alpes.

Les eaux de la mer se précipitant à cette époque avec une force et une vitesse incalculables de ces sommets, élevés la plupart de quinze cents toises, dûrent briser et emporter avec facilité les masses et les éminences quartzeuses qui se trouvèrent sur leur passage, et les disséminer en cailloux roulés dans les parties basses où on les rencontre à présent en si grande quantité, et où ceux qui ont formé la plaine de *la Crau* se nivelèrent d'après la disposition naturelle du fond sur lequel tant de cailloux roulés furent disséminés.

Ce fut donc parce que des masses énormes d'eau se précipitèrent subitement de toutes les parties élevées des Alpes où s'étaient portées les mers, que tant de debris quartzeux furent formés par la destruction des roches de cette nature, qui se trouvèrent en butte à la plus forte action des courans, se dirigeant naturellement sur les ouvertures où coulent actuellement les eaux du Rhône, de l'Isère, de la Durance, et de tant d'autres torrens qui viennent se perdre dans ces grandes rivières. Il ne faut donc pas être surpris de ne plus trouver à présent en place les roches quartzeuses qui ont donné naissance à tant de cailloux roulés.

Saussure en cherchait vainement quelques

restes depuis Lyon jusqu'à Avignon ; ce n'était pas là sans doute, je le répète, qu'il fallait espérer de les retrouver dans le cas où ils n'auraient pas été tous détruits. On voit dans la plaine de *la Crau* même des indications contraires, qui résultent de la nature de quelques pierres qui appartiennent exclusivement aux Alpes, et qui se trouvent mêlées avec les cailloux quartzeux qui forment les neuf dixièmes des autres pierres roulées.

En effet il en existe une, je le répète, qui n'avait point échappé à l'œil exercé de Saussure, puisqu'il dit qu'il en avait vu plusieurs morceaux roulés, la *variolite verte*, qui devait le mettre sur la voie de reconnaître le véritable point de départ des eaux. Cette pierre, bien distincte, bien caractérisée, n'ayant son gisement dans tout le revers des Alpes où le Rhône, l'Isère et la Durance prennent leur source, que dans la *haute vallée de Servières*, au-dessus de Briançon, il était évident que c'était des Alpes même et de toute cette grande ligne alpine que les eaux étaient descendues, et qu'elles avaient entraîné tous les matériaux qui ont formé la plaine de *la Crau*, et les cailloux roulés quartzeux qui bordent le Rhône depuis Lyon jusqu'à Arles et y forment des collines. Telle est l'explication qui paraît la plus simple et la plus naturelle sur la formation de cette plaine extraordinaire, dont la surface a vingt lieues carrées environ, et qui n'est absolument composée que de cailloux roulés, qui reposent eux-mêmes sur un poudingue de plus de quarante pieds d'épaisseur moyenne.

Cette réunion sur un même point de tant de pierres arrondies par le frottement, avait toujours été considérée comme une sorte de phénomène; elle avait fixé l'attention des anciens. Strabon, qui en fait mention, lui donne l'épithète d'*admirable* (1). Pline l'appelle le *champ des pierres* (2). Méla lui donne le même nom (3). La tradition en attribuait l'origine à une pluie de pierres que Jupiter fit tomber contre Albion et Gérion, deux fils de *Neptune*, que combattait Hercule; allégorie qui pouvait bien cacher le sens physique de cette fable.

### *Des quartz qui gisent dans les roches porphyritiques.*

Cette distinction est dans la nature; elle devient donc par là aussi essentielle à l'étude de la géologie, que celle que nous venons d'établir pour la distinction du quartz des granits.

La ligne qui sépare les porphyres des granits n'est pas en général aussi prononcée qu'on le dé-

---

(1) Strabon, liv. IV.
(2) Pline, *Hist. nat.* liv. III.
(3) Pomp. Méla, *Géogr.* liv. II, chap. 5.

sirerait dans tous les cas; on les trouve quelquefois si voisins les uns des autres, que ces deux genres de roches paraissent appartenir à la même formation, tandis qu'elles semblent s'en éloigner dans d'autres circonstances. C'est ici que l'on sent véritablement tous les avantages qui résultent des observations locales; elles sont si nécessaires que l'on s'égarerait à chaque pas, si l'on voulait se diriger ici d'après les classifications systématiques faites par ceux qui n'ont pas vu la nature, et qui cependant se sont le plus pressés d'écrire sur ces matières. (1)

Plus l'habitude d'étudier les roches porphyritiques se fortifie en y mettant de la constance et en variant les observations, plus l'on croit en-

---

(1) « Je ne veux pas, dit Dolomieu, qu'on croie à la » possibilité de devenir lithologiste dans un cabinet, » qu'on se dispense de consulter la nature, de visiter » les montagnes, parce qu'on connaît quelques caractères » extérieurs : car ceux-là seront bien embarrassés, s'ils » se transportent dans les Hautes-Alpes, lorsqu'au lieu » de ces formes bien déterminées que l'on rassemble » dans les cabinets, ils verront des masses énormes qui » n'ont rien de régulier; lorsqu'ils trouveront une infinité » d'espèces mixtes et indéterminées, qu'il faut bien long- » temps étudier, comparer entre elles, rapprocher de » tout ce qui les environne, avant de soupçonner leur » nature. » DOLOMIEU, *Mémoire sur les roches composées,* Journal de Physique, ventose an II, pag. 192.

trevoir deux genres de formations dans ces roches, sans qu'on puisse saisir néanmoins la véritable ligne de séparation d'après des caractères assez tranchans pour ne rien laisser à désirer : mais je renvoie cette discussion au chapitre des *Porphyres*, et à celui des *Roches trappéennes* et des *Roches amygdaloïdes à base de trapp.*

Je me borne donc ici, pour ne point perdre de vue mon sujet, à faire mention du quartz qu'on trouve dans les roches porphyritiques, qui sont en général presque toutes les mêmes quant à leurs principes chimiques, et qui ne diffèrent entre elles que par l'arrangement de leurs molécules et par les proportions plus ou moins grandes des substances minérales qu'elles renferment.

C'est dans ces roches qu'on trouve particuculièrement, je dirais presque exclusivement, les véritables *agates*, qui ont un aspect, une sorte de physionomie et un gisement particuliers, qui ne permettent pas de les confondre avec les quartz et les *silex* ordinaires, quoique la matière qui les compose soit chimiquement la même. Mais l'ordre de formation est bien différent : car il ne faut pas considérer comme de véritables agates calcédonieuses celles, par exemple, dont Saussure a fait mention, et qu'il trouva à une demi-lieue à l'est de la ville de Vienne, dans le département de l'Isère, non loin des ruines d'un ancien bâtiment connu sous le nom de *vieille poudrière*, *remplissant les fentes accidentelles du granit, et même en rognons dans le granit*, selon les expressions de ce célèbre géologue (1); parce que je regarde cette substance pierreuse que j'ai observée en place, comme une infiltration ou une dissolution du quartz, qui a pris une apparence calcédonieuse par le mélange de quelques portions des matières environnantes, et par un peu de fer provenu des pyrites interposées dans cette substance *pseudo-calcédonieuse*.

J'ai vu le même accident à peu de distance d'Autun dans un large filon au milieu du granit, où le quartz a pris, dans plusieurs parties, l'aspect onctueux de certains silex par un léger mélange de fer et de quelques portions d'alumine; tandis que dans d'autres parties l'oxide de fer, s'y trouvant en plus forte dose, a troublé entièrement la demi-transparence de la matière, et lui a donné l'aspect d'un jaspe. Mais, je le répète, ceci ne tient qu'à un concours particulier de circonstances qui n'a eu lieu que rarement, et n'a qu'un rapport très-éloigné avec la formation des véritables agates, des calcédoines, des jaspes et des autres matières quartzeuses analogues, dont le gisement naturel et constant se trouve dans les

---

(1) *Voyage dans les Alpes*, par *Bénéd. de Saussure*, tom. III, pag. 428, § 1634, édit. in-4.°

roches porphyritiques, ainsi qu'on le verra plus en détail dans la section où je traite de ces roches.

La terre quartzeuse est entrée dans la composition des porphyres comme dans celle des granits : mais en se triant elle a éprouvé des modifications qui lui ont imprimé un caractère extérieur différent; car tout ce qui tient au quartz dans les roches porphyritiques a en général un aspect qui se rapproche un peu de celui d'un corps onctueux, et a toujours quelque chose de plus ou moins velouté dans le poli, ainsi que dans la cassure. Le système de formation est en général plutôt par zones plus ou moins concentriques, que par précipitation en lames cristallines ou en véritables cristaux, quoiqu'on trouve quelques aiguilles de quartz, mais courtes, dans les vides de certaines agates, lorsque la matière n'a pas été assez abondante pour remplir entièrement les *géodes*. Je ne parle ici que du quartz combiné dans la pâte des porphyres.

On trouve quelquefois dans les porphyres, de même que dans les granits, un calcaire analogue à celui qu'on a qualifié du titre de *primitif*, cristallisé en petites écailles semblables à celles du marbe salin, et dans lequel on ne rencontre jamais de vestiges de corps organisés (1) : mais

---

(1) J'ai vu dans le nord de l'Écosse, à l'extrémité du beau parc du château d'*Inverary*, appartenant au duc

on trouve plus souvent encore le calcaire en globules spathiques dans les roches porphyritiques *amygdaloïdes*, qui sont lardées de toutes parts

---

d'Argylle, une carrière ouverte pour faire de la chaux, où le calcaire, de la nature du marbre salin, mais d'une couleur un peu verdâtre, gît sous un banc de porphyre à fond rougeâtre et à cristaux de feld-spath d'un blanc terne. Ce banc, que je mesurai avec soin, a douze pieds d'épaisseur; il est divisé en trois lits à peu près égaux et parallèles, qui affectent dans quelques parties des retraits rhomboïdaux, et dans d'autres de simples fissures longitudinales irrégulières. Le calcaire qui lui succède est un peu souillé de terre feld-spathique, et même d'un peu de terre magnésienne dans les points de contact seulement, et ce mélange n'altère le calcaire qu'à un demi-pouce ou un pouce au plus d'épaisseur : le reste est beaucoup plus pur, et sert à faire de bonne chaux. Cette couche de calcaire spathique a plus de douze pieds d'épaisseur, n'étant interrompue que par quelques linéamens horizontaux de substance magnésienne, qui lui donnent une apparence de marbre cypolin. L'aspect des lieux ne permet pas de douter que la formation de ce porphyre et de ce calcaire, ou plutôt leur précipitation, ne soient contemporaines. Ceux qui désireraient de plus grands détails sur ce gisement remarquable, peuvent consulter ce que que j'en ai dit tom. I.er, pag. 297, de mon *Voyage en Angleterre, en Ecosse et aux îles Hébrides*, où j'ai décrit minéralogiquement et géologiquement cette carrière, dont j'ai donné les mesures, prises avec beaucoup de soin, les bancs ayant été mis à découvert pour aller à la recherche du calcaire dans un pays où cette substance pierreuse est rare.

de ces noyaux. Telles sont les roches des environs d'*Oberstein*, dans l'ancien Palatinat, dans lesquelles on voit d'une manière très-distincte la transition de ces roches amygdaloïdes au véritable porphyre, puisque les globules calcaires sont quelquefois attenans à des cristaux de feld-spath les mieux prononcés, et que la formation des uns et des autres est contemporaine, ainsi que je crois l'avoir démontré dans un Mémoire qui a pour titre : *Voyage géologique depuis Mayence jusqu'à Oberstein*, inséré dans les *Annales du Muséum d'histoire naturelle*, tom. VI, pag. 53.

D'après des analyses très-exactes que M. Vauquelin a eu la complaisance de faire, à ma demande, de plusieurs de ces roches d'Oberstein et de Kirn, qui renferment des globules calcaires et des noyaux d'agate, de Calcédoine, des jaspes, etc., l'on voit, par la quantité de silice, d'alumine, de chaux, de fer et de soude, qu'elles contiennent, qu'elles ont tous les élémens propres à la formation première de ces diverses substances minérales, plus ou moins pures, plus ou moins colorées, plus ou moins brillantes, en raison de la réunion plus ou moins lente des molécules, de leurs mélanges, et des doses diverses et variées de leurs principes, ou par l'absence de quelques-uns d'entre eux.

Lorsqu'on cherche à étudier la formation mécanique des agates placées dans des masses compactes de roches véritablement trappéennes, et aux modifications desquelles les minéralogistes allemands ont donné le nom de *Wack*. L'on sent combien il est difficile d'expliquer, d'une manière satisfaisante, par la théorie des infiltrations, la formation de ces agates, dont quelques-un s sont d'un très-gros volume. Je renvoie pour cet objet au chapitre *des trapps;* c'est-là que j'exposerai l'opinion qui me paraît se rapprocher le plus de la vérité, d'après l'examen attentif, et souvent répété du gisement de ces agates que j'ai observées et étudiées si souvent en place.

Je me borne donc ici à donner à la suite du tableau des diverses substances minérales, qui accompagnent le quartz des granits, la liste de celles qui se trouvent dans le quartz des porphyres, et dans celui des trapps, et j'invite en même temps ceux qui aiment à suivre pas à pas la bonne route géologique, d'être bien attentifs à ne jamais confondre, afin de ne pas s'égarer, les substances calcédonieuses, les jaspes et les agates dont il est question, et dont l'origine date de la même époque que celle de la formation de ces antiques roches, avec les substances siliceuses bien autrement modernes, qu'on rencontre si souvent dans les craies ou au milieu du calcaire solide, non plus qu'avec les bois, les madrépores et autres corps siliceux, d'une époque bien moins ancienne.

## *Lithologie du quartz des granits.*

### PIERRES.

1.° Avec *Baryte sulfatée* blanche, dans des aiguilles de cristal de roche; de l'Oisan, en Dauphiné.

2.° Avec *Amiante*; en Dauphiné, dans les Pyrénées.

3.° Avec *Bissolithe*; en Savoie, en Dauphiné.

4.° Avec *Grenat rouge*; au Saint-Gothard.

5.° Avec *Tourmaline noire, verte et rose*; en Sibérie, en Bavière et au Brésil.

6.° Avec *Parantine* (micarelle ou scapolithe); de Norwége.

7.° Avec *Chlorite verte*; en Dauphiné, dans les Pyrénées, et en Corse.

8.° Avec *Epidote* en petites aiguilles; d'Allemond, en Dauphiné, et dans les Pyrénées.

9.° Avec *Epidote* en gros cristaux; à Arandal, en Norwége.

10.° Avec *Topaze rouge*; dans du cristal de roche venant du Brésil.

11.° Avec *Aigue marine*; dans un cristal de roche de Sibérie.

### MÉTAUX.

1.° Avec *Titane brun* en aiguilles; de Madagascar.

2.° Avec *Titane rouge* en aiguilles croisées; de Sibérie.

3.° Avec *Titane rouge* en aiguilles et en couches, engagées dans l'intérieur de la masse du quartz, et le colorant en rouge vif; de Sibérie.

4.° Avec *Or* en paillettes brillantes, engagées dans l'intérieur des cristaux; de la Gardette, en Oisan.

5.° Avec *Or* en petites masses irrégulières, engagées dans un quartz gras, blanc-jaunâtre; du Pérou, du Mexique.

6.° Avéc *Manganèse oxidé* en aiguilles brillantes; du Dauphiné.

7.° Avec *Fer oligiste en lames;* en Dauphiné, et en Corse.

8.° Avec *Des pyrites* (fer sulfuré); en Dauphiné.

9.° Avec *Des cristaux d'argent natif;* au Pérou.

COMBUSTIBLES.

1.° Avec *une goutte de bitume* limpide jaunâtre ( naphte ); de l'Oisan, en Dauphiné; de mon cabinet.

2.° Avec *Antracite*; de Konsberg, en Suède.

3.° Avec *bulles d'air et d'eau*; de l'Oisan et de Madagascar.

*Lithologie du quartz des agates, dans les porphyres et dans les roches trappéennes.*

1.° Avec *Spath calcaire* en cristaux dans les géodes d'agate et d'améthiste; du Gallienberg, près d'Oberstein.

2.° Avec *Chabasie*; à Oberstein.

3.° Avec *Harmotome* en cristaux simples; du même lieu.

4.° Avec *Bitume noir* ( poix minérale ); de la rive droite de la Chilka, dans la Daourie, apporté par Patrin.

5.° Avec des aiguilles de manganèse noire; dans le quartz des géodes d'agate du Gallienberg.

6.° Avec le fer oxidé, écailleux, brillant et violet; du même lieu.

7.° Avec de l'eau; dans les enhydres calcédonieuses du Vicentin et de l'Islande.

---

# CHAPITRE III.

## DU FELD-SPATH.

### VUES GÉNÉRALES.

En considérant isolément les principales substances minérales qui sont entrées dans la composition des roches granitiques et porphyritiques, mon but a été de m'écarter le moins que possible de la méthode naturelle, ou plutôt de suivre, pour ainsi dire, pas à pas, la marche que la nature semble nous avoir tracée dans la formation de ces antiques roches. Le feld-spath y a joué un rôle si important, il s'y trouve en si grande abondance et sous des formes et des couleurs si variées, que cette pierre composée, mérite que nous la considérions dans ses parties élémentaires, dans ses modifications, dans les formes qui lui sont propres, ainsi que dans ses divers gisemens.

## *Analyse des principales variétés des feld-spath.*

---

*Du feld-spath adulaire, du Saint-Gothard; par* M. VAUQUELIN.

| | |
|---|---|
| Silice . . . . . . | 64 |
| Alumine . . . . . | 20 |
| Chaux . . . . . . | 2 |
| Potasse . . . . . . | 14 |
| | 100 |

*Du feld-spath vert de Sibérie; par* M. VAUQUELIN.

| | |
|---|---|
| Silice . . . . . . . | 62, 83 |
| Alumine . . . . . . | 17, 02 |
| Chaux . . . . . . . | 3, 00 |
| Potasse . . . . . . | 13, 00 |
| Oxide de fer . . . . | 1, 00 |
| Perte . . . . . . . | 3, 15 |
| | 100, 00 |

*Du feld-spath apyre; par* le même.

| | |
|---|---|
| Silice . . . . . . . . . . | 38 |
| Alumine . . . . . . . . . | 52 |
| Potasse . . . . . . . . . | 8 |
| Fer oxidé . . . . . . . . | 2 |
| | 100 |

*Analyse du feld-spath jade*; *par* M. Klaproth.

| | |
|---|---|
| Silice . . . . . . . . | 49 |
| Alumine . . . . . . | 24 |
| Chaux . . . . . . . . | 10, 50 |
| Magnésie. . . . . . | 3, 75 |
| Oxide de fer . . . . | 6, 50 |
| Soude . . . . . . . . | 5, 50 |
| | 99, 25 |
| Perte . . . . . . . . | 75 |
| | 100, 00 |

Ces analyses, faites par deux célèbres chimistes, sur les quatre espèces ou variétés de feld-spath les plus remarquables, nous donnent le tableau des extrêmes dans la formation de cette pierre composée, et c'est à dessein que j'ai choisi ces quatre exemples; car j'ai toujours considéré le jade comme un feld-spath d'après son gisement, sa fusibilité et même son analyse. Le feld-spath adulaire, qui est le plus limpide et en même temps le plus diaphane, est dépourvu de fer; le feld-spath vert est coloré par ce dernier métal, ainsi que le feld-spath apyre qui est couleur de lie de vin; il en est de même de la couleur du jade; il paraît donc que le fer n'est qu'un métal accessoire et accidentel dans la combinaison particulière qui a donné naissance au feld-spath, et que la présence ou l'absence du principe ferrugineux, ne conserve ni ne rompt le point d'équilibre des autres substances qui composent cette pierre. Il ne resterait donc que la silice, l'alumine, la chaux et l'alkali végétal ou celui qu'on appelle minéral, qui formeraient les substances qui constituent la pierre composée que les minéralogistes allemands ont désignée sous le nom de *feld-spath*; mais s'il est vrai que la chaux qui a tant de propriétés qui la rapprochent des alkalis, peut en remplir les fonctions dans plusieurs cas, il résulterait de l'analyse du *feld-spath adulaire*, que si l'on joint à quatorze de potasse, deux de chaux que M. Vauquelin y a reconnu, on obtient seize de substance alkaline. Le *feld-spath jade*, étant mis en parallèle avec l'adulaire, quoiqu'il nous paraisse beaucoup moins riche en matière alkaline que ce dernier, le devient absolument au même degré, si l'on joint aux 5,50 de soude, 10,50 de chaux que M. Klaproth y a reconnu, on obtient alors 16, absolument la même proportion que dans l'adulaire : il en est ainsi du feld-spath vert de Sibérie, si l'on joint trois de chaux qu'on y trouve à treize de potasse qu'on y a reconnus.

Le feld-spath apyre, dont nous avons joint ici à dessein l'analyse comme propre à servir d'objet de comparaison, loin de contrarier le fait dont il est question, est propre à lui servir d'appui; car ne renfermant seulement que 8 d'alkali, et n'ayant pas un atome de soude ni de chaux, il est resté infusible, tandis que si à l'époque de sa formation , ce feld-spath s'était approprié la dose suffisante de potasse qui lui manque, ou celle de soude ou de chaux qui remplissent les mêmes fonctions alkalescentes, ce feld-spath eut acquis le même degré de fusibilité.

Une quantité si considérable d'alkali enchaînée dans les feld-spath, est un phénomène digne des méditations du géologue qui doit observer la nature en grand, et qui ne regardera pas ce fait comme tenant à une petite circonstance locale, s'il considère que cette pierre composée forme une des bases principales des chaînes granitiques et porphyritiques, qui semblent ceindre la terre d'un pole à l'autre, et qu'elle entre pour plus des trois cinquièmes dans la formation des roches de trapp, qui sont les compagnes ordinaires des porphyres, et qui ne laissent pas que d'occuper de grands espaces.

Malgré les rapprochemens remarquables que présentent les variétés de feld-spath ci-dessus désignées, relativement à leurs analyses faites par deux des plus célèbres chimistes, je suis parfaitement convaincu que la nature, inépuisable dans ses moyens de combinaisons, de mélanges et de formation, et qui a une chimie et une puissance physique qui ne sont pas à la disposition de l'homme, ne s'assujétit point à des proportions strictes dans la formation des minéraux qui dépendent de la combinaison de plusieurs terres mises en contact avec tel ou tel acide, ou avec tel ou tel alkali, et que nous ignorons dans cette circonstance quel est le véritable point d'équilibre qui donne naissance à tel ou à tel corps composé, forcé de se revêtir alors de telle ou telle forme.

Si l'alkali est un des agens nécessaires à la combinaison des terres qui ont donné naissance aux différentes variétés de feld-spath, la réunion de ces substances, n'a pu avoir lieu qu'en admettant leur déplacement et leur transport dans les lieux où on les trouve à présent en état d'aggrégation et de cristallisation plus ou moins régulière. Elles existaient donc, n'importe sous quelle forme, avant cette grande époque. Cette vérité ne sera pas révoquée en doute par ceux qui ont observé souvent la constitution et le gisement des roches granitiques, porphyritiques et trappéennes.

Nul autre agent que l'antique Océan, dans un état de convulsion, n'a pu déplacer et transporter de si immenses quantités de substancces minérales diverses.

Quelque terrible accident de la nature avait donc élevé subitement les eaux, en même temps qu'il les avait douées d'une propriété dissolvante des plus active; il fallait que des marées, d'une hauteur considérable, les tinssent en quelque sorte dans un mouvement périodique d'agitation, qui a pu se prolonger pendant plusieurs siècles, dans l'espace desquels tant de matières broyées, agitées, dissoutes et brassées pour ainsi dire dans tous les sens et de toutes les manières, donnaient lieu à tant de rapprochemens, à tant de points de contacts de molécules à molécules, et à tant de combinaisons chimiques, qu'il a dû en résulter tous les genres d'union et de modification possibles dans toutes sortes de proportions.

On doit donc rencontrer en général la série de toutes ces opérations, et en même temps une succession de passages intermédiaires, parmi les roches composées, qui ne doivent pas permettre de les assimiler pour la régularité des formes, avec des corps beaucoup plus simples qui ont pu adopter des configurations plus généralement constantes.

En bonne philosophie, ces réflexions qui dérivent de la disposition des choses, devraient être suffisantes pour nous dispenser de chercher en quelque sorte à tourmenter les faits par l'appareil des calculs, pour faire ployer la nature à notre volonté, et la forcer malgré elle à se présenter à nous sous des formes invariables dans l'union des molécules de tant d'espèces qui constituent les roches composées; et peut-on dire en rigueur, même dans l'état actuel de nos connaissances, que les corps qui nous paraissent les plus simples, ne rentreraient pas dans la classe des composés, si nous avions l'art d'en séparer les principes.

D'après l'examen comparatif des produits chimiques des feld-spath, il résulte que l'alkali végétal ou l'alkali minéral jouant un rôle essentiel dans la composition de cette pierre, il serait peut-être important pour les géologues de comparer attentivement les substances les plus rapprochées de ce genre de pierre, dans lesquelles ces matières salines sont entrées comme principe constituant, et de les suivre jusqu'à leurs dernières limites.

Cette marche peut mener à réunir un jour dans un seul cadre, des minéraux qui tiennent à un même système de formation, qui ont les mêmes parties élémentaires et ne diffèrent que dans les proportions variables de ces mêmes produits. Ces légères variations suffisent-elles donc pour rompre brusquement le fil des analogies, surtout lorsque ces compositions ont pris naissance au sein des roches feld-spatiques, dont elles ne sont en quelque sorte que des transsudations; c'est ce que je ne pense pas qu'on puisse raisonnablement admettre; c'est ce que la méthode naturelle, la seule à laquelle la géologie puisse se rattacher, repoussera sans cesse (1).

---

(1) Non avec *intolérance*, car il faut persuader et ne pas ordonner; non avec *aigreur*, car ceux qui se permettent ce ton, démontrent l'insuffisance de leurs moyens; non en *s'entourant de prôneurs*; car le vrai savoir est modeste et ne s'entoure que de son mérite.

En effet, ne trouve-t-on pas des feld-spaths, reconnus pour tels par les minéralogues systématiques les plus rigoureux, dont les uns ont plus ou moins de potasse; d'autres dont la soude remplace l'alkali végétal; quelques-uns dans lesquels la silice diminue de quantité, tandis que l'alumine augmente en proportion.

Cette manière de considérer les faits, la plus naturelle et la moins hypothétique de toutes, particulièrement en géologie, ne semblerait-elle pas revendiquer la pierre composée dite triphane, pour être placée sinon dans les véritables feld spaths, du moins immédiatement à leur suite; son analyse, faite par M. Vauquelin, donne pour produit 64,4 de silice, 24,4 d'alumine, 3 de chaux, 5 de potasse, 2,2 de fer oxidé, 1 de perte. Qu'importe, d'après ce que nous avons dit ci-dessus, en donnant des exemples de cette variation dans les diverses parties constituantes des feld-spaths, que dans le *triphane* la potasse n'y entre que pour 5, ce qui ne laisse pas cependant de marquer, et n'est pas à beaucoup près la ligne des extrêmes, surtout si l'on considère que la chaux, dans plus d'une circonstance, peut remplir les fonctions d'alkali; et cela n'est pas contesté par nos meilleurs chimistes, ce serait 3 de plus à joindre à 5 de potasse. Si nous ajoutons à ce qui vient d'être dit, que l'apparence nacrée, la disposition laminaire, la forme rhomboïdale du triphane, sa fusibilité, son gisement dans un feld-spath accompagné de quartz et de mica, c'est-à-dire dans une roche granitique des environs d'Utoa, en Sudermanie, sont des circonstances assez remarquables pour réunir cette pierre au feld-spath, ou la placer du moins immédiatement à sa suite.

Le *lazulite*, qui d'après les expériences chimiques de MM. Clément et Désormes, produit 34 de silice, 33 d'alumine et 22 de soude; la *natrolite*, l'*analcyme*, la *chabasie*, et quelques autres substances de ce genre où l'on trouve la silice et l'alumine toujours alliées à la potasse ou à la soude, c'est-à-dire à deux alkalis qui ont les plus grands rapports, mériteraient peut-être aussi d'être réunis en un seul grouppe; mais ce qu'il y a de certain dans tous les cas, et ce qu'on ne saurait trop répéter, c'est que cette quantité de soude et de potasse enchaînée dans tant de pierres et dans tant de roches d'ancienne formation, est un fait très-remarquable et digne de la plus grande attention pour celui qui s'occupe à recueillir la liste de toutes les substances préexistantes à la grande opération qui a donné naissance à la formation des granits, des porphyres, des feld-spath compactes et des roches trapéennes.

La géologie, si rien n'arrête ses progrès, pourra tirer un jour le plus grand parti des réflexions naturelles qu'entraîne l'examen de tant de substances variées qui ont dû exister probablement, sous des modifications différentes, avant l'époque si prodigieusement reculée où toutes les matières qui formaient la croûte de la terre ont été tenues en dissolution pour se cristalliser plus ou moins promptement en granits, en porphyres, et autres pierres du même genre; opération aussi merveilleuse que générale qui n'a dû laisser subsister aucune des formes antécédentes aucuns des types primordiaux de tant de substances diverses dont les immenses accumulations ont servi à cette grande métamorphose.

## §. I.er

## *Configuration, reflet de lumière et couleur des feld-spaths.*

### CONFIGURATION.

On trouve les feld-spaths,

1.° En lames;
2.° En cristaux;
3.° En grains;
4.° Sous forme compacte.

### REFLET DE LUMIÈRE.

1.° Nacré;
2.° Chatoyant, avec des jeux de lumière opalins;
3.° Avec l'aspect de l'avanturine.

COULEURS.

1.° Limpide;
2.° Blanc opaque;
3.° Gris plus ou moins pâle;
4.° Gris verdâtre;
5.° Vert pâle, mais brillant;
6.° Vert foncé;
7.° Jaunâtre;
8.° Rouge jaunâtre;
9.° Rouge clair tirant au rose;
10.° Rouge de brique;
11.° Rouge lie-de-vin;
12.° Noir.

## §. II.

## *Du feld-spath des granits.*

Le feld-spath qui est entré dans la formation des granits, s'y trouve en général en si grande abondance, qu'on peut le considérer comme formant le tiers au moins des autres substances minérales qu'on y rencontre.

### *Du feld-spath sous forme granulaire.*

1.° On trouve des granits (ce sont en général les plus communs) dans lesquels le système de formation est granuleux en raison de leur cristallisation prompte et confuse : le feld-spath ainsi que le quartz, y ont pris l'un et l'autre la même disposition. Cependant, en brisant ces feld-spaths de formes indeterminables, et en observant les cassures à la loupe, on reconnaît la grande tendance qu'avait cette substance, à prendre l'aspect cristallin, par des ébauches de petites lames rhomboïdales, surtout lorsque ces grains ont une certaine grosseur;

2.° Dans les granits schisteux, *gneiss* des Minéralogistes allemands, le feld-spath ne s'écartant pas de cette tendance, mais gêné par la juxtaposition et le mélange des autres substances pierreuses qui entraient dans la composition de cette roche, paraît s'être précipité dans un milieu plus tranquille, et on le trouve en lames minces placées horizontalement les unes au-dessus des autres, avec des interpositions alternatives de mica ou d'hornblende, qui ont la même forme; mais dans ce cas le quartz, lorsqu'il est limpide et pur, est plutôt en très-petites parcelles granuleuses qu'en lames; cependant il semble avoir en quelque sorte obéi aux loix attractives du feld-spath, de l'hornblende et du mica, qui l'ont entraîné et forcé de suivre jusqu'à un certain point la disposition des parties lamelleuses de ces diverses substances.

Malgré cela on trouve, mais très-rarement, quelques granits schisteux bien caractérisés, dans la composition desquels le feld-spath s'étant trouvé surabondant, s'est cristallisé en assez grands parallélipipèdes, au milieu même des couches feuilletées; tel est une belle variété de granit de ce genre, apporté depuis peu par MM. Brard et Lainé, et trouvé par eux entre Moutier et Conflans, dans les Alpes du département du Mont-Blanc.

Ce granit à fond gris, composé de quartz et de mica de la même couleur et de feld-spath lamelleux blanc, renferme, de distance en distance, des cristaux en parallélipipèdes quelquefois un peu ovales, d'un feld-spath très-blanc, solide et brillant, dont quelques-uns ont jusqu'à dix-huit lignes de longueur: ceux-ci ont quelques rapports de forme avec les cristaux de feld-spath arrondis des granits de l'Ingrie, dont M. Patrin a fait mention dans sa Minéralogie.

### *Du feld-spath cristallisé.*

L'on trouve dans la nature plusieurs belles espèces de granits, dans lesquelles le feld-spath est en gros cristaux dont la forme est celle d'un parallélipipède obliquangle bien net, bien prononcé; les autres parties constituantes de la roche, telles que le mica et l'hornblende, sont alors en lames proportionnées en général à celles du feld-spath: il en est de même du quartz, qui est en gros grains irréguliers, mais tres-rarement avec des ébauches de formes cristallines.

Cependant on trouve assez souvent de très-gros cristaux de feld-spath engagés dans des granits, dont les autres parties constituantes sont analogues à celles des granits ordinaires, c'est-à-dire à grains médiocres. Telle est une belle variété de granit des environs de Thain, département de la Drôme, dont il existait anciennement deux tables à l'hôtel de l'intendance de Grenoble; tel le granit des Vosges, qu'on appelle vulgairement *feuille-morte*, dont le péristile du temple de Sainte-Geneviève, à Paris, est pavé, et celui des environs de la montagne de la Coupe, près d'Entraigue, en Vivarais.

On trouve dans les fissures de quelques montagnes de granits, et entre des fentes qui se sont en quelque sorte ressoudées après coup, et ont pris l'aspect de filons, de magnifiques cristaux de feld-spath limpide, dont quelques-uns sont d'un très-gros volume et d'une belle eau, tels sont ceux que le P. *Pinni*, de Milan, fit connaître le premier sous le nom d'*adulaires* du mont Saint-Gothard, qui font l'ornement des cabinets et peuvent être employés dans les arts.

On compte, parmi les belles productions minérales de la Russie et de la Sibérie, quelques magnifiques feld-spaths d'une agréable couleur verte, auxquels les marchands d'histoire naturelle ont donné le nom de *pierre verte des amazones*, parce que ceux-ci ont des rapports de couleur avec le feld-spath vert qu'on trouve parmi les pierres que roule ce grand fleuve de l'Amérique.

M. Neergaard, très-bon minéralogiste danois, a dans sa riche collection à Paris, un cristal de feld-spath vert de Sibérie; j'en possède un très-beau dans la mienne : on ne trouve pas facilement cette variété de feld-spath en cristaux, surtout d'un si gros volume.

## §. III.

### *Des feld-spaths compactes.*

Toutes les fois que le géologue s'occupera de l'examen particulier des roches d'ancienne formation, ou qu'il observera en place la disposition, l'assiette et la structure des masses colossales qui constituent les chaînes de montagnes de cet ordre, il est nécessaire, s'il veut bien saisir les détails et l'ensemble de ce grand système de formation, qu'il ait présent à la pensée que l'accumulation de tant de substances minérales porte, de toutes parts, les caractères les moins équivoques de cristallisation, et offre la série de toutes les modifications qui tiennent à cette propriété physique et chimique des substances terrestres et salines.

D'après ce fait aussi bien démontré, aussi bien

prouvé qu'il est possible de l'être, il a été indispensablement necessairé que ces matières minérales, aient été préalablement à leur cristallisation tenues en dissolution dans un fluide doué d'une énergie assez puissante et assez long-temps soutenue au même degré d'activité, pour pouvoir atteindre et élaborer ainsi des masses dont l'immensité, l'étendue et la profondeur sont si étonnantes, que nous sommes obligés de les étudier par petites parties.

Mais comme dans une opération d'un aussi grand ordre, les matières premières sur lesquelles le dissolvant général exerçait son action, ne se trouvaient pas réunies en proportions assez constantes pour produire des combinaisons toujours homogènes, il a dû en résulter les variétés que nous observons dans la disposition plus ou moins granulaire, plus ou moins réguliere des élémens divers qui sont entrés dans la composition des granits en bancs, en couches ou en masses d'une grande étendue, et il en a été de même des porphyres et de la plus grande partie des roches de trapp.

Mais comme nous avons vu, dans certains cas, la chaux, par exemple, surabonder et se séparer par excès des autres matières pour donner naissance au calcáire micacé ou mélangé d'hornblende, quelquefois de feld-spath ou d'un peu de terre quartzeuse, quelquefois pur, mais toujours en cristaux écailleux plus ou moins grands, et que cette sorte de transsudation calcaire se trouve interposée par couches, par bandes ou par masses aglomérées, au milieu même des précipitations granitiques, porphyritiques et trappéennes;

De même, toutes les fois que le feld-spath s'est trouvé surabondant, il a suivi le même sort et a abandonné les autres substances minérales qui l'accompagnaient; il s'est déposé en couches, en bancs ou en masses, d'une grandeur et d'une étendue proportionnées à l'excédent de cette substance, dans les mêmes positions que le calcaire salin; et comme lui il s'est approprié, dans les points de contacts, des molécules micacées, quartzeuses, ou amphyboliques, qui appartenaient aux granits : tel est le véritable feld-spath compacte en masse.

On trouve celui-ci quelquefois pur, homogène, brillant et demi-transparent; et il a une si grande tendance à prendre des formes régulières, lorsque rien ne gêne cette opération, que si le moindre vide a laissé la liberté aux molécules de se déplacer, elles se sont réunies en cristaux d'une grande limpidité et d'un éclat qui plaît à l'œil; tandis que d'autres fois ces cristaux, quoique compactes, n'en conservent pas moins la régularité de leurs formes et la précision géométrique de leurs angles. Tels sont, dans le premier cas, les beaux cristaux de feld-spath adulaire du mont Saint-Gothard, tels, pour le second, les cristaux de *Baveno*, dans les environs du lac Majeur, aussi parfaits mais beaucoup plus rares encore que les autres.

Le feld-spath compacte a quelquefois une apparence onctueuse et comme grasse, qui, sans la dureté et la pesanteur qui lui sont propres, pourraient le faire confondre avec certaines stéatites, avec d'autant plus d'apparence que cette variété de feld-spath s'est approprié, dans certains cas, un peu de terre magnésienne.

D'autres feld-spaths compactes ont une sorte d'aspect qui imite celui de la cire, tandis qu'il en existe d'autres variétés dont la contexture granuleuse les rapproche de certains grès quartzeux; mais leur fusibilité fait disparaître toute équivoque.

Enfin les feld-spaths compactes éprouvent dans certaines circonstances, particulièrement à leur exposition à l'air, une sorte de relâchement, une désagrégation dans l'arrangement de leurs parties constituantes, qui leur fait perdre leur dureté, leur tenacité, leur transparence, et altère leur principe colorant. Ces feld-spaths prennent d'abord un aspect terreux, se réduisent ensuite en poussière, et finissent par former une matière argiliforme, douce au toucher, liante et pâteuse, plus ou moins blanche en raison de sa plus longue exposition à l'action de la lumière, et qu'on peut rendre plus blanche et plus fine encore par des lotions et des lavages continus : en cet état, c'est le *kaolin*, propre à la fabrication de la porce laine.

En examinant sur les lieux la décomposition spontanée en grand de cette sorte de feld-spath compacte, j'ai reconnu qu'elle tenait à plusieurs causes, dont les principales sont l'oxidation du fer, la décomposition d'une multitude de petits points pyriteux, à peine visibles à l'œil nu et même à la loupe, et à la potasse ou à la soude, qui brisent par quelque mode particulier qui nous est inconnu, les liens de la combinaison qui les enchaînaient.

*Lithologie du feld-spath.*

1.° Avec *mercure sulfuré rouge*, dans le feld-spath blanc compacte; d'Almaden.

2.° Avec *manganèse oxidé métalloïde*; en Espagne; sur le feld-spath adulaire de Saint-Gothard.

3.° Avec *tantalite;* dans un feld-spath rouge compacte, près de Brokaern, dans le gouvernement d'Abo, en Finlande.

4.° Avec *tantale yttrifère*; à Itterby, en Suède.

5.° Avec *mica hexagonal*; au St.-Gothard.

6.° Avec *amiante*; dans les Pyrénées.

7.° Avec *grenats*, en Corse.

8.° Avec *lapis*, en Tartarie.

9.° Avec *amphybole* noir; en Corse, dans les Alpes.

10.° Avec *bissolithe*; à la vallée de Chamouni.

11.° Avec *épidote* (acanticone); à Arrendal, en Norwége.

12.° Avec *triphane*; dans un feld-spath rougeâtre de Sudermanie, qui fait partie d'un granit à gros grains, et dont les autres élémens sont le quartz et le mica noir.

Quoique le mica et l'amphibole, entrent comme deux des principes constituans des granits, la place qu'ils y occupent n'étant pas aussi importante que celle du quartz, du feld-spath et du calcaire salin, je n'en ferai mention qu'en traitant des granits, et à mesure que ces deux substances s'offriront un peu abondamment dans quelques espèces; mais n'oublions pas d'observer que le mica contient depuis 9 jusqu'à 13 de potasse.

# CHAPITRE IV.

## DES ROCHES GRANITIQUES.

### VUES GÉNÉRALES.

Les accumulations immenses de matières granitiques, ont donné naissance à des montagnes de la plus grande élévation (1), et ont formé des chaînes d'une étendue considérable; celles-ci n'ont point affecté de directions ni de gisemens qui paraissent leur être particuliers, puisqu'on les rencontre indifféremment sous toutes les latitudes du globe.

Les racines de ces masses colossales s'enfoncent à des profondeurs inconnues dans le sein de la terre. Les volcans éteints, ceux qui sont encore

(1) Le mont *Maladetta*, dans les Pyrénées, mesuré avec beaucoup de soin par Cordier, a 1624 toises; il est granitique. Voyez la description de cette montagne, par cet ingénieur des mines, an 12, n.° 94, page 264 du Journal des Mines.

en activité nous en fournissent la preuve; car la plupart des laves sorties de ces antiques bouches à feu, renferment des noyaux de granit, et ces laves elles-mêmes appartiennent le plus souvent à des roches de cette nature, modifiées par les embrâsemens souterrains, et dont il est facile de reconnaître encore les principes. Dolomieu, dans un de ces derniers écrits, avoit même considéré les volcans comme existans à des profondeurs si considérables, qu'il n'avait pas craint de les placer au-dessous de la région des granits; mais ce savant minéralogiste commettoit une erreur, puisqu'on pouvoit lui démontrer facilement que presque toutes les laves sont granitiques ou porphyritiques.

Ce n'est que lorsqu'on a acquis une grande habitude dans l'examen et dans l'étude suivie des roches granitiques, et qu'on a observé attentivement les différens modes de leur structure et de leur gisement; ce n'est qu'après s'être familiarisé, pour ainsi dire, avec toutes les espèces et toutes les variétés connues de ce genre particulier de pierre, qu'on est convaincu que le *quartz*, le *feld-spath*, le *mica*, l'*hornblende* et les autres substances minérales qui ont concouru à la formation des granits, ont été tenues en dissolution dans un fluide d'autant plus énergique, qu'il porta simultanément son action sur les élémens variés de toutes ces substances diverses.

Ce fluide dut nécessairement permettre à tant de molécules flottantes dans son sein, de contracter des alliances, de produire des combinaisons diverses, soumises au jeu de toutes les affinités chimiques, et à l'action des forces physiques; et il en résulta des agrégations variées, et des formes cristallines d'autant plus régulières, que la précipitation s'opéra avec plus de tranquillité; tandis que le contraire eut lieu toutes les fois que les rapprochemens se manifesterent d'une manière trop prompte et trop tumultueuse.

Ce phénomène, un des plus étonnans et des plus remarquables dans les fastes de la nature, a dû tenir à quelques grandes causes, puisqu'à cette époque tout fut tenu en dissolution, tout fut modifié et changea de face. Mais le fond de tant de matières devoit exister auparavant; car, sans cela, sur quoi le fluide dissolvant qui étoit aussi un corps lui-même, auroit-il pu porter son action, et exercer les effets de sa puissance? Aucun géologue n'ignore que les granits ne sont pas des pierres *simples*, mais des pierres *composées;* il falloit donc que les substances diverses qui ont servi à leur formation, fussent nécessairement préexistantes; ce sont-là des faits palpables, des faits étrangers à toute hypothèse, et qui ne seront révoqués en doute par aucun minéralogiste ni par aucun géologue, qui auront médité long-temps sur cette matière: donc les granits ne sont point une *pierre primitive*, mais une pierre d une antiquité extrêmement reculée, formée avec des matériaux préexistans.

Quel étoit ce fluide, dira-t-on, assez abondant et en même temps assez actif pour dissoudre et transporter tant d'immenses accumulations de matières diverses, et former ces masses élevées qui, comme autant de grands colosses, dominent sur divers points de la surface du globe?

La disposition mécanique, ainsi que l'assiette de ces montagnes, leurs couches feuilletées, au milieu d'autres couches de granit à gros grains cristallins, semblent nous dire qu'il ne faut pas aller chercher autre part que dans l'antique Océan, *ce père des choses* (1), selon l'expression heuseuse d'un des plus savans poètes de l'antiquité; ce fluide, le principal moteur de ces grands déplacemens et de cette métamorphose des substances terrestres.

Je ne dirai cependant pas que les eaux seules de la mer, telles qu'elles sont à présent, aient pu, sans le secours de quelqu'autre agent, développer tant d'énergie et de puissance, et l'on peut faire intervenir l'assistance de tous les gaz,

---

(1) Non-seulement Virgile et Ovide croyaient la chose ainsi, mais long-temps avant eux Homère avait la même manière de voir.

dont la terre est le grand receptacle, ainsi que le calorique porté à un haut point de développement et d'activité; car la nature n'a-t-elle pas sans cesse à sa disposition ces agens auxiliaires propres à produire tant de phénomènes.

L'on peut ajouter qu'il n'est point hors de vraisemblance qu'une pression atmosphérique cent fois plus forte, peut-être, que celle qui existe dans le temps de calme où la terre se trouve présentement, n'ait contribué, par son intervention, à l'achèvement de cette étonnante opération de la nature.

Il est nécessaire de se bien expliquer ici sur l'expression de *roches granitiques*, à laquelle je crois devoir donner une extension beaucoup plus grande que ne l'ont fait jusqu'à ce jour quelques savans géologues; car je range sous cette dénomination, non-seulement les granits proprement dits, quelle que soit la grosseur de leurs cristaux ou la petitesse de leurs grains, mais encore tous les granits feuilletés ou *gneiss* des minéralogistes allemands; les *schistes* micacés, les *hornblendes*, les *porphyres* les plus parfaits, ainsi que les roches *porphyritiques* qui ne sont que des porphyres moins achevés, si je puis employer cette expression ; les :*feld-spaths compactes*, les *feld-spaths lamelleux*, toutes les *roches trappéennes*, *variolitiques*, les *serpentineuses*, les *magnésiennes*, les *talceuses*, les *stéatitiques*, les *dolomies*, les *trémolites*, les *calcaires* dits *primitifs* avec mica, avec hornblende, avec feld-spath et autres de ce genre.

Ce n'est point minéralogiquement que je considère ainsi, sous un même point de vue, des substances dont la méthode a formé autant de divisions différentes; mais en géologie, la marche n'est pas la même; car, sans négliger les details, il faut s'occuper nécessairement des masses, et saisir autant qu'il est possible de grands ensembles, parce que c'est là véritablement que la nature laisse apercevoir la trace des directions qu'elle a suivie.

Il faut, sans doute, une très-grande habitude dans l'exercice pénible qu'exige l'examen et la contemplation d'objets aussi étendus, et que la pratique nous apprenne à ne pas laisser échapper les liaisons et les points de contact, souvent interrompus dans les hautes montagnes, par des accidens postérieurs à leurs formations.

Saussure et Dolomieu avoient senti ces grandes vérités, et les avoient mises à profit dans plus d'une occasion pour l'avantage de la science; mais malheureusement le fil de leur vie a été tranché dans le moment où leur esprit, nourris de faits et de belles observations, aurait pu developper les résultats de tant de laborieuses recherches sur la formation des roches granitiques, au sujet desquelles ils nous ont donné de si excellens détails;

mais ni l'un ni l'autre de ces savans géologues n'ont agité la grande question relative à l'existence première des substances minérales qui ont servi à là formation des granits. L'on sent bien cependant qu'ils étaient dans la bonne route, et que la manière attentive et exacte avec laquelle ils voyaient les objets, en les considérant en grand sur la nature même, les avait conduits à reconnaître que toutes les *roches composées*, proprement dites, n'avaient pu être formées qu'à la suite d'une dissolution générale, qui paraissait tenir à un seul et même système de formation.

D'un autre côté, Patrin, à qui l'on doit rendre justice, animé de la passion de s'instruire, avait sacrifié les plus belles années de sa vie à parcourir, en excellent observateur, les chaînes de la Sibérie; nous lui devons la connaissance d'une foule de recherches minéralogiques sur les montagnes granitiques des monts *Altaï*, des monts *Ourals*, et de plusieurs autres contrées qui composent le vaste empire de Russie. Partout il avait reconnu que les mêmes roches composées, quoiqu'elles fussent formées en masses, disposées en grands bancs ou en couches feuilletées, granitiques ou porphyritiques, n'étaient que de simples modifications les unes des autres, et dans ce cas il était parfaitement d'accord avec Saussure et avec Dolomieu, sans s'être concerté avec ces habiles naturalistes.

Mais ce qui paraît être la cause qu'on s'est arrêté après avoir franchi ce pas difficile, c'est que les divisions minéralogiques employées pour distinguer cette multitude de roches qui dérivent géologiquement d'une même opération, ont été trop multipliées, et que le classificateur systématique, qui ne voyoit les objets qu'un à un dans le cabinet, sans avoir la moindre idée des nuances et des transitions qui lient ces mêmes objets dans la nature, avait établi d'une part un trop grand nombre de sections; de l'autre, que plusieurs des noms empruntés ou créés pour désigner les roches qui devaient entrer dans ces sections n'étaient propres qu'à induire en erreur.

Prenons pour exemple le granit schisteux. Lorsqu'on l'eut examiné sur des échantillons isolés, et qu'on eut reconnu que le feld-spath, le quartz, le mica, et quelquefois l'hornblende, s'y trouvaient disposés en stratifications minces, de manière que dans les places où le mica posé sur ses faces planes était très-abondant, la pierre se délitoit, on donna à cette simple variété un nom générique, celui de *gneiss*, qui fut créé et adopté par les minéralogistes allemands, et on ne manqua pas de la ranger, d'après sa disposition et sa contexture, parmi les roches qu'on appelle de *seconde formation*. On en fit autant pour les schistes, dit *micacés*, *glimmerschiefer* des Allemands, et l'on attribua à trois variétés de cette roche, trois différentes formations (1). Les porphyres, les roches trappéennes furent divisés en porphyres *primitifs*, en trapps *primitifs*, *secondaires*, *tertiaires*, en porphyres et en trapps de *transition*; on donna le nom de *siénite* à une roche véritablement granitique et quelquefois porphyritique, et qu'il ne fallait point tirer du genre, etc.

Toutes ces innovations, si fort en opposition avec les observations faites d'après l'examen des roches en place, n'auraient peut-être pas entraîné un très-grand inconvénient, et se seraient peu à peu ameliorées, si elles n'avaient pas retardé les progrès de la géologie, en l'environnant de confusion, d'incertitude et d'erreurs de faits dans la nomenclature et les définitions, de manière à rebuter la plupart de ceux qui auraient voulu se livrer à cette partie philosophique de l'histoire naturelle des révolutions de la terre.

Il ne faut pas douter que l'avancement de cette science n'ait beaucoup souffert, par les motifs dont je viens de tracer rapidement l'esquisse; car il fallait être animé d'un amour ardent pour les connaissances naturelles, et de la noble émulation de parvenir à la recherche de la vérité,

(1) Ces divers systèmes de formations ont été introduits par des minéralogistes allemands, qui jouissent d'ailleurs d'une réputation méritée.

pour oser entrer dans des routes si embarassées et où il était si facile de s'égarer, surtout si l'on partait de cette ancienne erreur concernant la formation des roches, celle de les considérer comme tenant à autant de formations et d'époques différentes qu'elles offraient de modifications dans la disposition de leurs principes constitutifs, ou dans celle de leurs formes ou de leurs gisemens divers (1).

Je n'ai certainement ni la prétention ni l'amour-propre de croire que je sois en état de faire mieux que les autres, je sens au contraire que plus j'ai

(1) Ce sont, peut être, ces fausses routes dans lesquelles ont été entraînés quelques savans recommandables d'ailleurs par tant de titres, qui ont fait dire à un homme qui s'agite dans tous les sens pour faire prédominer ses opinions en frondant celle des autres, dans les points même où il est le plus novice, qu'*il est devenu presque impossible de prononcer le mot de géologie, sans exciter le rire.* En s'exprimant aussi inconsidérément au milieu d'une assemblée de vrais savans, ce censeur n'a pas compris qu'il donnait par là la mesure exacte de son talent, de son style et de son urbanité, et qu'il lui étoit impossible de diminuer en rien le mérite et l'utilité des travaux géologiques des Buffon, des de Saussure, des Dolomieu, des Delucs, des Patrins, des Lamétherie, des Bertrand, etc.; et chez les étrangers, des Huttons, des Kirwan, des Blumenback, et autres savans dont les recherches constantes et le noble désintéressement n'ont pu qu'honorer leur patrie.

acquis d'expérience par de fréquens voyages et de longues recherches, plus j'ai la conviction que le peu que je sais n'est rien en comparaison de ce qui me resterait à apprendre; mais je marche ici dans la route que les faits seuls m'ont tracée: elle m'a paru la plus simple de toutes, et c'est par cette raison, peut-être, qu'elle n'a pas été trouvée digne d'être sondée dans ce sens, par ceux qui ont cru que la nature, loin d'arriver à ses fins par les lois les plus simples, n'y parvenait ordinairement que par une suite de moyens très-compliqués. J'ai pensé le contraire et j'ai cru que tout ce qui s'écarte du simple tendrait à gêner ses opérations. Mais pour me borner à l'objet qui nous occupe, je pars d'un point qui m'a paru capital, c'est de regarder toutes les roches qui sont entièrement dénuées de tous vestiges de corps organisés, c'est-à-dire les granitiques, les porphyritiques et autres roches de cette nature, non comme le résultat d'autant de formations et de révolutions différentes, mais comme appartenant toutes à un seul et même système général de formation, qui tient à une des plus grandes modifications que la matière ait éprouvées à la suite de quelque terrible catastrophe, mais qui démontre en même temps que cette matière existait auparavant sous des modifications différentes.

On est en droit, sans doute, de me demander sur quoi j'appuie une semblable opinion, c'est ce que je vais faire en entrant dans quelques détails que je tâcherai d'abréger autant qu'il me sera possible.

§. I.er

*Les schistes micacés, les hornblendes schisteuses, sont des roches contemporaines, quant à leur formation, de celles des granits proprement dits.*

Pour traiter cette question avec méthode, ayons sans cesse présent à la pensée le mode de formation des granits, et voyons leurs élémens dissous et suspendus dans un fluide qui a permis aux parties similaires de s'unir pour former des corps simples, ou de se combiner pour donner naissance à des corps composés qui ont affecté en tout ou en partie les formes qui leurs sont propres. Observons bien ce que les faits nous apprennent que, dans quelques circonstances, des précipitations lentes et successives ont donné lieu à la formation de diverses couches distinctes, tandis que dans d'autres cas la précipitation s'étant opérée plus en grand et par des accumulations uniformes plus abondantes et plus longtemps soutenues, a produit des bancs ou des masses contigües d'une épaisseur considérable, tantôt de granits à gros grains, tantôt de granits dont les élémens sont si atténués, que l'œil a besoin d'une loupe pour en distinguer les caractères; mais ces pierres, en très-petits grains, n'en sont pas moins des granits d'une origine semblable aux autres (1). Il en est de même des schistes micacés, des gneiss, des hornblendes schisteuses; toutes ces roches ne sortent pas de la limite des granits, puisqu'on les trouve souvent interposés entre des couches de granits à gros grains.

M. de Saussure s'étant élevé sur le glacier de l'Aiguille-du-Midi, à treize cent quatre-vingt toises de hauteur, nous fait part de ses observations de la manière suivante :

« Ce rocher, dit le savant géologue, est un des » plus extraordinaires que j'aie jamais vu, un » mélange bisare de vrai granit en masse, avec » une roche grise, pesante, qui tient de la roche » de corne, qui n'a aucune ressemblance avec » le granit, et qui prend au-dehors une couleur » de rouille. Ici c'est un banc de granit encaissé » entre des couches de cette roche; là, le même » banc est, par place, de granits, par place, de » cette roche; plus loin ce sont des filons trans-

(1) Tel est un granit noir d'Egypte à grains si atténués, que ses élémens masqués par la couleur noire de l'hornblende, donnent à cette pierre l'aspect d'une lave compacte basaltique. Aussi plusieurs antiquaires, en décrivant des monumens faits de ce granit, lui ont-il donné le nom impropre de *basalte*.

» versaux; ailleurs, des rognons de granits ren-
» fermés dans cette roche : d'ailleurs tout le ro-
» cher est divisé en couches bien prononcées,
» verticales, dirigées du nord-est au sud-ouest.
» La cristallisation seule peut expliquer des mé-
» langes aussi singuliers. Dans un fluide qui tient
» en dissolution différentes matières qui se cris-
» tallisent, le moindre accident détermine les
» élémens de l'une de ces matières à se réunir en
» très-grande abondance dans certaines parties :
» un autre accident change cette détermination, et
» oblige les élémens du même genre à aller se
» réunir dans une autre place. De Saussure,
» *Voyage dans les Alpes*, *tome III*, *pag*. 112,
» *de l'édition in*-8.° »

Entendons Dolomieu nous dire :

« Les principales compositions qui se sont
» faites lors *de la grande précipitation*, sont
» celles des molécules propres aux feld-spaths,
» aux micas, aux schorls, aux hornblendes, aux
» talcs et aux grenats; je ne ferai pas mention
» ici d'une infinité d'autres compositions que je
» rapporte à la même époque..... Quelle que
» soit l'apparence extérieure d'une pierre, je ne
» puis plus présumer qu'elle soit un assemblage
» de molécules simples, quand sa position me
» prouve qu'elle appartient immédiatement à la
» *grande époque de toutes les compositions* ;
» je ne dois pas croire que ses molécules soient

» d'une seule espèce, quand je la vois dépendre » des mêmes dépôts qui ont formé les granits; » et d'ailleurs une masse de quelque étendue » me donnera presque toujours des indices de » sa composition, soit en prenant subitement » ou graduellement une contexture plus grosse, » soit en laissant paraître de petits cristaux de » feld-spath, ou de schorl, ou de hornblende, etc. » qui ont évidemment pris naissance dans la pâte » où ils se trouvent, puisqu'ils n'auraient pu « se former dans un milieu où leurs molé- » cules intégrantes n'auraient pas existé d'avance. » Voilà pourquoi on voit souvent des pétrosi- » lex, des schorls en masse, des trapps, se chan- » ger en roches graniteuses dans le prolonge- » ment des bancs qui en sont formés: voilà pour- » quoi on trouve assez fréquemment dans ces » pierres à grains fins et uniformes, des portions de » granit que l'on croirait étrangers aux masses qui » les renferment, si l'on ne voyait pas qu'ils font » corps avec la pâte dont ils paraissent différer; » si on n'observait pas les nuances graduelles du » passage d'un genre de contexture à l'autre; si » on ne rencontrait pas des ébauches moins dis- » tinctes de ces mêmes roches composées dans » d'autres parties des blocs qui ont partout ail- » leurs l'apparence homogène.

» Pendant la grande coagulation à laquelle les » montagnes primitives doivent leurs constitu-

» tions, il paraît qu'il y a eu des substances » dont le concours ou la trop grande abondance » a gêné ou empêché l'aggrégation régulière, en » donnant de la tenacité à la pâte en l'*engraissant*, » en quelque sorte, pour me servir d'un terme » employé pour les eaux mères, lorsqu' elles re- » fusent de cristalliser. Telles sont les molécules » de talc, les terres argileuses et magnésiennes » libres. Il semble que ces terres naturellement » onctueuses, aient empêché les autres molé- » cules de prendre les places auxquelles les » appelaient les lois de l'aggrégation élective, en » les faisant glisser les unes sur les autres ». *Mémoire sur les roches composées, par Dolomieu, Journal de Physique, an* 2, *ventôse, tome I, part. I, page* 190 *et suiv.*

Tout ce qu'on vient de lire aurait pu être écrit, par Dolomieu, d'une manière un peu plus claire et peut-être plus concise; mais lorsqu'on est familiarisé avec la matière, on comprend très-bien ce qu'a voulu dire ce savant naturaliste, et l'on voit que rien ne lui échappait, et que possédant son sujet à fond, il le traitait sous toutes les formes. Ce que je viens de citer de lui n'est, pour ainsi dire, que l'annonce de sa pensée; car il a employé plus de quarante pages in-4.° à développer son opinion sur la formation des roches composées.

Patrin est du même sentiment que de Saussure

et que Dolomieu, sur la formation des roches granitiques, sur leurs dispositions en couches et sur les résultats simultanés de cette grande opération de la nature. Comme les exemples qu'il rapporte sont tirés de l'examen de diverses montagnes de Sibérie, ces rapprochemens deviennent très-intéressans pour servir de bases fondamentales à cette belle partie de la géologie.

« J'ai fait, dit Patrin, un grand nombre d'ob-
» servations analogues à celles de Saussure, et
» non-seulement j'ai vu le granit mêlé avec des
» roches feuilletées granitoïdes, mais je l'ai vu
» plusieurs fois former de puissantes couches en-
» caissées dans des montagnes de trapp ou de
» cornéenne, et réciproquement des bancs de
» trapp ou de cornéenne alternant avec des bancs
» de granit. J'ai pareillement observé des passages
» insensibles des uns aux autres, de même que
» des transitions du granit au porphyre...; ainsi
» l'on est, je crois, bien fondé à penser que la
» formation de toutes les roches primitives, est
» le produit d'une seule et unique opération de
» la nature dont l'action a été plus ou moins
» prompte sur ces divers mélanges, suivant que
» leurs élémens se trouvaient plus ou moins dis-
» posés à obéir aux attractions réciproques qui
» sollicitaient leur aggregation. Ainsi, quand on
» dit que le granit est la plus ancienne roche,
» et que sa formation a été suivie de celle du

» gneiss, des schistes quartzeux et micacés, des » schistes argileux, du porphyre, du granitelle, » de la serpentine, du calcaire primitif, du » trapp, de la cornéenne, etc., cet ordre de » succession ne doit point être pris à la rigueur, » mais seulement comme celui qui se présente le » plus ordinairement ». *Nouveau Dictionnaire d'Histoire naturelle, article* granit, *par Patrin, tome* 10, *page* 79, édition de Déterville.

## §. II.

*Les porphyres, proprement dits, les roches porphyritiques et feld-spathiques, les roches trapéennes, en général, datent de la même époque que les granits, et tiennent au même système de formation.*

Ce qui a été dit ci-dessus des granits, des gneiss, des roches schisteuses avec des lames de mica ou d'hornblende, s'applique naturellement aux roches porphyritiques et autres d'une pâte analogue; car c'est avec raison que Dolomieu a dit que les montagnes lui ont souvent montré nombre de roches qui réunissaient les deux manières d'être, et qui paraissaient être des genres intermédiaires entre les vrais granits et les vrais porphyres, et *dénotaient*, selon l'expression tres-juste de Saussure, *les gradations par les-*

*quelles la nature passe de la formation de l'une à celle de l'autre* (1).

La différence qui existe entre les granits et les porphyres, ne consiste qu'en ce que ces derniers ont une pâte dans laquelle les cristaux plus ou moins parfaits de feld-spath, de pyroxène ou augite et de mica, se trouvent engagés, tandis que les granits sont dépourvus de cette sorte de ciment qui fait le fond des roches porphyritiques.

Cela paraît tenir à ce que le feld-spath, qui forme ce fond, est privé de ce tissu lamelleux qui est un commencement d'aggrégation régulière et cristalline qui le rend brillant dans les granits; et qu'en outre ce feld-spath compacte des porphyres étant coloré par de l'oxide de fer, est devenu par là plus compacte encore, et a acquis une consistance analogue à celle d'un ciment; mais ce n'est ici qu'un mode de formation particulière qui peut dépendre également d'un peu plus ou d'un peu moins d'alumine, de silice, de chaux ou de potasse dans la composition du feld-spath, et qui ne dérange en rien la théorie des granits et des porphyres formés par une seule et même opération. Aussi Dolomieu, bien persuadé de cette grande vérité, a-t-il écrit que

(1) Saussure, Voyage dans les Alpes, tome I, page 152, de l'édition in-8.°

« souvent la nature, comme si elle voulait nous « démontrer l'identité des deux roches, opère » elle-même dans certains blocs cette transfor» mation successive du granit en porphyre, en » ôtant et rendant par intervalle au feld-spath son » tissu lamelleux, et elle produit des masses qui, » d'après l'expression des définitions, pourraient » se placer en partie parmi les granits, en partie » dans le genre des porphyres (1) ».

Malgré ces faits et les conclusions qui en découlent et qui démontrent que dans le règne minéral, c'est-à-dire le règne inorganique, la nature n'admet ni classe, ni genre; cependant, ceux qui se sont occupés des méthodes, ont constamment distingué les porphyres des granits, et je crois que les géologues leur en ont les premiers donné l'exemple, parce qu'en effet la nature elle-même, dans la formation de ces roches, a établi des groupes qui se nuancent par des transitions insensibles, mais qui une fois bien prononcées, conservent des formes assez généralement constantes pour être distinguées par un nom générique, ne fusse que pour bien s'entendre et servir de points de repos à la pensée. Le nom de porphyre existe d'ailleurs depuis tres-long-

(1) Dolomieu, Mémoire sur les Roches composées; Journal de Physique, ventôse an 2, tome I, part. I, page 195.

temps, et ne saurait présenter d'équivoques; il suffira seulement de se rappeler que la formation des porphyres appartient à la même époque que celle des granits; il en est de même des trapps, des amygdaloides, des roches talqueuses, stéatiques, etc., dont je formerai autant de section, quoique ces pierres, je le répète, émanent en quelque sorte d'une souche commune.

## §. III.

*Le calcaire des régions granitiques et porphyritiques est de la même époque de formation.*

Ce n'est pas seulement des combinaisons de la chaux dans les feld-spaths et dans quelques autres substances qui entrent dans la composition des granits, dont il est nécessaire de faire mention dans ce paragraphe, mais principalement du calcaire disposé en grandes masses, en couches, ou interposé par feuillets ou par lits, entre les *gneiss*, les *porphyres* et les *granits*.

C'est à ce calcaire, dans lequel il n'existe aucun vestige de corps organisés, et qu'on trouve assez souvent mélangé de *mica*, de *talc*, de *grammatite*, de *dolomie*, de *petits grenats*, etc., qu'on a donné le nom de *calcaire primitif.*

Les géologues qui ont vu la nature avec attention, ont unanimement reconnu que ce calcaire tenait au même système de formation, que celui des granits et des porphyres; mais comme son origine présentait de très-grandes difficultés, à une époque surtout où l'art d'observer n'était pas aussi avancé, et où les sciences chimiques et physiques n'avaient pas encore fourni aux sciences naturelles, les moyens et les ressources dont elles les enrichissent à présent; il n'est point étonnant que personne n'eût encore tenté de franchir cette barrière, et de faire quelques pas en avant, en se tenant sur la ligne des faits: ceux-ci cependant semblaient leur indiquer la route qu'ils pouvaient suivre. Ainsi, supposons, pour un moment, que l'on parvienne un jour à prouver que la base des matières calcaires, la chaux, est le produit immédiat des êtres organisés, ne serait-il pas vrai alors que le calcaire qu'on trouve en si grande abondance dans les régions granitiques et porphyritiques, ainsi que la chaux combinée qui est entrée dans la composition des feld-spaths, ont une origine semblable; n'en pourrait-il pas être de même du fer, si ce métal était le produit de la végétation?

Alors un nouvel horizon s'ouvrirait aux yeux du géologue, qui ne verrait plus dans l'époque de la formation des granits, qu'une catastrophe, dont les résultats auraient été la destruction et la dissolution complète des êtres organisés de toute espèce, des êtres qui auraient vécu autrefois comme ceux qui existent à présent sur la face du globe, et dont les restes, depuis les ossemens des quadrupèdes et autres animaux terrestres, jusqu'aux dépouilles des poissons et des mollusques de l'antique Océan; depuis les *détritus* des végétaux, dont la soude et la potasse se retrouvent encore dans les feld-spaths, auraient concouru à la formation de ces roches sur lesquelles nous n'avons jamais osé porter qu'un regard timide.

Nous pourrons revenir peut-être quelque jour sur cette importante matiere, contentons-nous à présent de faire remarquer que cette expression de *calcaire primitif* étant indéterminée et vague, elle a retardé singulièrement les progres de la géologie, en arrêtant le fil des idées, et en semblant interdire à la pensée la faculté de discuter ce point de fait qui tient à des vérités d'un si grand ordre.

Cependant, si des hommes instruits avaient eu le noble courage de franchir ce pas en marchant de faits en faits, en les discutant pour ainsi dire un à un, en suivant avec persévérance leurs divers résultats, la carrière serait ouverte depuis long-temps, et les lumières qu'ils auraient pu répandre auraient éclairé la marche de ceux qui seraient venus après eux; ce qui prouve évidemment que l'influence des mots, chez la plupart des hommes, est plus grande qu'on ne le croit ordinairement, surtout lorsque nous la recevons dans l'âge où nos facultés commencent à se développer.

Revenons au calcaire qui fait le sujet de cette section.

1.° On ne saurait douter que l'existence de celui-ci étant contemporaine de celle des granits, ses molécules constituantes, unies à l'acide carbonique, ne se soient réunies et cristallisées d'une manière prompte, à l'exemple des sels dont on presserait la précipitation, ce qui a fait donner aux marbres de cette nature, le nom de *marbres salins* (1).

---

(1) Il est nécesssaire, cependant, de prévenir qu'il y a quelques marbres salins d'une origine moins ancienne, et qui pourraient induire en erreur les minéralogistes sédentaires, ou les faiseurs de méthodes, s'ils ne s'attachaient qu'à ce seul caractere extérieur. Ces marbres modernes, en raison de l'antiquite de ceux des granits, sont dus, en général, à des bancs de madrépores en place, abandonnés par les mers. Le seul déplacement de leurs molécules dans le fluide aqueux, aidé du temps et de la tendence qu'ont ces madrépores d'une consistance pierreuse, à passer facilement à l'état spathique, leur a donné cette ressemblance apparente avec les marbres salins; mais outre que les marbres madréporiques sont entièrement calcaires et très-effervescens, avec l'acide nitrique dans lequel ils se dissolvent entièrement, c'est que plusieurs n'ont pas encore entièrement perdu tous les caractères réguliers de leur organisation première: c'est sur les lieux et non sur de simples échantillons isolés, qu'on reconnaît ces transitions d'une manière très-distincte. Les grands dépôts de ce genre, que je reconnus

2.° Ces marbres, au moment de la réunion de leurs molécules, se trouvant dans un milieu où flottaient les élémens granitiques et porphyritiques, ont dû participer nécessairement du mélange ou du voisinage de ces diverses substances minérales; aussi trouve-t-on de ces marbres dont les uns ont des lames de *talc*, d'autres de *mica*, qui ont cristallisé en même temps que le calcaire; et les bancs ou les couches qui en ont été formés, sont souvent interposés entre des couches de granit ou de porphyre : tels sont les marbres désignés sous le nom de *Cypolins*.

3°. Quelquefois l'*amphibole* (hornblende des Allemands), remplace le mica ou le talc; tel le marbre remarquable de l'île de *Tyry*, une des Hébrides, moucheté d'une multitude de petites taches d'amphibole d'un vert foncé presque noir et luisant, sur un fond rose-tendre, ce qui donne

---

et que j'indiquai il y a plus de dix-huit ans, au *cap Martin*, entre *Monaco* et *Menton*, ne laissent aucun doute à ce sujet. M. Péron, dans son savant et utile Voyage aux Terres australes, ne laissa pas échapper cette observation, en visitant l'île de *Timor*; la description géologique, très-bien faite, qu'il a publiée de cette île, est en rapport parfait avec les observations faites au cap Martin. Voyez, pour de plus grands détails à ce sujet, et pour les différens lieux où l'on peut observer ces marbres salins madréporiques, les pages 38 et suivantes de ce second volume des Essais de géologie.

à ce beau marbre une apparence de granit à petits grains.

- 4.° Le marbre salin des régions granitiques se présente aussi très-souvent sous l'aspect d'un marbre statuaire blanc, qui paraît très-pur à l'œil, dont la dureté est supérieure à celle des autres marbres. Il est peu effervescent avec l'acide nitrique, et phosphorescent par collision; on le trouve en très-grande quantité dans les hautes montagnes du Tyrol. Dolomieu le décrivit très-bien le premier (1). M. de Saussure fils, qui en a fait l'analyse, lui donna le nom de *dolomie;* j'ai reconnu ces marbres dans les mêmes montagnes du Tyrol. Après Dolomieu, je les ai retrouvées dans diverses parties des Alpes de la Suisse. Quoiqu'ils paraissent purs, ils ne le sont point, puisque l'analyse y trouve de l'alumine, de la magnésie et un peu de fer.

« J'ai rapporté de Sibérie, dit Patrin, une des
» plus belles *dolomies* que l'on puisse voir : elle
» est d'un grain excessivement fin, d'une blan-
» cheur parfaite, et aussi translucide que le
» marbre de Paros. Elle est toute parsemée de
» rayons ou de globules de *trémolite soyeuse,*
» dont la cassure présente des étoiles semblables
» à celles de la zéolite. Cette belle roche, qui est

(1) Journal de Physique, an 2, ventôse, tome I.er, partie I.re

» à peu près aussi dure que le marbre, fait partie » de la montagne où se trouve le filon de plomb, » riche en argent, de la mine de Kadainsk, près » du fleuve Amour. On y a percé une galerie de » soixante-dix toises, dont les parois sont d'une » blancheur admirable ». *Dict. d'Hist. nat., au mot* dolomie, *article de Patrin.*

Un autre gisement très-instructif de ce calcaire des granits, remarquable surtout par la variété des mélanges et l'interposition des couches, est celui *du col du Simplon*, depuis la communication du Haut-Valais jusqu'à la province d'*Ossola.*

Comme on trouve une notice très-instructive à ce sujet, dans le n.° 78, page 441 du Journal des Mines, d'après le Voyage minéralogique que l'ingénieur des mines, Champeaux, y fit à l'époque des grands travaux qu'on exécuta pour établir cette route, je ne saurais mieux faire que de transcrire ici la partie de cette notice, relative au calcaire des granits.

« La roche dominante dans la première partie » de la route, depuis Brigg jusqu'à une élévation » de quartorze cents mètres, est un calcaire fissile bleuâtre, légèrement micacé, qui n'a pas » précisément les caractères du calcaire primitif, » mais qui, à en juger par les circonstances locales, » est contemporain de la formation des roches » décidément primordiales.

» A ce calcaire bleuâtre succedent les roches » quartzeuses micacées, et l'on peut observer les » passages des unes aux autres; les couches qu'elles » forment sont interrompues par des couches » d'*actinote* (1), de *steatite*, de *dolomie* et » même de *calcaire salin blanc.*

» En approchant du plateau ou col, l'horn- » blende et le grenat entrent comme partie cons- » tituante dans la composition des roches. Le » col dépassé, sur le revers du *col Perdu*, côté » de l'Italie, on trouve le granit veiné de de Saus- » sure, roche dominante dans toutes les vallées » de l'*Ossola* et celles qui aboutissent au *mont* » *Rose* : elle est ici en couches très-épaisses, in- » terrompues quelquefois par d'autres couches » de calcaires salins et de roches grenatiques.

» Il paraît que ce granit veiné, qui n'est qu'une » modification de contexture de la roche micacée » quartzeuse, se prolonge presque jusqu'au lac » Majeur, et c'est seulement sur les bords de ce » lac que l'on trouve le vrai granit ».

Ce que nous voyons pour le granit, proprement dit, relativement au calcaire, a eu lieu de même pour les porphyres.

Je voyageais dans le nord de l'Ecosse, en 1784, et je reconnus, non loin du château d'*Inverari*, appartenant au duc d'Argille, à l'extrémité de son

(1) Qui est une amphibole.

parc, une carrière ouverte et exploitée dans le porphyre, où l'on avait mis à jour un banc de marbre blanc salin de dix-sept pieds d'épaisseur moyenne, recouvert par un banc de porphyre à fond rougeâtre, avec des cristaux de feld-spath d'un blanc terne, et de l'hornblende d'un vert noirâtre. Ce porphyre avait douze pieds d'épaisseur moyenne dans toute l'étendue de la couche. J'ai publié, dans la Relation de mon voyage en Angleterre et en Ecosse, la description de cette carrière; qu'on me permette cependant de rapporter simplement ici le passage relatif aux points de contact du porphyre avec le calcaire : cette description fut faite à une époque où très-peu de personnes s'occupaient de l'histoire naturelle du gisement des roches.

« La partie supérieure du grand banc de » marbre salin, est mélangée de petites couches » ou plutôt de linéamens de stéatite micacée, unis » avec les molécules du marbre, ce qui n'altère » point sa dureté et en fait une sorte de cypolin. » Ce mélange de stéatite et de mica, ne pénètre » qu'à un pouce environ dans le marbre, qui » devient ensuite très-pur. Quant à la position » des bancs, ces derniers forment, vers le milieu » de la carrière, un angle obtus; la partie du » côté gauche inclinant fortement du sud au » nord, et celle du côté droit de l'ouest à l'est: » ce qui est le résultat de quelque grand affaisse-

» ment. Voilà donc incontestablement le por-
» phyre superposé sur le calcaire modifié en
» marbre. La carriere d'Inverary devient par-là
» très - remarquable, et doit être considérée
» comme un objet bien digne de fixer l'attention
» de ceux qui seront à portée de la visiter ». *Voyage en Angleterre, en Ecosse et aux îles Hébrides, tome I, page* 300. Je cite, dans le même Voyage, tome I, page 315, un autre exemple à quinze milles de là, où le calcaire salin est interposé entre des couches de schiste micacé.

Enfin je terminerai ces vues générales que j'aurais voulu abréger davantage encore, s'il m'eût été possible, en rappelant aux amis de la géologie et à tous ceux qui s'occupent de bonne-foi de la recherche de la vérité dans l'examen de la nature, qu'il paraît absolument hors de doute que le calcaire existait à l'époque de la dissolution et de la cristallisation de toutes les substances minérales qui ont donné naissance aux granits et et à toutes les roches analogues, et qu'il était, comme il l'est encore, le corps matériel le plus abondant, et celui qui est le plus généralement répandu sur notre globe, où on le rencontre sous toutes les formes. On le distingue dans les chaînes granitiques, non-seulement à nu et formant des bancs immenses de *marbres salins*, de *dolomie* mêlées de *stéatite*, de *mica*, d'*hornblende*, de *grenat*, de *pyrite*, etc.; mais comme un des principes constituans des feld-spaths, dans la formation des granits, des porphyres et des roches trappéennes.

Ce qu'il y a de très-digne de remarque, c'est qu'en laissant de côté ces masses immenses de calcaire enchaîné dans les granits et dans les porphyres, à toutes les hauteurs et à des profondeurs inconnues, sur les différens points de la terre, nous le retrouvons encore ayant donné naissance à d'autres chaînes non moins élevées, non moins grandes, mais moins anciennes, où le calcaire est presque pur; nous le retrouvons ayant formé les marbres coquilliers, les marbres madréporiques, les albâtres, les craies, les gypses, les marnes, etc. Les magasins de cette substance qui sert de base à tant de sels pierreux, qui constitue la charpente osseuse de tous les animaux, et joue un rôle si important dans la nature morte et dans la nature vivante, sont donc en quelque sorte intarissables; cela serait ainsi et nous paraîtrait peut-être moins étonnant, mais non moins admirable, si en effet tous les animaux de la mer, si tous les animaux terrestres, si tout le règne organique végétal, étaient autant d'instrumens vivans qui, ne pouvant se passer de cette terre, ont été doués par la nature de la faculté imminente d'en constituer la base première par l'effet de quelques combinaisons simples qui tiennent à la nutrition ou à toute autre cause physiologique que notre vue ne saurait apercevoir Alors cette sorte de métamorphose du liquide en solide, devrait durer autant que dureront les instrumens destinés à ces jeux chimiques des élémens, et jusqu'à ce que quelques grands dérangemens dans la machine entière, ne nous ramène à une époque analogue à celles qui effacent les types primordiaux de tous les corps organisés, en employant les matériaux immenses à reproduire de nouveaux granits.

Je crois que ceux qui dans les sciences naturelles ne veulent absolument que des faits nus, isolés et stériles, me reprocheront peut-être de laisser entrevoir, par anticipation, ma pensée sur l'origine des granits, avant d'avoir donné les développemens que comporte cette idée; mais on ne m'accusera pas du moins de sortir de la ligne des faits, et surtout de rétrécir, comme tant d'autres, par des limites étroites de temps et de lieux; l'ouvrage d'une puissance sans limite, qui a rempli l'espace de milliards de monde et de soleils, auprès desquels notre terre n'est qu'un atome subordonné à la puissance et aux accidens des corps immenses qui roulent dans notre système.

En géologie, la classification des granits doit être relative aux masses, à leurs dispositions en bancs, en couches, en feuillets; l'inclinaison, l'horizontalité ou le renversement de ces couches, sont autant d'objets dignes de fixer l'attention de celui qui se livre à cette science; car, comme rien ne s'est fait sans cause, ce sont ces différences caractéristiques qui peuvent nous tracer la marche qu'a tenu la nature dans ces circonstances lointaines.

En observant de vastes escarpemens granitiques, sur lesquels on n'apercoit que des masses continues sans indications de couches, il faut être attentif à examiner si de grands retraits, qui sont souvent rhomboidaux, et quelquefois très-multipliés, n'ont pas coupé et interverti le fil de ces couches; il faut considérer aussi dans d'autres cas, si des bancs d'une extrême épaisseur ayant suivi le renversement entier d'une montagne, on ne prend pas pour des fentes verticales ou inclinées, les lignes de séparation de ces mêmes bancs redressés et placés en sens contraire de leur position plus ou moins horizontale.

La collection granitique du géologue doit tenir aux échantillons qui constatent le mieux la transition et le passage d'un mélange de substance à un autre, ce qui constitue autant d'espèces différentes pour le minéralogiste; mais ce qui prouve, pour celui qui étudie la nature en grand, le résultat d'un seul et même système de formation dans lequel des matières différentes sont entrées en plus ou moins grandes proportions.

Dans les granits, les espèces qui ne sont en rigueur que des variétés, tiennent tantôt à ce que telle ou telle substance minérale y manque, que telle y domine principalement, ou que telle autre ne s'y rencontre que très-rarement; telle la chaux phosphatée, la chaux fluatée, ou le spath calcaire, trouvés non comme corps accidentels dans des filons, mais comme principes constituans, et étant entrés dans la composition de la pâte granitique.

Il est bien essentiel de ne pas confondre avec de véritables granits, des pierres en quelque sorte parasites, formées aux dépens même de ceux-ci; c'est-à-dire, celles auxquelles il me paraîtrait très-convenable de donner le nom de *grès granitiques*, expression qui caractérise leur genre de formation. En effet, les géologues qui ont l'habitude pratique des montagnes, savent très-bien que des révolutions postérieures à la formation des granits, et qui se sont même renouvelées sur des montagnes d'un autre ordre, ont eu lieu sur la surface du globe, laissant après elles toutes les traces de l'impétuosité et de la violence. Ces révolutions, d'après les effets terribles qu'elles ont occasionées, en détruisant des montagnes ou en perçant des détroits dans l'épaisseur des plus grandes chaînes, paraissent dues à des déplacemens subits et inattendus de la mer, occasionés par des causes perturbatrices, qui n'en sont pas moins réelles et évidentes, quoique nous n'en connaissions pas les véritables moteurs.

Les efforts incalculables produits par le déplacement général des mers, et l'accélération du mouvement de ces masses liquides, après avoir déchiré, à plusieurs reprises le sein des montagnes de granits, en ont disséminé au loin les matériaux brisés et arrondis par le frottement; des golfes en ont été comblés, des vallées recouvertes et des montagnes même de poudingue en ont été entièrement formées.

Les débris les plus atténués de tant de détrimens pierreux, en raison de leur moindre pesanteur, ont été transportés plus loin encore, et ont occupé des places particulières, où on les retrouve stratifiées couches par couches, ou déposées en masses informes, qui ont acquis avec le temps une grande dureté, et se sont consolidées en *grès*. On ne se trompera ni sur les *brèches* ni sur les *poudingues* qui sont émanés de la même cause; mais il est à craindre que celui qui n'aurait pas encore acquis l'habitude de parcourir avec attention la ligne des faits et les dégradations de ces antiques et vastes ruines, ne prit pour un granit particulier ces aglomérations sablonneuses formées aux dépens même du granit. En y regardant plus attentivement et la loupe à la main, il ne tardera pas à reconnaître que presque tous les corps pierreux qui sont entrés dans la composition de cette pierre véritablement secondaire, ont perdu la plupart de leurs angles, et n'offrent plus qu'une aggrégation confuse qui diffère entièrement du système particulier de cristallisation, qui constitue les véritables granits.

Dans cette circonstance, le terme de *grès* me paraît convenir parfaitement à la réunion plus ou moins régulière de ces sables de granit, lorsqu'ils ont acquis une grande dureté, soit par la pression des masses et la force de cohésion, soit par la dissolution d'un de leurs principes, qui a cimenté les autres parties. Si ces sables, au contraire, sont restés mobiles, on ne saurait mieux les désigner que par la dénomination de *sables*, avec l'épithète de *granitiques*, ou de *porphyritiques* s'ils émanent des *porphyres*. L'acception de ces noms devrait être accueillie avec d'autant moins de difficulté, qu'elle est admise depuis très-long-temps pour désigner le quartz, et même la pierre calcaire dans l'état pulvérulent; car on dit chaque jour un grès quartzeux, un sable quartzeux, ou un grès calcaire, un sable calcaire: ces désignations, en géologie, sont d'autant plus expressives, qu'elles caractérisent les substances minérales qui se présentent sous de telles modifications.

Réunissons ici, autant qu'il est possible, dans un même tableau, ce que les roches granitiques présentent de plus instructif à l'œil de l'observateur géologue.

*Tableau géologique des granits.*

1.° Roches granitiques sans couches apparentes, avec de grandes divisions rhomboïdales, formant des solides de cette forme, qui ont plusieurs pieds et quelquefois plusieurs toises de longueur. Le feld-spath, plus abondant que les autres matières, paraît avoir déterminé cette forme : ces énormes rhomboïdes (1) se divisent assez souvent et naturellement en plus petits (2);

2.° Sans couches apparentes, mais ayant des solutions de continuité qui forment diverses

---

(1) Les granits affectent, dans quelque circonstance, cette forme d'une manière très-remarquable, tant dans les Alpes que dans les Pyrénées. L'on voit au bord de la petite rivière de la *Volane*, en allant du pont de Bridon à Entraigues, en Vivarais, le granit divisé en énormes rhomboïdes. « En gravissant le Racipnoï-Kamenn, dit » Patrin, l'une des montagnes les plus élevées de l'Altaï, » en Sibérie; j'ai escaladé pendant deux heures, des blocs » de granit qui avaient jusqu'à vingt pieds de diamètre, » et qui tous étaient des rhomboïdes ». Patrin, *Hist. nat. des minéraux*, tome I, page 103.

(2) « J'ai trouvé, dit Pasumot, en 1789, du côté de » Barrège, plusieurs losanges réguliers, que je pourrais » nommer cristaux de granit : les angles sont en général » de 75 et de 105 degrés ». Pasumot, *Voyage dans les Pyrenees*, page 63.

lignes verticales ou inclinées et parallèles qui, dans ces positions, ont l'aspect de filons; mais qui, examinées attentivement, paraissent n'être que de grandes couches redressées;

3.° Granits en bancs distincs, en couches horizontales ou inclinées par la rupture d'équilibre des masses;

4.° Granits en tables ou en petites couches minces qui peuvent se détacher par feuillets;

5.° Granits entre les couches desquels sont interposés, tantôt des schistes quartzeux micacés, tantôt de l'amphibole schisteuse, d'autres fois du marbre salin avec mica, avec amphibole ou avec de petits grenats, etc.

6.° Granits en bancs ou en couches, avec d'autres couches intermédiaires de roches porphyritiques, dont on peu distinguer les passages et les gradations jusqu'à l'état de véritable porphyre;

7.° Brèches granitiques, disposées quelquefois en couches ou accumulées en grands dépôts irréguliers dans le voisinage des granits : les angles des fragmens de granits qui constituent ces brèches, sont sains, intacts et à vive-arrètes;

8.° Brèches poudingues granitiques en couches, en bancs ou en stratifications inégales, formées d'un mélange de brèches angulcuses et de poudingues, c'est-à-dire de granits roulés et arrondis par les frottemens, quelquefois cimentés par une dissolution de substance feld-spathique ou quartzeuse, quelquefois amalgamés dans une pâte dure et solide, qui n'est composée elle-même que de très-petits éclats sablonneux des mêmes matières qui constituent la brèche et le poudingue;

9.° Poudingue composé de granits, de porphyres, de roche quartseuse micacée, de marbre salin pur, ou mêlé d'amphibole ou de quartz.

Ce tableau, que j'ai circonscrit le plus qu'il m'a été possible, tout simple qu il est, est l'image fidèle du gisement et de la disposition générale des granits; il rappelle en même temps les caracteres indicatifs des accidens divers qu'ont éprouvé les montagnes granitiques, postérieurement à leur antique formation.

Il faudrait peut-être joindre à sa suite, un autre tableau qui renfermerait toutes les espèces et variétés des granits; mais une monographie aussi complète et qui nous manque, formerait un ouvrage à part et particulier, qui appartiendrait plus particulièrement à la mineralogie.

Notre objet principal doit être, en éclairant les faits et en les placant sur leur véritable point de vue, de les resserrer afin qu'on puisse saisir l'ensemble, et arriver plus facilement et avec moins d'efforts aux résultats concluans qu'ils peuvent présenter.

Cependant, afin qu'on ne me reproche pas d'avoir négligé de faire connaître à ceux qui ont le désir de s'instruire en géologie, mais qui en sont encore aux élémens de cette science, au moins les variétés des granits les plus remarquables par leurs melanges ou par leurs beautés; ainsi que ceux qui sont les plus recherchés en raison de leur rareté; je vais m'attacher à les décrire, et à rectifier en meme temps les erreurs de faits ou de lieux qui ont pu échapper à ceux qui en ont fait mention dans des memoires particuliers ou dans des traités de minéralogie.

## TABLEAU *des principales espèces de granits.*

---

### I.

### GRANIT GRAPHIQUE.

On a donné le nom de graphique à une variété singuliere de granit, dont la disposition des cristaux de quartz, et quelquefois de feld-spath, offre un certain rapprochement avec des caractères hébreux ou arabes.

C'est de la Siberie que nous sont venus les premiers granits de cette variété : ils furent trouvés dans les monts Oural. Patrin en découvrit ensuite de semblables dans la montagne d'*Odon-Tchelon*, dans la Daourie. Ce savant minéralogiste en a fait figurer un échantillon dans son Histoire naturelle des minéraux, tom. I, p. 101. Ce granit graphique de Sibérie, dont le fond tire sur le blanc légèrement lavé de jaune, ou de rougeâtre, a des cristaux de quartz d'une teinte grisâtre, disposés à peu près sur des lignes parallèles et séparés les uns des autres par des intervalles assez réguliers. Ces cristaux, qui ont bien les caractères de la forme qui leur est propre, ne sont cependant que revêtus extérieurement de la substance du quartz; car leur intérieur est rempli du même feld-spath de la roche. Ces squelettes singuliers de cristaux de quartz n'ont pas leurs plans complets dans toutes leurs faces; mais on distingue cependant très-bien, lorsqu'on coupe la pierre, des sections hexagonales plus ou moins régulières. C'est Patrin qui a fait connaître le premier l'anatomie de ces singuliers cristaux de quartz, et il a très-bien observé que dans d'autres graphiques trouvés depuis lors en Ecosse, en Corse et ailleurs, leur structure est l'inverse des précédens; car dans ceux-ci c'est le feld-spath qui, étant cristallisé en rhomboïdes, a reçu dans l'intervalle qui sépare ces cristaux, des linéamens de matiere quartzeuse, dont les formes rappellent des caracteres hébraïques. Le docteur Hutton, qui a décrit et figuré le graphique d'Ecosse, compare les formes de ce dernier a des caractères rhuniques.

M. Besson, qui a rendu des services si importans à la minéralogie, découvrit en Corse un beau graphique à fond rose et quelquefois a fond blanc légerement rosé, et à petits cristaux bien nets et bien prononcés. MM. Barral, Sionville et en dernier lieu M. Rampasse, en ont trouvé divers gisemens dans la même île, si riche en roches de différentes espèces.

M. Champeau, ingénieur des mines, découvrit celui de *Marmagne*, à fond rose, dans le département de Saône-et-Loire; il en trouva aussi une jolie variété à fond blanc un peu chatoyant, qui est très-agréable à l'œil; mais en général les échantillons de ce dernier sont petits. J'en ai reconnu moi-même une variété à peu près semblable à cette dernière, mais dont le fond est d'un blanc un peu rosé, à une demi-lieue d'Autun, sur le haut de la montagne, à peu de distance de la grande route.

M. Bailli, l'un des minéralogistes du dernier voyage des découvertes aux Terres-Australes, a rapporté du granit graphique trouvé sur les côtes de la Nouvelle-Hollande; et M. Rosière, qui a fait des recherches minéralogiques si instructives et si avantageuses pour l'histoire naturelle, a reconnu le granit graphique en Egypte, et en a rapporté des échantillons. On trouve aussi quelques graphiques parmi les granits des Vosges.

Les granits graphiques ne forment en général

que des couches minces horizontales ou inclinés; on les trouve aussi encaissés dans des espèces de filons, qu'il ne faut pas considérer comme remplis long-temps après par des matières minérales adventives. Ces fentes et ces encaissemens, dans le cas dont il s'agit, paraissent avoir eu lieu à l'époque même de la formation des granits, tantôt par des accidens et des jeux de cristallisation, tantôt par des solutions de continuité dans certaines parties opérées par le seul poid et l'affaissement des matières, mais qui ont été aussitôt comblées, pour ainsi dire, que formées, par la prompte arrivée des matières cristallines qui continuoient à se précipiter dans la grande opération qui a donné naissance à la formation des roches granitiques.

M. Werner, dans son Traité des filons, ouvrage excellent et rempli des plus savantes recherches, aurait été frappe de la nécessité de peser sur cette distinction, s'il eût voyagé dans les hautes chaînes alpines de la Suisse, du Tyrol, du Dauphiné et des Pyrénées, où l'on voit cent exemples de ces retraits qui ont été remplis aussitôt que formés, et qui ne sont point, à proprement parler, de véritables filons, quoiqu'ils en aient en quelque sorte les apparences. C'est sur quoi on ne saurait trop insister, afin de n'être point induit en erreur sur des époques de temps et de formations bien différentes entre les fentes aussitôt cimentées que faites, et les veritables filons occasionés par de grandes commotions, par de profondes déchirures accidentelles, postérieures à la consolidation de ces montagnes, et comblées après coup par des substances minérales ou métalliques.

Quoique les granits graphiques doivent leur principal caractere au quartz et au feld-spath, ceux qui dans des classifications méthodiques les ont placés dans la section des granits *composés seulement de deux substances*, n'ont probablement pas vu assez de granits de cette nature, ou ne se sont attachés qu'aux deux substances principales, en faisant ployer les faits à leurs méthodes ; car le beau granit graphique de la Daourie, renferme non-seulement quelquefois des lames de mica mais des cristaux de tourmaline noire : j'en possède de semblables dans ma collection.

Le graphique de Corse, celui d'Ecosse et même celui du departement de Saône-et-Loire, a très-souvent des parties où l'on voit distinctement le mica qui s'y trouve, comme formant une des parties constituantes.

## II.

### GRANIT ORBICULAIRE DE CORSE.

Ce granit est aussi singulier que rare; car il n'en a jamais été trouvé qu'un seul bloc isolé au fond du golfe de *Valinco*, piève d'*Istria*, près d'un petit lac à demi-lieue environ de la mer. Il est composé de feld-spath blanc demi-transparent, et d'amphibole d'un noir foncé qui passe un peu au noir verdâtre dans les parties où le blanc affoiblit la teinte du noir. Ces deux substances, le feld-spath et l'amphibole en petites écailles très-serrées et entrelacées les unes dans les autres, forment la pâte granitique de cette roche susceptible de recevoir un beau poli. Lorsque ce poli est fait avec soin, l'on reconnaît que le feld-spath est demi-transparent et a une sorte d'éclat qui le rapproche du feld-spath adulaire, ce que l'on distingue bien avec la loupe sur les faces polies; l'on y voit même quelques ébauches de petits cristaux d'autant plus remarquables, que leur couleur blanche est en opposition avec le noir foncé de l'amphibole.

C'est au milieu de ce fond granitique, qu'on apercoit des espèces de boules a couches concentriques très-rapprochées les unes des autres, dont quelques-unes ont jusqu'a deux pouces de diamètre. Il y en a de rondes, d'autres ovoides; toutes sont noyées dans la pâte de ce singulier granit, et elles participent de la nature et du ton de couleur de la roche, avec la différence que dans leurs sections l'on distingue diverses zones concentriques bien terminées, qui décrivent des cercles dont les uns sont blancs et les autres noirs, composées de feld-spath et d'amphibole, quelques-unes de ces boules ont six, d'autres cinq de ces cercles quelques-uns quatre seulement: en général le premier cercle est blanc.

Le centre offre quelquefois des espèces de noyaux, qu'on devrait appeler plutôt des taches, dont les unes sont blanches, les autres noires, mais il faut les attribuer moins à un véritable noyau, qu'à un noyau apparent produit par la naissance ou l'extrémité des boules, lorque le trait de scie a rencontré par hasard dans la masse le point extérieur d'une des boules, la tache sphérique est blanche si la coupure est dans le feld-spath, elle est noire au contraire si elle a eú lieu dans l'amphibole : l'on peut et l'on doit donc dire qu'il n'y a point de véritable noyau dans le centre des boules, et que ce centre présente un fond analogue à celui de la roche, avec la seule différence que le fond est plus fin, si je puis m'exprimer ainsi, c'est à-dire que les molécules de feld-spath blanc et celles d'amphiboles, sont plus ténues et plutôt sablées et a petits points, qu'en écailles; mais ce fond est très-compacte et recoit le plus beau poli. Il ne faut pas oublier d'ajouter qu'on apercoit dans la coupe entière de ces boules, lorsque le poli en a relevé l'éclat, certains reflets réguliers du feld-spath et de l'amphibole, qui divergent légèrement du centre à la circonférence, ce qui ne permet pas de douter que ce ne soit ici les résultats de la cristallisation, dont la nature nous offre plusieurs exemples semblables dans d'autres substances minérales.

Je dois ajouter un autre fait qui a échappé aux naturalistes qui ont décrit ce granit particulier; c'est que dans les parties où l'amphibole est la plus noire, et particulièrement là où elle est disposée en petits rognons écailleux, elle fait mouvoir fortement le bareau aimanté, ce qui ne laisse aucun doute que cette amphibole est unie à du fer oxidulé, du moins dans ces parties si attirables.

On voudra bien excuser la longueur de cette description; mais cette belle roche étant jusqu'à présent unique en son genre, méritait qu'on ne négligea rien de ce qui pouvait la faire connaître; c'est pour remplir plus complètement ce but, et pour suppléer à une description qu'il est si difficile de bien rendre dans des objets de cette nature, que j'ai fait graver, d'après un dessin exécuté, avec une grande exactitude, par M. Oudinot, un des peintres du Muséum d'histoire naturelle, un morceau choisi parmi ceux de mon cabinet, qui ne laisse rien à désirer pour la forme et la variété des boules à cercles concentriques: d'ailleurs, les personnes qui n'ont pas été à portée de voir ce granit dont il existe très-peu d'exemplaires chez l'étranger, la plus grande partie des échantillons se trouvant dans les cabinets de France, pourront mieux s'en former une idée d'après la gravure. *Voyez planche XX.*

Ce fut en 1785 que les élèves qui étaient sous les ordres de M. Barral, ingénieur en chef des ponts et chaussées, en Corse, reconnurent, sur la plage de *Tavaro*, à demi-lieue environ de la mer, vers le golfe de *Valinco*, dans la piève d'*Istria*, non loin d'un emplacement nommé *la Stazzona*, où l'on voit des masses de granit ordinaire, le bloc isolé de granit orbiculaire dont il s'agit, gissant sur la terre dans laquelle il était en partie enfoncé, et qui fixa leur attention; ils témoignèrent leur étonnement et leur admiration sur la beauté et la rareté d'un tel granit, en présence de plusieurs paysans corses, et se proposèrent d'en donner sur-le-champ avis à leur chef, M. Barral, qui cultivait l'histoire naturelle, et formait une collection des minéraux de la Corse; mais à peine les ingénieurs se furent-ils retirés, que les paysans, qui les avaient entendu s'extasier sur cette pierre, commencèrent à la dépecer; et comme ils savaient que M. de Sionville, commandant à *Sartène*, avait son fils aîné capitaine dans le régiment d'Alsace, qui se livrait à l'histoire naturelle, ils lui en portèrent plusieurs morceaux. Il en fut si étonné, qu'il envoya un piquet de soldats pour empêcher les paysans qui y accouraient, de détruire le bloc. M. Barral s'y rendit de son côté, et il étoit bien juste qu'il en eut de beaux échantillons; il en envoya plusieurs morceaux en France, pour le faire connaître. De son côté M. de Sionville en fit parvenir un des plus gros morceaux, à M. le prince de Condé, pour sa collection de Chantilly. Ces détails m'ont été donnés par un de mes frères, capitaine dans le régiment de Barrois, en garnison alors en Corse, qui m'en expédia un échantillon du poids de dix livres, j'en fis faire les belles plaques qui sont dans ma collection. De son côté, M. de Sionville m'en fit présent d'un morceau, et me donna une notice de sa main et signée de lui, conforme à peu de chose près à ce qui vient d'être dit, à l'exception que comme il fut instruit presque aussitôt que M. Barral, il crut pouvoir, dans cette notice que je possède, se regarder comme le principal auteur de la découverte: mais il se trompait, M. Barral y a pour le moins autant de droit, puisqu'il s'y rendit avant lui, d'après l'avis de ses ingénieurs qui, en rigueur, ont reconnu les premiers le bloc, pesant au moins deux cents livres. M. de Sionville, qui fit un voyage à Paris, en 1804, étant pour lors général de brigade et commandant à Bruxelles, et ensuite à Dijon, où il est mort il y a peu de temps, apporta avec lui un gros morceau de ce granit, qu il céda à un haut prix à M. Dedrée, et dont celui-ci a fait faire, par M. Baleu, très-habile artiste en pierres dures, le beau vase d'un pied six pouces de hauteur, qui forme un des principaux ornemens de son riche et précieux cabinet.

## III.

### GRANITS NOIRS ET BLANCS ANTIQUES.

*Feld-spath blanc, quartz et amphibole d'un noir plus ou moins foncé.*

En désignant les granits par des épithètes tirées de la couleur, je ne prétends point adopter le sentiment de ceux qui ont pris pour caractère la couleur des pierres, je suis d'un sentiment entièrement opposé à celui-la (1); je n'ai employé cette dénomination ici que relativement à la couleur de l'amphibole qui est noire, et à celle du feld-spath qui est blanche, mais tirant un peu sur le vert; d'ailleurs, une des variétés de ce granit, celle qui est à gros grains et qui est devenue extrêmement

(1) En considérant les granits comme des pierres employées avec avantage dans les arts, soit pour la durée, soit pour le luxe et la richesse des monumens, M. Brard a très-bien fait, dans son excellent Ouvrage sur le travail des pierres dures, de faire usage des noms usités par les artistes, puisque le but de son livre était de leur être utile en les instruisant; mais il a joint aux noms vulgaires usités, de bonnes définitions des principes constituans de ces roches, et son ouvrage est très-estimable.

rare, parce que les carrières en sont perdues, est connue sous le nom de *granit noir et blanc antique*, par les artistes et les antiquaires français, et en Italie, sous celui de *granito nero antico orientale*, et on ne pouvait guère s'écarter trop de cette dénomination.

On connaît un autre granit noir et blanc antique, dont l'amphibole est d'un noir foncé tirant un peu sur le verdâtre ; les lames de celle-ci sont contournées en faisceaux qui lui donnent un aspect remarquable : les anciens l'ont employé comme un granit rare, aussi ne le trouve-t-on que dans les ruines de l'ancienne Rome.

Un granit de France, qui a du rapport avec le granit noir et blanc antique, est celui qu'on trouve dans les Vosges, sur le Haut-Balon lorain, non loin de Chaume. Enfin, une autre variété de granit noir et blanc, qui est d'un très-bon ton de couleur, est celui de la montagne du *Felsberg*, dans le pays de Hesse-Darmstadt. Les Romains l'ont beaucoup employé, car j'ai reconnu, en visitant cette montagne, un beau fût de colonne de 28 pieds de longueur sur 3 de diamètre, tout taillé, prêt à recevoir le poli et qui est encore en place, ainsi que d'autres monumens ébauchés par les Romains. Le lieu où sont ces anciens ouvrages de ce peuple guerrier, qui avait occupé long-temps une grande partie de l'Allemagne, s'appelle *la mer des pierres*, sur le Felsberg; on lui a donné de tout temps ce nom, a cause de l'immensité de grands blocs isolés entassés les uns au-dessus des autres, qui sont de toutes les formes et d'autant plus sains, qu'ils ont résisté à la révolution qui les a détachés de leurs places primordiales pour les accumuler en nombre immense sur le penchant et sur le haut de cette montagne: il y aurait de quoi en approvisionner l'Europe entiere, si l'Europe actuelle avait, comme l'ancienne Grèce et l'ancienne Italie, le goût des monumens qui vont à la postérité, par le choix des belles matieres dures, et par la grandeur colossale des masses. On trouve d'autres granits noirs et blancs, dont quelques-uns ont des lames de mica, dans plusieurs montagnes; mais les variétés que nous connaissons en ce genre, n'égalent ni la beauté ni la solidité de ceux dont je viens de faire mention.

## IV.

### GRANIT NOIR D'ÉGYPTE.

*Amphibole noire, qui entrelace et masque le feld-spath en grains très-fins, quelques petites lames de mica.*

Ce granit, en général très-noir, mérite d'autant plus de fixer l'attention des minéralogistes et des géologues, que sa couleur, sa dureté, et l'homogénéité apparente ainsi que la contexture de sa pâte, lui ont valu dans les temps les plus anciens, le nom de *basalte*, quoiqu il soit entièrement étranger aux volcans.

Cette dénomination, donnée à une pierre qui n'a point été l'ouvrage des feux souterrains, a occasioné plus d'une erreur, et a établi une divergence d'opinion entre les minéralogistes, dits *vulcanistes*, et ceux qui ont été appelés *neptuniens.*

Ces derniers, qui avaient probablement sous les yeux des granits noirs de la nature de ceux d'Egypte, et dont on voit dans les cabinets tant de restes de statues antiques, ou qui avaient examiné des trapps tout aussi noirs et tout aussi durs, soutenaient, avec beaucoup de raison, que ces pierres ne portaient aucun des caractères imprimés par le feu.

Ceux, au contraire, qui avaient bien observé à leur tour les laves compactes beaucoup plus dures, plus solides, et tout aussi noires, au moins, que les granits noirs d'Egypte ou que les roches de trapps, soutenaient avec la même certitude que ces laves compactes qu'on appelait *basalte*, lorsqu'elles avaient la forme prismatique, étaient le résultat des incendies souterrains.

Il est à présumer que c'est-là ce qui a donné lieu dans le principe à cette divergence d'opinion, où l'on aurait été beaucoup plutôt d'accord, si l'on avait pu s'expliquer et mieux s'entendre.

Mais, disons-le à l'avantage de la science et de ceux qui la professent, la discussion et les voyages géologiques ont ramené les esprits vers un même but, celui de considérer certaines roches dont les élémens granitiques sont déguisés sous une enveloppe d'hornblende, ainsi que les trapps qui sont aussi des pierres où le feld-spath domine, comme de véritables roches formées par la voie humide et non par le feu; de même qu'il est juste également de considérer les laves compactes, qu'elles soient prismatiques ou non, comme de véritables produits des feux souterrains, comme de véritables matières qui ont été mises en fusion, malgré que leur apparence soit pierreuse; on peut donc laisser de côté la dénomination de basalte, ou ne l'employer exclusivement que pour désigner les laves prismatiques, ou celles qui sont en masses compactes.

Cette digression ne doit point être considérée comme un hors-d'œuvre, puisque c'est le granit d'Egypte qui nous y a conduit naturellement; car la dureté et la couleur de cette roche lui ayant fait donner par les anciens le nom de *basalte* (*basaltes ferrei coloris et duritiei*), il fallait bien, en lui restituant son véritable nom de *grànit noir*, dire un mot sur les erreurs et les opinions diverses dans lesquelles le nom de basalte avait jeté plusieurs naturalistes, à la tête desquels il ne faut pas oublier de placer M. Werner, et son école, qui jouissent d'une si juste célébrité. Je terminerai cet article par un passage très-intéressant de Dolomieu, au sujet des divers monumens antiques faits avec des pierres noires auxquelles on donnait le nom de basalte.

« J'ai vu beaucoup de statues, de mortiers, de » sarcophages, etc. faits de pierres noires, qui » ont les caractères attribués au basalte, et qui en » ont conservé le nom, et je puis dire avec assu- » rance que ces pierres ne sont point volcaniques, » à l'exception d'une seule statue de la Villa-Bor- » gèse, couverte d'hiéroglyphes et formée d'une » lave noire persillée d'une infinité de petits po- » res (1). Les autres pierres noires appartiennent » à différens genres; quelques-unes sont des trapps » ou des schorls en masse, rarement à grains fins; » plus ordinairement ils ont un tissu écailleux, » comme l'hornblende; mais les plus communes » de ces pierres *sont des roches composées,* » *espèces de granits dans lesquels le schoorl* » *noir écailleux* (2) *domine tellement que la* » *masse entière paraît noire; il est associé*

(1) Dolomieu présume que cette lave a pu venir de Syrie, où les matières volcaniques sont très-communes, ou peut-être de la très-Haute-Ethiopie.

(2) On appelait, à l'époque où Dolomieu écrivait ce Mémoire, *schoorl noir ecailleux*, ce qui est à présent l'*hornblende* ou l'*amphibole*.

» *avec un feld-spath blanc, dont les grains*
» *sont si petits ou tellement entrelacés avec*
» *les écailles du schorl, qu'on a souvent de la*
» *peine à les reconnaître; quelquefois ce feld-*
» *spath paraît noir lui-même, parce qu'il est*
» *transparent, et qu'il transmet la couleur*
» *noire du schorl, avec lequel il est empâté,*
» *et dont il augmente beaucoup la dureté:*
» *quelques écailles de mica noir sont mêlées*
» *à ces roches* (1) ».

Il est nécessaire de remarquer, avant de terminer cet article, que malgré que le granit noir d'Egypte ait une contexture et un ton de couleur homogène en général, il est quelques cas où les substances composantes de ce granit, ayant cessé d'avoir les mêmes proportions entre elles, par l'augmentation du feld-spath, ou par la diminution de l'amphibole, ou enfin par un changement dans le principe colorant, ont donné naissance à des espèces de nœuds, formés d'un granit à gros grains, gris, rougeâtre ou quelquefois vert. L'amphibole ou le feld-spath ayant pris ces différens tons de couleurs, ont formé des taches de cette nature; on en voit de semblables sur des statues, et je ne doute pas que, si des minéralogistes se trouvaient à portée d'observer dans les

---

(2) Lettres de Dolomieu à M. de Salis. Journal de physique, septembre 1790, page 3.

déserts de l'Egypte les carrieres de ce beau granit noir, qualifié du nom impropre de *basalte oriental*, ils ne reconnussent les passages en grand du granit entièrement noir, au granit noir et blanc, au gris, au verdâtre ou au vert.

J'ai observé, dans des carrieres de granit des transitions analogues dont on peut suivre les gradations; et l'on voit dans un autre genre, les belles carrières de marbre des environs de Narbonne, si riches en couleurs, ainsi que les marbres de Campan, offrir de ces passages si frappans, qu'on croirait que ces pierres appartiennent à des contrées différentes, si l'on n'avait pas la facilité de suivre en place toutes les nuances de ces transitions.

## V.

### GRANIT ROUGEATRE D'ÉGYPTE,

*Vulgairèment granit rouge oriental, granit de la colonne de Pompée,* rosato *des Italiens.*

*Feld-spath à gros grains rougeâtres, ou roses; feld-spath d'un blanc grisâtre en grains demi-transparens; mica noir, quelquefois verdâtre.*

Ce granit, dont les Egyptiens ont fait des monumens si gigantesques, et que les Romains recherchaient beaucoup, dont les carrières inépuisables sont à *Siené*, à *Eléphantine* et dans les environs de la première cataracte, arrivaient par le Nil, qui donnait de grandes facilités pour les transporter. Nous attendons de M. Rozière, ingénieur des mines, qui a visité ces célèbres carrières. et qui est très-instruit dans la connaissance des pierres, des détails qui nous donneront des idées exactes sur le gisement de ces amas immenses d'une des plus belles variétés de granit, si distinguée par sa solidité, par la grandeur des masses et par le poli brillant qu'elle est susceptible de recevoir.

On a généralement pris pour du quartz, dans le granit dont il est question, des grains brillans de feld-spath, dont la transparence, la dureté et la cassure vitreuse ont induit en erreur les minéralogistes qui ont fait mention de ce granit; cependant Dolomieu avait averti de se tenir en garde contre cette illusion; je n'y ai jamais vu les petites hyacintes d un jaune opaque dont il parle. Il consigna ces remarques dans une note qui mérite d'être rappelée ici, et qui est à la suite de son Mémoire sur les roches composées, *Journal de physique*, *ventôse an 2*, *tom. I*, *partie I*, *page* 196. « Plus des trois-quarts des granits antiques » des monumens de Rome, dit ce savant géologue, sont privés de grains de quartz, entre » autres, le beau granit rougeâtre, dit *rosato*, » dont on a formé de si énormes colonnes et » tant de monumens Egyptiens, et dans lequel j'ai

» découvert un assez grand nombre de petits cristaux octaèdres (1) d'hyacinthe jaune opacte. » Souvent dans ces granits, on prend pour du » quartz des cristaux informes ou grains de feldspath transparens, d'autant qu'il est un sens » sous lequel leur cassure vitreuse est parfaitement semblable à celle du quartz; mais leur » fusibilité les distingue facilement, quand on » les soumet à l'épreuve du chalumeau ».

## VI.

### GRANIT ROUGE DE L'INGRIE,

*Dont Catherine II fit construire le piédestal de la statue équestre du czar Pierre-le-Grand.*

*Feld-spath rougeâtre, quartz et mica.*

Comme Patrin a été à portée d'observer des masses considérables de cette variété de granit, qu'on trouve en blocs arrondis, à l'île de Cronstadt et dans les environs de Pétersbourg, je ne saurais mieux faire que de rapporter le passage même de cet excellent minéralogiste, sur la forme remarquable que présente le feld-spath de ce granit.

« Ce granit présente une singularité remarquable. Le feld-spath, au lieu d'y former des » parallélipipèdes réguliers, ou des cristaux con-

(1) Les hyacinthes ne sont pas octaèdres; ne serait-ce pas du titane silicéo-calcaire.

» fus, comme dans les autres granits, s'y montre » presque partout sous la forme de petites masses » globuleuses ou ovoïdes, depuis un demi-pouce » jusqu'a deux pouces de diametre; et ce qui » paraît le plus singulier, c'est que les lames de » ce feld-spath ne sont nullement disposées par » couches parallèles à la surface des globules, » ni dirigées de la circonférence vers le centre, » comme dans le granit de Corse : elles sont par- » faitement planes, comme si c'étaient des mor- » ceaux de feld-spath ordinaire qui eussent été » roulés, et ensuite empâtés dans la masse grani- » tique, quoiqu'il paraisse indubitable que la » formation du tout a été simultanée ». *Dictionnaire d'hist. nat., édit. Déterville, au mot* granit d'Ingrie, *article rédigé par Patrin, tome X, page* 81.

Catherine II, qui aimait les conceptions hardies et avait le sentiment des grandes choses, sans s'arrêter aux difficultés, voulut qu'on transportât une masse de ce granit de trente-deux pieds de longueur, vingt-un d'épaisseur, et dix-sept de hauteur, pour en former le piédestal de la statue équestre du czar Pierre. Cette vue était celle d'une femme illustre qui veut honorer dignement la mémoire d'un grand homme : elle exécuta ce projet. Les guerres, les révolutions, ces fléaux plus cruels cent fois que la peste, puisqu'ils reviennent plus fréquemment et qu'aucune barrière ne les arrête auront renversé la statue et le cheval, pour en fondre le bronze en canons, que cet immense bloc de granit inébranlable comme un rocher, restera debout et attestera à jamais qu'une grande souveraine régnait autrefois dans cette partie du monde.

## VII.

### GRANIT AVEC QUARTZ FETIDE,

*De Salle-Verte.*

*Quartz à très-gros grains, aspect un peu gras; feld-spath d'un blanc jaunâtre; mica blanc à grandes écailles.*

Le quartz de ce granit exhale une odeur fétide, lorsqu'on le frappe a coup de marteau, ou qu'on le gratte fortement avec une lime ou une pointe d'acier. (Voyez ce que j'en ai dit, pag. 85 de cet ouvrage).

Comme le principe odorant du quartz fétide est très-fugace, on n'a point encore fait de tentatives pour examiner s'il dérive de l'hydrogène sulfuré ou de toute autre cause; mais ce qu'il y a de certain, c'est que ce principe tient à quelque chose, et qu'à ce titre, malgré que ce fait ne paraisse pas bien important, il ne doit pas être négligé, puisqu'il touche à l'histoire naturelle des granits, où tout doit être observé avec soin dans cette partie difficile de la géologie.

M. de Morogue reconnut le premier ce quartz fétide, dans un granit de *Salle-Verte*, en Bretagne; M. du Buisson l'a trouvé aussi dans quelques granits des environs de Nantes.

## VIII.

### GRANIT AVEC CHLORITE.

*Talc chlorite verdâtre; feld-spath blanc; quartz d'un blanc un peu gris; mica tirant sur le brun.*

Le talc de couleur verte (chlorite des minéralogistes), à cassure granuleuse, plus ou moins friable, ou en poussière très-fine, se trouve associé à quelques granits, non accidentellement et par très-petites parties, mais comme principe constituant dans la formation de plusieurs montagnes granitiques. On le trouve en cet état, tantôt uni au quartz et comme amalgamé avec lui, tantôt disséminé dans la masse entre les grains de feld-spath et les paillettes de mica. C'est ainsi que je l'ai observé dans des granits à très-petits grains, qui forment les hauts sommets des Alpes de l'Oison, dans le département de l'Isère.

On trouve quelquefois dans les granits du Montblanc, le talc chlorite en forme de rognon.

*Nota.* Il faut se rappeler que M. Vauquelin, qui a fait une analyse tres-soignée du talc chlorite, y a trouvé quarante-trois *d'oxide de fer*, huit de *magnésie*, et deux de muriate de *soude ou de potasse:* le reste est de la silice et de l'alumine.

## IX.

### GRANIT MÉLANGÉ DE CALCAIRE.

*Calcaire spathique, blanc, demi-transparent, en lames, quelquefois en grains salins; feld-spath d'un blanc mat, d'autres fois d'un blanc jaunâtre un peu rosé; quartz gris demi-transparent; mica brun en petites lames.*

Cette singulière variété de granit, dans lequel le calcaire ne s'est point infiltré après-coup, mais s'est cristallisé en spath simultanément avec les autres substances qui constituent ce granit, est remarquable en ce qu'il est en rapport parfait avec ce qui a été dit du calcaire à grains salins des roches granitiques, et que c'est une preuve de plus que le calcaire existait avant la formation des granits.

Il n'est pas commun de trouver ainsi le calcaire incorporé d'une maniere aussi sensible et à nu dans le granit, soit qu'on n'y ait pas assez regardé de près jusqu'à présent, ou qu'on l'ait confondu avec du feld-spath, soit que ceux qui auront eu quelques doutes, et voulant les dissiper en faisant usage d'acide nitrique, aient rencontré un calcaire analogue à celui que Dolomieu trouva dans les montagnes du Tyrol, qui était si faiblement effervescent, que tout autre que lui s'y serait trompé (1). Celui que j'ai reconnu dans le granit dont il s'agit, se dissout promptement et en entier, avec la plus vive effervescence dans l'acide nitrique.

Je trouvai cette belle variété de granit, en examinant les cailloux granitiques et porphyritiques, que roule le torrent impétueux qui occupe toute la longueur de la vallée *di Mercanti*, à environ une lieue et demie de *Schio*, dans le Vicentin. Ce torrent reçoit les eaux versantes des premières montagnes du Tyrol. Les lames de spath calcaire que j'observais à la grande lumière d'un soleil brillant, et que je prenais d'abord pour du feld-spath, avec lesquelles elles étaient entrelacées, me présentèrent une sorte de reflet particulier, qui me firent naître quelques doutes; je les tâtai avec de l'acide nitrique, et je fus agréablement

(1) Lettres de Dolomieu à Picot de la Peyrouse, sur un genre de pierres calcaires très-peu effervescentes avec les acides et phosphorescentes, par Collision. Journal de Physique et d'Histoire naturelle, juillet, 1791, partie II, page 1.re

surpris de voir l'effervescence vive et prompte qui se manifesta ; j'en détachai de petits fragmens que je jetai dans l'acide, et leur dissolution entière eut lieu avec l'effervescence la plus soutenue.

J'avais reconnu plusieurs années auparavant, deux roches granitiques à petits grains, l'une, non loin de Vals, département de l'Ardèche, l'autre entre *Hautevillc* et le village de *Rampon*, au bord de l'Errieu, même département. Ces deux variétés de granit, qui ne diffèrent guères entre elles, sont formées de feld-spath de couleur rosée, mais un peu jaunâtre ; de quartz en grains demi-transparens, et d'amphibole d'un noir verdâtre, disséminés par place dans la roche ou ils forment quelquefois des veines d'un pouce d'épaisseur sur sept à huit pouces de longueur. La cassure de ces deux roches est vive et brillante ; mais cet éclat particulier semble tenir à une multitude de petites lames un peu grenues, interposées entre le feld-spath et l'amphibole : ces lames sont très-transparentes. Je présumai qu'elles étaient calcaires ; et je fus confirmé dans ce sentiment, en les mouillant avec de l'acide nitrique : l'effervescence fut des plus actives. Ces lames inhérentes à la roche, tiennent à la formation de celle-ci.

Les faits que je viens de rapporter, me rappellent que Dolomieu avait reconnu avant moi le calcaire dans un granit du haut Tyrol ; je lui en dois donc l'hommage, et je me fais un devoir de rapporter ici ce qu'il a dit de ce granit, dans un ouvrage periodique, où il paraît que cette belle observation de Dolomieu, a été oubliée; car aucun de nos minéralogistes modernes n'en a dit un mot.

Voici ce passage imprimé depuis 1791.

« J'ai été étonné de trouver, au centre d'un
» énorme massif de granit que l'on avait ouvert
» avec la poudre pour pratiquer un chemin, des
» morceaux gros comme le poing et au-dessous,
» de spath calcaire b anc, tres-effervescent, en
» grandes écailles ou lames entre-croisées. Il
» n'occupait point des cavités particulieres; il
» n'y paraissait point le produit d'une infiltra-
» tion qui aurait rempli des cavités, mais il
» était incorporé avec le feld-spath, le mica
» et le quartz, faisait masse avec eux, et ne pou-
» vait se rompre sans les entraîner avec lui. Ce
» singulier bloc de granit est au fond de la Gorge
» profonde, qui termine la vallée du *Zillerthal*,
» au pied du *Greiner*, une des plus hautes
» montagnes du Tyrol, et paraît s'être détaché
» de ses flancs ou être descendu de son sommet.
» Les lames de spath calcaire y ressemblent telle-
» ment à celles du feld-spath, qu'on pourrait
» aisément les confondre, si on ne faisait pas
» attention à leur moindre dureté, et si on n'y
» excitait pas l'effervescence avec les acides. Il

» est possible que moi-même je ne les eusse point » reconnues, si elles eussent été du genre de ce » calcaire sur lequel les acides n'ont qu'une ac- » tion lente, sans produire d'ébullition. Il se pour- » rait donc que beaucoup de roches dans les- » quelles on n'a pas soupconné la présence du » calcaire, parce que les acides n'y occasionnent » pas ce mouvement d'effervescence, que l'on a » toujours regardé comme un caractère essentiel » de cette substance, en continssent réellement, » et qu'il entrât dans l'aggrégation des différentes » roches composées, où on a pu le confondre » avec le feld-spath ». *Journal de Physique et d'Histoire naturelle*, 1791, *part. II*, *pag.* 7.

## X.

### GRANIT A FOND ROSE MÊLÉ DE VERT.

*Quartz blanc, demi-transparent; feld-spath lamelleux rose; et épidote d'une belle couleur verte.*

Je ne fais mention de ce granit très-agréable a l'œil, et que j'ai trouvé entre *Saulieu* et *Pierre-écrite*, en Bourgogne, qu'en raison de l'épidote, qui est entrée comme un des principes constituans de ce granit. J'en ai reconnu un semblable dans le ci-devant Forêt, à trois lieues de *Mont-Brison* : la même espèce existe en Corse.

## XI.

## BRÈCHE POUDINGUE GRANITIQUE ET PORPYRITIQUE

### *De la vallée de Cosseyr, dans la Haute-Egypte.*

*Granits et porphyres, mélangés avec une pierre verte qui a quelque rapport avec le feld-spath compacte; la plupart de ces pierres sont arrondies, d'autres sont anguleuses; toutes sont noyées dans une pâte, composée des mêmes matières, réduites en petits grains et étroitement réunies.*

Ce poudingue, qui tient en même temps de la brèche, puisque à côté des fragmens arrondis on en remarque d'anguleux, est remarquable par ses diverses couleurs dues à des granits, a des porphyres, et a une pierre de couleur verte qui a quelque rapport avec un feld-spath compacte, mais qui est d'une pâte moins vive et moins brillante.

Le fond du ciment, qui lie ces différentes pierres, n'est composé que de fragmens des mêmes substances reduites en grains très-fins. J'ai eu occasion d'examiner, chez M. Balleux, marbrier, qui travaille avec beaucoup d'habileté les pierres dures, deux grandes tables dont Sa Majesté l'Impératrice et Reine a fait l'acquisition. On peut voir aussi un vase de cette belle matiere dans le cabinet de M. Dedrée; j'en possède aussi des échantillons bien caractérisés dans ma collection.

M. Rosières qui a fait le voyage d'Egypte, et qui a visité, en minéralogiste très-éclairé, la vallée de Cosseyr, a distingué dix variétés de granits de diverses grandeurs, six variétés de porphyres dans le poudingue qui porte le nom de cette vallée. Les granits sont ordinairement rougeâtres, gris ou blanchâtres; les porphyres bruns, gris ou violâtres; quelques-uns renferment des grains de quartz transparens. M. Rosières a remarqué qu'on trouve des variétés de ce poudingue, entièrement dépourvus de noyaux de granit et de porphyre; sa couleur reste alors verte, avec des teintes plus ou moins foncées.

C'est en cet état que les marbriers de Rome l'ont appelé de tout temps, brèche verte d'Egypte, *Breccia verde d'Egitto*, et l'ont considéré comme formant une espèce différente que celle ous ont les noyaux de granits et ceux de porphyres. L'Histoire naturelle a donc des obligations à M. Rosieres, d'avoir relevé cette erreur, en démontrant, par de bonnes descriptions des lieux, que ces deux brèches tiennent au même système de formation, et occupent le même gisement, de manière qu'on distingue très-bien les transitions de l'une à l'autre.

Il ne me reste plus qu'à dire un mot de quelques substances minérales qu'on trouve dans les granits, et qui datent de la même époque; mais comme elles n'y sont pas en abondance, j'ai cru devoir en former une sorte d'appendice séparé, propre à servir de complément a ce qu'il y avait de plus intéressant à connaître sur l'Histoire naturelle des granits, considérée sous le point de vue de la lithologie et de la géologie.

*TABLEAU des principales substances minérales qu'on trouve dans les roches granitiques, parmi lesquelles je comprends les* gneiss *et les roches* quartzeuses micacées.

1.° *Bérils*; Dans les environs de Limoges, au milieu d'un filon de quartz, entre des granits (1); à *Marmagne*, près d'Autun (2), et à peu de distance de Nantes, avec du quartz dans une roche feld-spathique. Béril *limpide* dans le granit, de l'île d'*Elbe* (3).

*Béril aiguë* marine, des monts Ourals, sur les

---

(1) Découvert par le Lierre et Alluaud.

(2) Trouvé par Champeaux.

(3) Trouvé par Dolomieu.

frontières de la Sibérie, d'une jolie couleur verte, mais moins belle que celle du Pérou, dans un filon qui coupe une montagne de granit.

Bérils aiguës marines, de Sibérie, les unes d'un bleu faible lavé de vert, d'autres d'un vert tendre, enfin d'autres d'un jaune plus ou moins verdatre. « Vers le sommet d'une montagne granitique, » nommée *Odon-Tchelon*, près de la riviere » *Ononn*, qui se jette dans le fleuve Amour, sous » le méridien de Pékin, à 50 degré environ de » latitude, dans une fissure qui plonge tres obli- » quement dans la montagne, entre deux couches » de granits aussi solides. Cette fissure a quel- » ques pieds de large, et n'est découverte que » dans la longueur de quelques toises : elle est » remplie d'une argile ferrugineuse, micacee, mê- » lée de petites aiguilles de schorl. Il me paraît » que c'était une couche de granit abondant en » feld-spath très-argileux, qui s'est décomposé en » kaolin, et l'observe que c'est dans une gangue » toute semblable, que se trouvent les gemmes » des monts Ourals : on y trouve aussi des topazes » parfaitement blanches et transparentes. Le gra- » nit qui forme les parois de ce filon, est ce même » granit graphique qui sert de gangue aux » topazes et aux émeraudes des monts Ourals ». *Patrin*, *Hist. nat. du Buffon de Déterville*, *article* émeraude, *tome II*, *page* 25 *des Minéraux*. Je n'ai fait qu'extraire ce qu'il y avait de plus important sur les gisemens, dans cet excellent Mémoire, auquel je renvoie pour de plus grands détails;

2°. *Spath adamantin-corindou*, au Japon; *corind*, à Golconde; *corum*, à la côte de Coromandel.

Cette pierre, qui est du même genre que le saphir ou télesie, est entrée comme principes constituant, dans quelques granits de la Chine, du Japon, du Bengale et de la côte de Malabar, etc.

M. Brochi, professeur d'histoire naturelle au lycée de Bressia, et tres-bon minéralogiste, a découvert à l'entrée de la *Val-Cammonica*, dans le département du Seria, le *spath adamantin, d'un beau rouge demi-transparent, dans une roche granitique feuilletée, riche en mica;* il en envoya quelques petits échantillons au P. Pini. M. Brochi, que j'eus le plaisir de voir à Bressia, me montra un joli échantillon de ce spath adamantin rouge, qui est très-rare, car ce naturaliste n'en trouva que quelques petits morceaux, parmi des décombres granitiques qui s'étaient détachés naturellement d'une montagne de la *Val-Cammonica.* J'ai visité l'endroit même où M. Brochi trouva ce beau minéral; j'y ai fait des recherches pendant plusieurs heures sans y rencontrer le moindre vestige de cette rare substance, qu'on n'a plus rencontrée depuis lors. La Val-

Cammonica est très-riche en minéraux et en mines métalliques; elle mérite toute l'attention de M. Brochi, doué des talens nécessaires pour y faire des découvertes extrêmement utiles à la géologie;

3.° *Tourmaline.* J'ai dans ma collection un faisceau de tourmalines noires en grands canons, dans le granit graphique de Sibérie; j'achetai ce bel échantillon de M. Mailly, peu de temps avant son retour à Moscow;

4.° *Urane oxidé* d'un beau jaune-verdâtre, dans un granit qui entre en décomposition, à Saint-Symphorien, près d'Autun, découvert par Champeaux. A Chantelouse, non loin de Limoges, dans un granit friable, trouvé par MM. Alluaut et Cressac;

5.° *Titane anatase*; dans une roche quartzeuse et feld-spatique, à Vaujani, près d'Allemond, dans l'ancien Dauphiné;

6.° *Dialage verte*; dans une roche granitique des montagnes des environs de Sestri, dans le pays de Genes;

7.° *Staurotite*; dans une roche micacée du mont Saint-Gothard;

8.° *Gadolinite*; dans une roche granitique à trois substances, à Ytterby;

9.° *Pinite*; dans un granit de Bourgogne, à une lieue environ de Pierre-écrite;

10.° *Pycnite*, ou *topaze blanche*; dans une

roche quartzeuse micacée, d'Altenberg, en Saxe;

11.° *Distene*; dans les gneiss, et les roches micacées, des environs de Lyon;

12.° *Lazulite*. L'on juge par les échantillons un peu volumineux, que cette belle substance pierreuse doit se trouver dans le granit, puisqu'elle est souvent accompagnée de feld-spath, de grenats, de fer sulfuré, et quelquefois de mica;

13.° *Baryte*. J'ai trouvé de la baryte dans du granit, à un demi-quart de lieue des environs d'Avalon, ancienne Bourgogne; j'en ai reconnu de beaux echantillons dans un autre granit, à une demi-lieue d'Autun;

14.° *Fluor*. J'ai vu, dans le cabinet du P. Erménégilde Pini, à Milan, dans du granit de Bavéno, du fluate calcaire bleu en lames cristallines, disposé entre le feld-spath et le quartz, et en cristaux cubiques, lorsque cette substance a trouvé assez de place pour développer cette forme; j'ai vu, dans le même granit de Bavéno, du spath fluor blanc limpide;

15.° *Manganèse phosphaté*, contenant, d'après M. Vauquelin,

| | |
|---|---|
| Manganèse . . . . . . . . . | 42 |
| Oxide de fer . . . . . . . . | 31 |
| Acide phosphorique . . . . | 27 |
| | 100 |

Au milieu des granits non loin de Limoges, dans le même filon des bérils.

# CHAPITRE V.

## *Des porphyres proprement dits, et des roches porphyroïdes.*

### VUES GÉNÉRALES.

Les caractères extérieurs qui paraissent établir une ligne de démarcation entre les porphyres et les granits, consistent en ce que ces derniers ayant été formés par la réunion de diverses substances minérales enchaînées par les liens d'une cristallisation simultanée, et par la force de cohésion qui en est résultée, ont donné naissance à une roche qui n'a point, à proprement parler, de bases particulières; tandis que les porphyres en ont une d'apparence homogène, compacte et solide, au milieu de laquelle des cristaux de feld-spath, souvent parfaitement prononcés, se sont formés.

Cette distinction utile et même nécessaire pour une classification systématique, dont le but est de faciliter la connaissance et l'étude de tant de minéraux divers qui embarrasseroient l'esprit en y jetant de la confusion, est bonne dans ce sens, et la géologie peut en faire usage en prévenant néanmoins qu'elle ne l'admet que par ce motif.

Car dans l'ordre naturel, les granits et les porphyres ont une origine commune; souvent même les passages de l'un à l'autre sont si insensibles, et en même temps si embarrassans, qu'il arrive dans plusieurs cas qu'on reste dans le doute, pour savoir d'une manière positive si tel ou tel morceau doit trouver place dans les granits ou parmi les porphyres.

J'avais fait plusieurs fois cette observation, en parcourant avec Dolomieu des montagnes granitiques; aussi cet excellent observateur n'a pas manqué de dire, dans son Mémoire sur les roches composées, qu'en géologie, toutes les fois qu'il est question des porphyres, il faut sans cesse les considérer comme tenant au même systeme de formation que les granits.

S'il était nécessaire de donner un nouvel appui à ce fait important, je pourrais ajouter que les élémens chimiques de l'une et de l'autre roche sont les mêmes, avec la seule différence qu'en général le feld-spath est plus abondant dans les porphyres que dans les granits, qu'il s'y présente sous une double modification qui tient à cet état d'excès; car non-seulement le fond de la roche n'est qu'un feld-spath compacte, masqué le plus souvent par du fer, dont l'oxidation plus ou moins avancée détermine la couleur; mais on voit encore que des cristaux de feld-spath d'une substance plus pure et d'une couleur presque toujours différente, ont pris naissance au milieu de cette base compacte de feld-spath qui forme le fond de la pierre.

Ces cristaux de feld-spath disposés en parallélipipedes, sont quelquefois opaques, et d'un blanc parfait au milieu d'une pâte du noir le plus intense, qui doit sa couleur foncée a de très-petites écailles d'hornblende, mélangées avec le feld spath compacte du fond ou a du fer. Tel le porphyre noir et blanc antique d'Egypte, un des plus remarquables, et que les anciens ont toujours recherché.

Le porphyre à fond vert, connu sous le nom d'*ophites*, renferme des cristaux de feld-spath aussi grands et aussi bien prononcés que ceux du porphyre dont nous venons de faire mention; mais ils sont moins blancs, ayant presque toujours un peu participé du fond de la couleur de la pierre, et ayant presque toujours une teinte lavée de vert: ils renferment en outre quelques petits cristaux d'hornblende noire. Il est à observer aussi que c'est dans cette belle variété de porphyre vert, dit *serpentin antique*, qu'on trouve quelquefois des globules très-purs de calcédoine demi-transparente dans la pâte même de ce porphyre.

Le porphyre à fond rouge, qui porte aussi le nom d'*antique*, et dont les carrières sont en Egypte, a une grande dureté, reçoit un poli vif et a un ton de couleur très-riche; mais ses cristaux sont petits, minces et souvent formés en aiguille; cependant, lorsqu'ils se trouvent d'un blanc mat bien pur, ils produisent un très-bel effet sur un aussi beau fond. Il est assez rare d'obtenir des pieces un peu grandes avec des cristaux de feldspath aussi blancs, car le plus souvent ils ont une légère nuance d'un rouge agréable à la vérité, mais qui diminue le contraste et l'effet que produisent ceux qui sont très-blancs. Le porphyre rouge présente aussi, dans quelques blocs, des espèces de taches, depuis la grosseur d un œuf jusqu'à celle de la main et même beaucoup plus grandes, dont la couleur est plus pâle et la structure plus rapprochée de celle des granits. Les porphyres qui renferment beaucoup de ces taches, ont l'aspect d'un poudingue; j'ai vu à Venise, à l'église de Saint-Marc, si riche en colonnes antiques de toutes les espèces, une colonne de porphyre rouge tres-remarquable par les taches dont je viens de faire mention. Lorsqu'on les observe de près, on voit qu'elles tiennent a un système particulier de cristallisation, qui rapproche ces taches des granits, ce qui tend à confirmer ce que nous avons dit sur l'analogie de leur formation. Si l'on chauffe à un feu un peu fort, un échantillon du porphyre rouge, sa couleur passe bientôt au noir foncé; il en est de même du porphyre à fond vert.

Cette circonstance tient à ce que le feu rapproche de l'état métallique le fer oxidé qui coloroit ces porphyres, et ceux-ci font alors mouvoir le barreau aimanté.

Il est à propos de ne pas quitter ce sujet sans revenir encore sur la base des porphyres, afin que ceux à qui cette matière n'est pas tres-familiere, puissent s'en former une idée exacte, d'autant plus qu'elle n'a pas même été encore ébauchée dans aucun des ouvrages de minéralogie: ce que l'on doit attribuer à l'obscurité et aux embarras que les mauvaises nomenclatures ont répandu sur cette partie intéressante mais difficile de l'histoire naturelle des roches.

La pâte des porphyres a pour matière dominante le feld-spath compacte, substance pierreuse composée, dans laquelle, ainsi qu'on a pu le voir par les analyses que j'en ai données, on trouve toujours de l'alkali végétal ou de l'alkali minéral. Ce feld-spath compacte qui constitue ainsi le fond de cette roche, est masqué en outre par beaucoup de fer dans un état d'oxidation qui en a déterminé les couleurs; et c'est du milieu de ce mélange qu'on voit sortir de toute part une multitude de beaux cristaux, souvent tres-purs, rarement colorés lorsque la roche est belle, qui sont le résultat de la réunion des molécules simillaires, à l'époque où ces matières étoient tenues en dissolution dans un fluide.

Si nous nous arrêtions à ces détails, nous n'aurions donné qu'une connaissance imparfaite de la pâte des porphyres; car il nous reste a examiner sa structure, ainsi que la nature des corps qui se sont glissés dans la substance du feld-spath compacte, ou plutôt qui y ont pris naissance par des combinaisons particulières, à l'époque de sa formation.

Pour arriver à ce but, faisons disparaître par la pensée, d'abord tous les cristaux de feld-spath, visibles à l'œil, qui forment une des parties constituantes des véritables porphyres; enlevons de même tout l'oxide de fer qui, comme un voile opaque de couleur noire, rouge, verte ou de tout autre nuance, enveloppe et cache les molécules pierreuses; que restera-t-il? Une substance feld-spatique formée de molécules fines et indéterminables, de molécules à très-petites lames, présentant des ébauches de cristallisation et de véritables cristaux microscopiques de feld-spath disséminés de toute part dans cette sorte d'amalgamme chimiquement homogène, mais mécaniquement d'une structure différente; au point que cette pâte seule pourrait en rigueur être considérée comme un porphyre, puisqu'elle est composée de tres-petits cristaux feld-spathiques engagés dans une base de feld-spath en molécules informes; et nous avons dans la nature des exemples de ce genre de formation de porphyres homogènes, composés seulement de cristaux de feld-spath bien prononcés, dans une pâte feld-spatique compacte.

Jusques-là tout peut se comprendre sans beaucoup de peine, parce que tout est simple; mais dans le grand système de formation des porphyres contemporains des granits, cette opération, sujète à des modifications variées, a dû plus d'une fois se compliquer par l'intervention, la surabondance, ou même par l'absence de quelques-unes des parties constituantes, ou par les combinaisons diverses et nouvelles qui ont eu lieu assez fréquemment dans ces sortes d'actes chimiques; et c'est ici que nous devons nous appuyer d'exemples, afin qu'on puisse plus facilement nous comprendre.

Ainsi, supposons que dans quelques places particulières, les différentes terres propres à produire le feld-spath se fussent combinées avec la potasse ou la soude, pendant que le fer en exces, trouvant de la terre quartzeuse et de la chaux, libres ou unies à un peu de terre magnésienne, aurait formé une seconde combinaison; celle par exemple qui aurait donné naissance à l'hornblende, dont les parties constituantes sont dues à ces mêmes terres, n'est-il pas vrai alors qu'une double combinaison aurait eu lieu dans un même dissolvant, qui aurait permis aux molécules diverses de se mélanger à mesure qu'elles se précipitaient et que la masse prenait de la consistance.

Le porphyre qui se serait formé par un tel mélange, renfermerait donc de l'hornblende; mais si celle-ci se trouvait divisée en molécules très-fines, elle coloreroit en noir plus ou moins foncé, ou quelquefois en noir un peu verdâtre, la pâte de ce porphyre, sans qu'on pût distinguer bien positivement si cette couleur serait due directement à cette substance : il n'y aurait qu'un œil très-exercé capable de le reconnaître.

Si la cristallisation, au contraire, avait eu lieu dans un milieu tranquille, l'hornblende se montrerait alors en petites lames écailleuses, et serait facile à reconnaître malgré son mélange avec le feld-spath; mais quand même son intervention sous cette forme cacherait en partie les molecules feld-spatiques, la roche n'en serait pas moins porphyritique, et celui qui lui donnerait dans ce cas un autre nom, commettrait incontestablement une erreur nuisible aux progrès de la science. C'est cependant ce qui est arrivé lorsqu'on a donné le nom de *siénite*, à un porphyre d'une formation analogue. De semblables déterminations font perdre le genre de vue, jettent de l'embarras sur la route, et coupant la liaison et l'enchaînement des faits, semblent avoir été inventés pour interdire à la pensée les conceptions qui naissent de cet accord dans la marche de la nature, et la juste admiration qui en résulte, relativement à la production de tant de merveilles.

Je pourrais rappeler d'autres exemples de combinaisons particulières et locales, qui ont donné naissances à quelques substances additionnelles dans les porphyres, sans en changer aucunement la nature; mais je crois que ce que je viens de dire à ce sujet suffira pour ceux qui ne bornent pas leurs recherches à de simples classifications, et qui cherchent à suivre la nature pas a pas dans les grandes opérations qui manifestent sa puissance; celles-ci portent de toutes parts l'empreinte de grands événemens, dont la recherche ne nous est point interdite, puisqu'ils se présentent de toute part aux regards de l'homme qui, de tous les êtres vivans, est le seul qui ait été doué de la faculté de les admirer et de les connaître.

Il est d'autres cas ou le mode d'aggrégation, de mélange, de cristallisation, dérivans des circonstances locales et du pouvoir plus ou moins actif du dissolvant, de la trop grande abondance de fer ou de chaux, ou de la trop petite quantité de tel ou de tel autre principe, a donné lieu à des modifications variées, qui ont disposé les parties élémentaires de la même roche, à prendre des formes incomplètes, et en quelque sorte ambiguës, et à ne se présenter que sous l'aspect d'un mélange confus de substances minérales diverses, qui paraissent indéterminables.

Mais c'est ici que le géologue qui a beaucoup vu, familiarisé avec la disposition, le gisement et la constitution des roches porphyritiques, se trouve avoir un grand avantage sur le minéralogiste qui se borne au seul examen des objets, abstraction faite des places qu'ils occupent dans la nature; le premier sait reconnaître et saisir aussitôt le fil de l'analogie, même dans les échantillons qu'on lui présenterait isolément;

Tandis que dans ces circonstances, les divers caractères extérieurs paraissant équivoques à celui qui n'a pas l'habitude des observations locales, l'induisent en erreur, et lui font considérer comme espèce, ce qui n'est souvent qu'une simple modification.

Le géologue, ferme sur les principes, et qui est accoutumé à suivre la nature pas à pas, ne voit au contraire dans de pareils morceaux, qu'une réunion de matières semblables à celles qui ont donné naissance aux véritables porphyres, mais dont le système d'arrangement n'est ni aussi complet ni aussi régulièrement ordonné, parce que tout s'est combiné, tout s'est formé trop promptement, dans une sorte de confusion, sans que le triage des substances minérales diverses ait eu le temps de se faire et même d'ébaucher les formes particulières qui leurs sont propres.

L'on comprend, d'apres cela, que ceux qui n'ayant pas l'expérience requise, ont formé de ces simples modifications des espèces, et les ont déterminées par des noms qu'il a fallu créer et qui ne portent que sur de fausses bases, n'ont fait que retarder les progrès de la science, non-seulement en la surchargeant de mots, le plus souvent d'un mauvais choix, mais en établissant des coupures là où la nature n'a tracé que de simples nuances.

C'est afin de ne pas m'écarter de la ligne qu'elle nous a indiquée, que je donne à ces dernières roches, lorsque leur position parmi les véritables porphyres, le mélange de leur composition, les indices de cristallisation, et au besoin leur analyse, ne permettent pas de les placer autre part que dans le genre dont elles ne sont que des modifications; c'est alors, dis-je, que je leur donne, pour les distinguer, le nom de *roches porphyroïdes*, afin de rappeler constamment l'idée qu'elle dépendent des porphyres et qu'elles appartiennent au même systeme de formation; mais que ce ne sont en quelque sorte que des porphyres ébauchés, quant à la structure, quoiqu'en général leurs parties élémentaires soient les mêmes que celles qui ont donné naissance aux porphyres proprement dits.

J'aurais beaucoup d'observations à faire encore sur cet objet, en appuyant ce que j'avance par de nouveaux exemples; mais je suis borné ici par l'espace; j'ai lieu de croire d'ailleurs que j'en ai dit assez pour que les bons esprits puissent en faire l'application aux diverses circonstances dont j'aurais voulu pouvoir développer ici les résultats. Au surplus, le chapitre relatif aux *roches de trapps*, suppléera à ce qu'il resterait peut-être à exposer pour le complement des vues générales sur les porphyres.

---

## Tableau *des principales espèces et variétés de porphyres.*

---

### §. I.er

### *Des porphyres proprement dits.*

#### PORPHYRE ROUGE ANTIQUE, PORPHYRE D'ÉGYPTE.

*Pâte de feld-spath très-dure, colorée en rouge pourpre par du fer oxidé; cristaux de feld-spath blancs, compactes, assez souvent nuancés de rose, quelques points d'hornblende noire.*

Cette belle variété de porphyre fut recherchée de tout temps par les anciens, en raison de sa grande dureté, de sa couleur riche et pourprée, et du poli brillant qu'elle reçoit; l'action de l'air a très-peu de prise sur elle, même pendant de longues suites de siecles, ainsi que l'attestent des monumens égyptiens d'une haute antiquité, qui existent encore dans un état parfait de conservation; c'est pourquoi les Grecs et les Romains, dont les vues se dirigeaient sans cesse vers la postérité, ne manquèrent jamais de faire usage de cette belle matière dans leurs temples les plus remarquables, et dans les édifices publics, toujours alliant la solidité au luxe de la magnificence.

Il est à propos d'observer relativement à l'emploi du porphyre dont il s'agit dans les arts, qu'on regarde comme le plus parfait celui dont le fond d'un rouge pourpre un peu rosé, est bien égal; et pour qu'il ne laisse rien à désirer, il importe que les cristaux de feld-spath compacte soient du plus beau blanc, et qu'ils y soient en outre disséminés de la manière la plus égale. Un porphyre rouge qui réunit toutes ces qualités, est en général peu commun, et d'un prix élevé, surtout lorsque les pièces sont un peu grandes.

Les carrieres de porphyre rouge, dit antique, existent non loin du mont Sinai; le désert entre le Nil et la mer Rouge, d'après M. Rosières, habile minéralogiste de l'expédition d'Egypte, est très-riche en porphyre de cette qualité.

## II.

Le meme, *avec des taches dont quelques-unes sont rondes, oblongues, quelquefois anguleuses et dont la couleur est beaucoup plus pâle.*

Ces taches doivent leur naissance à un mode

ticulier dans le système de cristallisation, qui semble se rapprocher plutôt du granit que du porphyre dans ces places particulières qui ont l'aspect de taches, ce qui peut tenir à la quantité trop faible d'oxide de fer, ou à une plus grande abondance de terre quartzeuse. Ferber s'est certainement trompé en disant, dans ses Lettres sur l'Italie, qu'on pouvait considérer les taches qui se rencontrent dans quelques porphyres rouges, comme des fragmens de porphyre d'un autre couleur qui auraient été enveloppés à la manière des brèches.

On trouve dans les lieux ci-dessous désignés, ainsi que dans bien d'autres pays, des porphyres plus ou moins rouges, qui se rapprochent jusqu'à un certain point du porphyre rouge égyptien, sans en avoir toutes les qualités, mais qui néanmoins peuvent être employés avec beaucoup d'avantage dans les arts.

1.° En Corse;

2.° Dans les environs de Cordoue;

3.° Dans diverses parties de la montagne de l'Esterelle, entre Frejus et la Napoule;

4.° A une très-petite distance du Meaupas, à trois lieues de Chagny, dans l'ancienne Bourgogne;

5.° Dans les environs de Limoges. Cette variété de porphyre rougeâtre est remarquable, en ce que, nonobstant la multitude de petits cristaux de feld-spath dont elle est semée, on y voit encore, d'espace en espace, de gros cristaux dont plusieurs ont plus d'un pouce de grandeur, d'un feld-spath lamelleux, demi-transparent, qui a une sorte d'éclat brillant dans sa cassure, et qui renferme quelques points d'hornblende noire.

### III.

### PORPHYRE ROUGEATRE

*Pâte formée d'un feld-spath compacte de couleur grise foncée, un peu translucide, grands cristaux bien prononcés de feld-spath, dont le système général est en parallélipipèdes rectangles; couleur d'un blanc-jaunâtre lègèrement lavé de rouge; en outre autres cristaux très-petits et de forme irrégulière, d'un feld-spath limpide qui a l'apparence quartzeuse.*

Cette belle variété de porphyre, remarquable par la grandeur et la netteté des cristaux, se trouve à trois lieues de Roane, en remontant la Loire; les carrières sont très-abondantes et près du bord de cette rivière; de manière que, dans les débordemens, les eaux entraînent beaucoup de pièces détachées de ce porphyre qui, perdent leurs angles et s'arrondissant par la rapidité des courans. Il serait facile et peu dispendieux de faire venir à Paris par la Loire, par le canal de Briare et la Seine, de belles masses de ce porphyre, dont on pourrait faire usage pour la décoration et la durée des monumens publics.

## IV.

*Porphyre analogue à celui décrit dans le n.° ci-dessus, quant à la grandeur et à la régularité des cristaux.*

La pâte qui forme le fond de la pierre ne présente d'autre différence que dans le ton de couleur, qui est d'un brun plus foncé et plus généralement égal. Ces cristaux ressortent, d'une manière frappante, sur ce beau fond; et ceux-ci sont eux-mêmes très-remarquables par le feld-spath dont ils sont formés, qui a d'une part de légères marbrures, produites par un peu de la substance de la pâte qui a été entraînée et enveloppée par la cristallisation; de l'autre, par leur couleur blanche recouverte d'une teinte légère d'un rouge-rose très-agréable à l'œil: on voit aussi dans le fond de la roche quelques points d'hornblende noire.

Ce beau porphyre, qui fut trouvé sous forme de cailloux roullé, oblong, on ne sait par qui, ni dans quel lieu, fut scié en plusieurs plaques; un des morceaux passa dans le commerce, et M. Dedré, beau-frère de Dolomieu, en fit l'acquisition et le placa dans son riche cabinet. Ce porphyre m'a paru si bien prononcé, que j'ai l'ai fait dessiner en couleur, avec l'agrément de M. Dedré, par M. Cloquet, un de nos plus habiles dessinateurs en histoire naturelle, et je l'ai fait graver comme exemple afin d'en donner une idée exacte. *Voy. planche XX.*

En comparant ce porphyre avec ceux des bords de la Loire, dans les environs de Roane, la ressemblance qu'il a avec ces derniers, me fait présumer qu'il pourrait bien avoir été recueilli dans cette rivière, et sa forme arrondie sembleroit confirmer cette conjecture.

### V.

### PORPHYRE A PATE DE FELD-SPATH COMPACTE D'UN GRIS FONCÉ UN PEU ROUGEATRE;

*Cristaux de feld-spath blancs, faiblement lavés d'une teinte légère d'un rouge un peu jaunâtre, en gros parallélipipèdes largement espacés; avec d'autres petits cristaux informes très-rapprochés et d'un même feld-spath; pinite noire en lames et en cristaux hexagones, quelquefois d'un jaune métallique; avec quelques cristaux de quartz demi-transparent, formés en général de deux pyramides hexagonales, jointes base à base.*

Cette variété de porphyre, qui renferme dans

sa pâte deux substances additionnelles, le quartz cristallisé à deux pointes, et la pinite, est très-remarquable par là; cette composition rapproche jusqu a un certain point ce porphyre de quelques granits, dans lesquels on a trouvé également la pinite et le quartz en petits cristaux analogues.

Je recueillis moi-même plusieurs beaux échantillons de ce porphyre, entre *Sauliev* et *Pierre-écrite*, en Bourgogne, dans un filon tres-épais de cette roche encaissé dans un véritable granit bien caractérisé; la carrière en avait été ouverte à peu de distance de la voie publique, pour ferrer le chemin.

## VI.

### PORPHYRE NOIR-VERDATRE ANTIQUE.

*Feld-spath compacte d'un noir lavé de couleur vert bouteille clair; cristaux de feld-spath de grandeur moyenne, dont les uns sont blancs, les autres légèrement colorés en vert.*

C'est ici le porphyre vert antique par excellence (*le porphydo verde antico orientale*), des Italiens, qu'il ne faut pas confondre avec l'o*phite* ou *serpentin*.

On voit a Paris deux magnifiques colonnes de

*porphyre vert*, dans une des galeries des statues antiques du Musée Napoléon. Elles furent apportées d'Aix-la-Chapelle, et tirées de l'église bâtie par les ordres de Charlemagne, et où l'on croit que cet empereur a été enseveli. L'on sait, par l'histoire, que ce grand conquérant fit venir de Ravennes de belles colonnes de granits, de porphyres et des plus beaux marbres antiques, pour décorer son palais et la principale église qu'il fit construire, dans le lieu où il transporta le siége principal de son empire. Le veritable *porphyre vert antique* est en général très-rare, et les carrières n'en sont point connues.

## VII.

### OPHITE OU PORPHYRE VERT, DIT SERPENTIN ANTIQUE;

*Base de feld-spath compacte, de couleur vert-olive, passant quelquefois au vert-foncé; cristaux de feld-spath blancs légèrement lavés de vert; en parallélipipèdes plus ou moins réguliers; quelques petites lames d'hornblende noire disséminées dans le feld-spath compacte.*

La plus belle variété d'*ophite* est celle qui sur un fond d'un vert agréable et pur, mais peu foncé, présente une multitude de cristaux de grosseur moyenne, semés avec une sorte de régularité, dont la couleur est plutôt blanche que verdâtre. Un porphyre serpentin qui réunirait ces qualités serait d'autant plus estimé, que sa dureté et son poli en releveraient encore plus l'éclat; il est à presumer que c'est d'une variété aussi pure que Pline a entendu parler, lorsqu'il a dit, dans le livre XXXVI, chapitre 7 de son Histoire naturelle *Neque ex ophite columnæ, nisi parvæ admodum, inveniuntur*.

L'on croit que c'est de l'Egypte que les Grecs et les Romains tiraient le porphyre serpentin vert qu'ils employaient dans leurs monumens; mais comme la Corse a des carrières de ce porphyre, et que cette île fut sous la domination des Romains, il est à présumer que la matière y étant abondante, et le transport par mer facile, ils n'auront pas manqué de puiser dans des carrières aussi voisines d'eux.

On trouve des globules de calcédoines blanches demi-transparentes, quelquefois un peu rougeâtres, dans la pâte verte de certains morceaux d'*ophite*; de parcils accidens rendent les echantillons qui les renferment précieux pour les naturalistes, et comme ils sont en général assez rares, ils sont fort recherchés. Quelques personnes ont cru que ce n'est que dans le serpentin ou ophite de la plus ancienne roche, qu'on trouve de pareils globules calcédonieux, ce qui les distingue du porphyre serpentin de Corse, qui n'en contient jamais. Je n'ai pas été à portée de vérifier ce fait sur les carrières même de Corse, où les masses sont plus volumineuses, je puis dire cependant que les échantillons particuliers venus de cette île, dont j'ai vu un assez grand nombre, étaient tous dépourvus de globules calcédonieux.

Ces globules calcédonieux dans le porphyre, sont en parfaite analogie avec ceux que l'on trouve dans quelques variétés de trapps, et ils forment une induction de plus qui tend à démontrer que la base des porphyres est formée d'une pâte semblable à celle des trapps, ou si l'on aime mieux, qui confirme l'opinion que j'ai émise depuis si long-temps, que les trapps ne sont eux-mêmes qu'une roche feld-spatique compacte, voilée par un excès d'oxide de fer, et qu'il est plusieurs cas où ces trapps, qui se présentent sous un aspect homogène, ont cependant les caractères intrinsèques des porphyres; car si après avoir fait scier et polir certaines espèces dures, on les observe à la loupe, on distingue dans quelques-unes une multitude de très-petits cristaux de feld-spath formés en parallélipipèdes, qui échappent à la vue simple, et qui ne permettraient pas de classer rigoureusement ces trapps autre part que parmi les roches porphyritiques;

c'est ce que je développerai plus particulièrement dans le chapitre où je traiterai des roches de trapps.

Une autre variété de porphyre vert rapprochée du serpentin, se trouve en France dans les montagnes des Vosges. Les carrières en sont à la *Chevetrey*, sur *les hauteurs de Fresle;* elle est employée avec succès dans les arts, et l'on en voit quelques beaux ouvrages dans divers cabinets de Paris. Son fond est d'un vert très-foncé qui tire sur le noir; les cristaux de feld-spath de grandeur moyenne et disséminés d'une manière assez égale en général, sont d'un blanc verdâtre, et marbrés; le fond de la pierre est semé en outre d'une multitude de points et quelquefois de petites taches d'hornblende noire, qui ne nuiraient point à l'effet, si elles étaient d'une matière dure propre à recevoir le poli; mais cette hornblende est malheureusement tendre et terreuse, ce qui produit de petits creux peu sensibles à la vérité, mais qui, formant des solutions de continuité lorsqu'on observe ce porphyre dans le sens du poli, en altérent jusqu'à un certain point l'éclat : sans ce défaut, cette matière serait très-belle, et l'on pourrait en tirer un parti avantageux dans les arts.

Ce porphyre des Vosges offre, sous un autre point de vue, un fait analogue à celui dont j'ai fait mention relativement au serpentin antique, c'est-à-dire qu'on y trouve quelquefois des globules quartzeux d'un beau blanc, qui ont un aspect calcédonieux et la même dureté que la calcédoine, mais qui sont un peu moins transparens. Ces globules se trouvent à côté d'autres corps plus ou moins sphériques disséminés dans la pâte de ce porphyre, dont les uns sont formés d'un mélange de terre siliceuse et de matière calcaire, et font une légere effervescence avec l'acide nitrique, tandis que d'autres sont entièrement composés de spath calcaire, ce qui donne à la pâte de ce porphyre, dans les parties où ces globules sont un peu rapprochés, l'aspect et les caractères d'une véritable amigdaloides à base de trapp, qu'on trouve en si grande abondance dans les environs d'Oberstein et ailleurs.

L'on exploite encore dans les Vosges, sur le lieu dit le *Renard de Fresle*, *en Comté*, une autre variété de porphyre vert, mais qui diffère de la précédente, en ce que le feld-spath, au lieu d'être en cristaux, est disposé en taches blanches irrégulières et si rapprochées les unes des autres, que la pâte qui forme le fond de ce porphyre, ne se voit, pour ainsi dire, que par linéamens, la pâte étant cachée en partie; c'est probablement par cette raison qu'à la manufacture de la Mouline, où on le travaille, on lui a donné le nom impropre de *granit vert des Vosges*.

Comme il recoit un beau poli, on en fait des tables, des vases, des fûts de colonnes, des socles, et autres ouvrages estimés.

Il existe dans les Pyrénées et dans les environs de *Saint-Béat* un porphyre à fond vert, analogue à celui du *Renard de Fresle*, dans les Vosges; la différence qui les distingue, dérive du fond de ce porphyre des Pyrénées, qui est beaucoup plus apparent, et semé de plusieurs petits points d'hornblende noire; les taches blanches offrent des ébauches de cristaux, et elles sont formées de deux sortes de feld-spath, l'une opaque et d'un blanc mat, l'autre, demi-transparente et vitreuse: elles sont plus grandes et ont l'apparence d'un quartz un peu gras. L'ensemble de ce porphyre produit un bel effet, tant par sa dureté, sa solidité, que par le poli égal qu'il est susceptible de recevoir.

## VII.

### PORPHYRES A FOND NOIR ET A CRISTAUX DE FELD-SPATH COMPACTE BLANC.

### OBSERVATIONS.

Les porphyres noirs, particulièrement ceux que les Egyptiens, les Grecs et les Romains ont employé pour des ouvrages de choix, sont ceux dont le fond ou la pâte est du noir le plus foncé, du ton le plus égal, et dont les cristaux de feld-spath compactes sont les plus blancs possible et nettement séparés du fond, de maniere que les bords soient bien distincts et n'aient participé en rien de la couleur noire. Des porphyres de cette nature sont extrêmement rares; on en connaît deux varietes distinctes; l'une, dont les cristaux en parallélipipèdes sont d'une grandeur à peu près égale à ceux de l'ophite; aussi lui a-t-on donné quelquefois le nom de serpentin noir antique; il reçoit le poli le plus éclatant. La seconde variété a le fond d'un noir aussi foncé que le précédent; mais en l'observant au grand jour dans le sens du poli, ou dans les cassures fraiches, on y distingue une nuance extrêmement légère, qui tend un peu au vert. Les taches blanches de feld-spath compacte sont bien pures, mais les cristaux ne sont pas si régulièrement prononcés; ils sont beaucoup plus allongés; quelques-uns se terminent en équerre, d'autres en angles aigus; et, loin d'être espacés d'une manière aussi égale, ils se confondent souvent, et forment, en se réunissant, de très-grandes taches blanches. L'hornblende noire, qui a déterminé la couleur du fond, est beaucoup plus lamelleuse et luisante dans les cassures, que dans la variété première, où elle est en molécules très-fines.

La classification exacte des porphyres noirs nous met dans le cas de ne pas omettre de faire mention ici d'une troisième variété de porphyre à fond noir et à taches blanches, sur laquelle tous les minéralogistes ont gardé le silence; c'est un porphyre qui peut le disputer aux deux premiers, tant pour la couleur, la dureté et le poli, mais dont la base, au lieu de tenir sa couleur noire de l'hornblende, la doit à une modification particuliere du fer; ce métal s'étant uni ou combiné avec le feld-spath compacte, qui constitue la pâte de ce porphyre, en a formé un véritable trapp.

Cette explication préliminaire m'a paru nécessaire pour me faire mieux comprendre dans les phrases descriptives que je vais donner des diverses variétés de porphyres noirs.

### PREMIÈRE VARIÉTÉ.

*Porphyre noir et blanc d'Égypte (ophite noir et blanc), d'une couleur foncée, égale; cristaux de feld-spath blanc, en parallélipipède, allongés, disséminés d'une manière assez régulière sur le fond noir; cassure compacte, molécules fines, serrées, formées d'un mélange de feld-spath et d'hornblende noire très-divisée, mais qui a conservé un aspect luisant.*

Ce porphyre prend le poli le plus éclatant;

c'est parce que les Egyptiens l'ont employé, et qu'il est à croire que les carrières ou les blocs isolés qui l'ont fourni devoient être dans le pays, qu'il est convenable de le désigner sous le nom de *porphyre noir et blanc d'Egypte*. J'ai observé la composition de celui-ci, sur une portion d'une coupe égyptienne, qui porte un cordon d'hyéroglyphes, et qui est d'une haute antiquité. Ce morceau est de mon cabinet; je le tiens de l'amitié de feu de M. de Cambry, homme de lettres et savant des plus modestes et des plus estimables.

### DEUXIÈME VARIÉTÉ.

*Porphyre à fond noir, à cristaux de feldspath blanc, plus grands et beaucoup moins réguliers que ceux de la variété précédente, souvent resserrés et croisés, de manière à former de grandes taches à contours anguleux; cassure lamelleuse et luisante, résultant de l'hornblende noire, un peu verdâtre, qui abonde dans la pâte de ce porphyre, qui reçoit un beau poli.*

Nous ne connaissons point les carrières de cette seconde variété de porphyre à fond noir et à taches blanches; nous savons seulement qu'elle est rare, et qu'on en trouve quelques fragmens dans les monumens antiques de Rome et de la Grèce, mais rarement en gros morceaux.

## TROISIÈME VARIÉTÉ.

*Porphyre à base de trapp noir, à cristaux de feld-spath blancs, compactes, quelques-uns un peu transparens en parallélipipèdes, de grandeur moyenne, d'un poli aussi beau que les précédens, cassure fine, d'un noir foncé mat.*

Je fus conduit à reconnaître que la base de ce porphyre était de trapp, en observant, il y a près de vingt ans, les roches trappéennes des environs de *Renaison*, dans l'ancien Forez, qui sont d'une belle pâte et du noir le plus foncé. Tantot ces trapps sont parfaitement homogènes et ne renferment rien d'apparent; tantôt des parties de la même roche laissent voir quelques cristaux de feld-spath blancs, qui se montrent d'espace en espace, et augmentent ensuite en nombre, de manière à former la transition la moins équivoque du trapp au porphyre noir et blanc, d'une très-belle qualite, et recevant le poli le plus égal et le plus brillant.

J'en possède dans ma collection des échantillons très-remarquables, ou toutes les nuances de ce passage sont parfaitement caractérisées.

J'ai reconnu depuis lors des porphyres qui ont une pâte analogue, dans quelques parties des montagnes de l'*Esterelle*, et dans celles de l'ancien Palatinat, du côté d'*Oberstein et de Kirn*, ainsi que dans le pays de *Hesse-Darmstadt.* Quelques variétés de porphyres des Vosges à ſond noir et a petits points de feld-spath blancs, ont une base semblable.

Lorsque j'ai des doutes sur la nature de la pâte d'un porphyre noir, voici la méthode dont je fais usage pour les lever : j'emploie un échantillon poli sur une face ; je le place dans le fond d'une soucoupe dans laquelle j'ai verse trois ou quatre lignes d'acide sulfureux, affaibli par trois parties d'eau ; je retire la pierre vingt-quatre heures après, et lorsqu'elle a été bien lavée dans de l'eau pure, il faut la laisser sécher. Si la pâte est de trapp, la couleur noire du fond disparaîtra, et passera au gris très-faible tirant sur le blanc, sans que le poli en soit altéré. En enlevant ainsi le voile qui cachait les élémens de la pierre, on verra que la pâte d'un tel porphyre est un feld-spath compacte, et s'il se trouvait dans cette pâte quelques petits cristaux de feld-spath ou quelques points d'hornblende, on les distinguerait avec la plus grande facilité, ce qu'il eût été impossible de faire auparavant.

Il est à observer que la couleur n'est enlevée qu'à une très-légère épaisseur en ne laissant la pierre que vingt-quatre heures dans l'acide affaibli; mais si on voulait qu'il mordît davantage, il faudrait ne retirer le porphyre qu'au bout de trois ou quatre jours, et augmenter même un peu l'acide. Si la base qu'on cherche à reconnaître est colorée par de l'hornblende, l'acide sulfureux ne l'attaque en aucune manière.

J'ai dans ma collection une suite très-instructive de diverses roches porphyritiques, et même de plusieurs laves compactes que j'ai soumises à cette expérience bien simple, mais très-propre à répandre beaucoup de jour sur la nature de diverses pierres. Ce sont ces motifs qui excuseront la longueur de ces détails.

---

## ROCHES PORPHYROÏDES.

J'ai cru devoir donner le nom de *porphyroïdes* à certaines roches composées des mêmes substances que les véritables porphyres, mais dont les molécules constituantes se sont précipitées d'une manière trop prompte, en se mélangeant et se réunissant dans une sorte de désordre et de confusion qui a brouillé les principaux caractères propres à chacune de ces substances. L'on observe aussi dans ce même genre de roche des systèmes particuliers de cristallisation qui semblent s'écarter de la marche ordinaire des porphyres et qui ont donné quelquefois naissance a des sphères rayonnantes formées par des cristaux de feld-spath divergeant du centre à la circonférence, et s'épanouissant en rosaces plus ou moins grandes, plus ou moins régulières.

D'autres fois l'on observe le feld-spath qui s'est formé en linéamens plutôt qu'en cristaux, imitant des bâtons rompus, se croisant en hachures, se réunissant en cristaux, ou se distribuant en espèce de *méandres*.

Ces dispositions particulières sembleraient au premier aspect devoir éloigner ces roches des véritables porphyres dont les caractères extérieurs ont un aspect différent; mais lorsqu'on porte un œil attentif à leur examen, lorsqu'on a observé le gisement de ces roches situées au milieu même des porphyres, ainsi que les nuances qui conduisent des unes aux autres, et que pardessus tout l'analyse y retrouve les mêmes principes, il ne faut plus douter que leur origine ne soit commune.

Cependant si malgré ces rapports, j'ai cru devoir donner un nom particulier à ce genre de roche, je n'ai eu d'autre intention que celle de rappeler des caractères de formes qui existent en grand dans la nature, et nullement des limites là où il n'y en eut jamais, et afin qu'on ne se trompe pas sur ce motif, j'ai tiré du nom générique de *porphyre*, celui de roche *porphyroïde*, afin qu'en rappelant par là le genre, on ne le perde point de vue, et qu'on ne suppose pas que j'établis deux époques de formation dans des roches chimiquement homogènes, qui ont une seule et même origine.

Je vais décrire à présent quelques roches porphyroïdes, afin de placer l'exemple à côté du précepte.

## I.

### ROCHE PORPHYROÏDE GLOBULEUSE DE CORSE.

*A base de feld-spath compacte brun marbrée de rouge, renfermant de gros noyaux sphériques de feld-spath couleur de chair, disposés en aiguilles inégales pressées les unes contre les autres, et divergeant du centre à la circonférence.*

J'ai cru ne pouvoir donner une idée bien exacte de cette rare et singulière roche, qu'en faisant graver en couleur naturelle, d'après le dessin le plus exact, un des échantillons coupé et poli que je possède dans mon cabinet, et que je tiens de M. Rampasse, qui en rapporta plusieurs de Corse, et dit les avoir trouvé au pied de *Monte-Pertu-*

*sato*, une des dépendance de la chaîne du *Niolo*. (Voyez la planche XXI).

Le fond de cette belle roche porphyroïde est d'un brun foncé, sur lequel une multitude de petites taches de formes variables, et d'un rouge un peu jaunâtre, sont disséminées et font un effet agréable. Elles pénètrent dans toute l'épaisseur de la pierre, et sont dues probablement à l'oxidation du fer qui est en grande abondance dans la pâte feld-spathique de la roche; mais cet état d'oxidation n'a que faiblement altéré sa dureté et n'empêche point la pierre de recevoir un assez beau poli.

C'est au milieu de ce fond et de cette pâte tachetée de brun et de rouge, que des corps sphériques, dont quelques-uns ont un pouce, un pouce et demi et jusqu'à trois pouces de diamètre, ont pris naissance. Plusieurs sont parfaitement ronds, quelques-uns oblongs, et en général assez rapprochés les uns des autres; ils ont l'aspect de boules ou de géodes intérieurement solides, étroitement enveloppées dans la pâte, comme si celle-ci s'en fut emparée lorsqu'elle était dans un état de mollesse.

Mais si l'on inclinait à expliquer la chose ainsi, on tomberait dans la même erreur commise par M. Daubenton, lorsqu'il voulut appliquer ce système de formation au granit orbiculaire de Corse qui, de même que notre roche porphyroide globuleuse, n'est que le résultat d'un mode particulier de cristallisation dont on trouve un assez grand nombre d'exemples dans diverses substances minérales pierreuses.

Pour bien reconnaître l'organisation intérieure de ces boules, et s'assurer de la manière dont elles ont été formées, il faut nécessairement faire couper avec le fil de fer et l'émeril quelques plaques de la roche, de manière à pouvoir atteindre, s'il est possible, le milieu des corps globuleux; il faut ensuite les faire simplement *doucir* et non polir, ce qui est préférable pour cette espèce de roche et en rend les traits plus nets et plus purs.

L'on distingue très-bien alors que l'intérieur de ces boules n'est composé que de feld-spath compacte d'un blanc lavé de rose, disposé en rayons qui ne sont que des ébauches de cristaux, se terminant en pointes aiguës et divergeant du centre à la circonférence. Une enveloppe d'une ligne environ d'épaisseur de feld-spath de la même couleur entoure les sphères, et lorsque le trait de scie les a partagées, cette enveloppe offre une ligne circulaire qui entoure et circonscrit chaque disque et lui sert d'encadrement: ces espèces de rosaces produisent alors un très-bel effet, et s'il était possible d'obtenir de grandes pièces de cette roche pour les faire scier en table ou les tourner en vase, elle formerait une des plus belles matières propres à être employées dans les arts (1).

## II.

## VARIÉTÉ DE LA MÊME ROCHE,

*A petits globules rapprochés les uns des autres, offrant le même système de formation.*

On trouve, d'après M. Rampasse, cette variété dans diverses parties de la chaîne du *Niolo*, en Corse; elle est beaucoup moins rare que la précédente, mais elle est très-curieuse, parce qu'on distingue très-bien dans les cassures le mode de formation des globules qui sont le résultat d'un système particulier de cristallisation. L'oxidation du fer ayant diminué en général la force de cohésion de cette roche, il est difficile d'en obtenir de grandes pièces. La même cause a donné lieu à des nuances de couleurs différentes; la grandeur des globules n'excède guères quatre à cinq lignes de diamètre.

---

(1) M. de Drée, qui possède un si beau vase de granit globuleux de Corse, a pu se procurer assez de roche porphyroïde orbiculaire, pour en former une petite pyramide. On assure que M. Mathieu, capitaine d'artillerie en Corse, et bon minéralogiste, en a trouvé de gros blocs, et qu'il s'empressera d'en faire connaître le vrai gisement.

Leur formation a un grand rapport avec celles des véritables variolites de la Durance; mais leur cristallisation est plus fortement prononcée que celle de ces dernières, dont nous ferons mention au chapitre des roches talqueuses et stéatitiques.

## III.

### ROCHE PORPHYROÏDE A BASE CALCAIRE,

*Spath calcaire légèrement jaunâtre, avec de très-petits cristaux de feld-spath limpides, du col du Bon-Homme, et du petit Saint-Bernard, département du Mont-Blanc*

Cette pierre, qui existe en petites couches ou filons entre des lits de *gneiss*, au col du *Bon-Homme* et au *petit Saint-Bernard*, dans le département du Mont-Blanc, est formée d'un calcaire spathique à pâte fine, de la nature du marbre, et d'une couleur analogue à celle du jaune de siéne mais beaucoup plus pâle. C'est dans cette pâte qu'on distingue une multitude de très-petits cristaux de feld-spath limpides, dont plusieurs sont en parallélipipèdes; mais comme leur transparence les fait paraître de la même couleur que celle du calcaire un peu jaunâtre au milieu duquel ils se sont formés, il est assez difficile de les reconnaître au premier abord; il faut, si l'on veut bien les apercevoir, faire polir la pierre sur une de ses faces, et comme les petits cristaux de feld-spath ont plus de dureté que le calcaire, ils forment alors une légère saillie, lorsque la pierre est polie, qui les fait distinguer, sur-tout lorsqu'on les observe dans le sens du poli.

Ce genre particulier de pierre à base calcaire et à cristaux de feld-spath, peut être considéré comme d'une même origine que le calcaire cypolin ou celui qui renferme de l'hornblende, et il n'en diffère que parce que les petits cristaux de feld-spath s'y sont formés et s'y sont cristallisés assez régulièrement; or comme ce caractère rapproche jusqu'à un certain point cette pierre des roches porphyroïdes, nous avons cru devoir la placer dans cette section comme tenant, quant à l'époque, au même système de formation; car sans cela, il eût été peut-être plus régulier de la laisser dans celle du calcaire ancien dont j'ai formé une section particulière, pag. 159, §. III: au surplus, rien n'empêche de la remettre dans cette place si l'on juge la chose plus convenable.

---

## IV.

### ROCHE PORPHYROÏDE A FOND VERT,

*Avec des ébauches de cristaux, des linéamens ou des grains de feld-spath blancs, rouges, bruns ou de toutes autres couleurs, quelquefois avec des grains de quartz ou de petits globules de spath calcaire.*

C'est pour éviter des détails trop minutieux sur les nombreuses variétés des roches porphyroïdes à fond vert, que j'ai cherché à les réunir autant qu'il a été possible dans une même phrase de manière à pouvoir classer les analogues ou les variétés qui y ont rapport d'après les considérations relatives à ces variétés.

Ainsi les roches porphyroïdes vertes qu'on trouve sur une des pentes de la montagne de l'*Esterelle*, en se dirigeant vers la *Napoule*, ont pour base une pâte d'un vert d'herbe, avec une multitude de points, et quelquefois de très-petits cristaux d'un feld-spath compacte d'un beau rouge de brique, à côté desquels on distingue d'autres points de feld-spath blanchâtres, demi-transparens, et quelques grains de quartz limpides. Ce genre de composition de roche porphyroïde a l'aspect d'une brèche porphyritique à très-petits grains; mais en l'observant avec beaucoup d'attention sur les lieux et sur divers échantillons, on voit qu'elle a été formée en place, et qu'elle est le résultat d'une précipitation tumultueuse des divers principes constituans des porphyres; et il est plus convenable, d'après cela, de lui assigner sa place ici que parmi les brèches porphyritiques à petits grains anguleux.

Il en existe en Corse une variété beaucoup plus belle encore que celle de l'Esterelle, en ce qu'elle a une plus grande force de cohésion dans ses parties constituantes, qui peuvent toutes recevoir un beau poli, et dont les divers tons de couleurs sont plus variés.

Un autre roche porphyroïde d'un vert-bleuâtre, qui occupe un grand espace, est celle qu'on trouve sur la côte du Bosphore de Thrace, depuis Constantinople jusqu'à l'entrée de la mer Noire, et dont les îles Cyanées sont formées en partie. On distingue dans la pâte en général un peu altérée de cette roche, le feld-spath blanc compacte, tantôt en grains irréguliers, tantôt en lignes minces et confuses, assez souvent en petits parallélipipèdes, et l'on y trouve en même-temps des globules d'agates et de quartz calcédonieux.

Une variété semblable et renfermant les mêmes substances existe sur la montagne du *Galgenberg*, d'ou l'on tire les agates qu'on travaille à *Idar* et à *Oberstein*, dans l'ancien Palatinat.

Je vais passer à présent aux autres variétés de roches porphyroïdes que je ne désignerai que par les couleurs les plus remarquables et par les lieux principaux de leurs gisemens; il sera facile d'en rapporter la structure et les modifications, aux diverses variétés sur lesquelles je viens de donner des détails; j'abrégerai par là des descriptions naturellement arides, et j'éviterai des répétitions trop monotones.

## V.

### ROCHE PORPHYROÏDE A FOND GRIS,

*A grains de feld-spath d'un blanc plus ou moins pur; renfermant aussi quelquefois des grains de quartz.*

Le ton de couleur de cette variété passe par presque toutes les nuances de gris, depuis le plus faible jusqu'au plus foncé; on en trouve même quelquefois dont le gris-pâle a une teinte légère de lilas.

Cette roche porphyroïde existe,

A Bade, où les collines qui entourent la jolie petite vallée des bains en sont en partie formées.

Dans les environs des salines de Creuznach, etc.

## VI.

### ROCHE PORPHYROÏDE A FOND VIOLATRE,

*Avec des aiguilles ou des grains de feld-spath.*

A l'Esterelle, sur les pentes de la montagne, du côté de la Napoule.

Au fond de la vallée dite *dei Zuccanti*, Dans celle dite *dei Mercanti*, } dans le Vicentin.

Dans les environs de Creuznach.

Sur les collines de Rechenbach, et sur quelques-unes de celles du pays d'Oberstein, etc.

## VII.

### ROCHE PORPHYROÏDE A FOND NOIR,

*Grains et linéamens de feld-spath blancs, quelquefois avec de petits grains ou des globules de spath calcaire.*

Dans quelques collines entre Kirn et Oberstein.

Sur les escarpemens du fond de la vallée *dei Zuccanti*, dans le Vicentin, où cette roche renferme quelquefois de la *stilbite* rouge et un peu de spath calcaire blanc.

A *il Traitto*, du côté de Schio, dans le Vicentin.

A *Fascha*, dans le Haut-Tyrol, etc.

## APPENDICE.

1.° Brèche de porphyre;
*Id.* Porphyroide;
2.° Poudingue porphyritique;
*Id.* Porphyroïde;
3.° Sable porphyritique;
4.° Grès porphyritique.

---

## *Des diverses substances minérales ou métalliques qui se trouvent quelquefois dans les porphyres ou dans les roches porphyroïdes.*

### I.

### OPALE D'UN BLANC LAITEUX,

*Sans reflet de couleur, dans un véritable porphyre à fond noir.*

Je possède un échantillon d'un beau volume de cette opale laiteuse, sur un porphyre à base de trapp noir, avec une multitude de petits cristaux de feld-spath blanc : celle-ci vient d'Allemagne.

## II.

### OPALE NOBLE.

*Réfléchissant les couleurs de l'iris; opale dite orientale.*

C'est dans un véritable porphyre, qui entre en décomposition, qu'on trouve l'opale dont il s'agit, non - seulement à *Czernizka* non loin de *Perjes*, mais à *Telkobanya*, dans la Haute-Hongrie.

Plusieurs minéralogistes, et notamment M. le chevalier de Born, ont écrit que la gangue des belles opales de Hongrie, était *une terre argileuse grise et jaunâtre mêlée de sable* (1); d'autres n'ont rien dit sur le gisement ni sur la nature des substances terreuses ou pierreuses qui renferment les opales : quelques-uns ont copié de Born.

Mais le fait est que cette prétendue argile grise

---

(1) Catalogue méthodique et raisonné de la collection des fossiles de mademoiselle Eléonore de Raab, par M. de Born, tom. I.er pag. 82.

et jaunâtre, mélangée de sable, n'est autre chose que le produit de la décomposition d'une véritable roche porphyritique, dont on peut suivre progressivement tous les degrés d'altération.

Je possède dans ma collection trois beaux échantillons d'opale de première qualité; la roche qui les renferme est le porphyre le mieux caractérisé, formé d'une multitude de petits cristaux configurés en parallélipipèdes, et d'une pâte de feld-spath riche en fer, dont l'oxidation a fait passer la couleur au gris violâtre clair, sans trop altérer sa dureté.

La pâte du second a éprouvé un degré de plus de décomposition, et l'oxide de fer a pris une couleur d'un brun foncé jaunâtre; enfin le troisième, plus altéré encore, a une sorte d'aspect argileux, sa couleur est d'un jaune-rougeâtre, la matière est tendre, mais les cristaux de feld-spath ont conservé leur forme, du moins en partie, et on les distingue au milieu de la substance porphyritique d'apparence terreuse.

J'ai cru qu'il était nécessaire d'entrer dans tous ces détails pour faire voir combien l'on a besoin d'être circonspect lorsqu'on observe isolément les substances minérales dans un état d'altération voisin de la décomposition; il est beaucoup plus simple dans ce cas de suspendre son opinion, excepté qu'on ne préfère, ce qui vaut beaucoup mieux, d'aller étudier et suivre la nature en place; car ce n'est que de cette manière qu'on se met à portée d'examiner de proche en proche les divers degrés d'altération que peuvent avoir éprouvé certaines roches, et qu'on remonte pas à pas, pour ainsi dire, jusqu'a la source première, c'est-à-dire jusqu'à la roche pure et non altérée qui nous apprend à reconnaître la filiation de celles qui se présentaient à nos yeux sous des livrées trompeuses.

III.

CALCÉDOINE GLOBULEUSE,

*Diaphane, quelquefois légèrement lavée d'une couleur rougeâtre, engagée dans la pâte du porphyre vert, dit serpentin antique.*

IV.

CALCÉDOINE BLANCHE,

*Opaque, en globules, accompagnés d'autres petits globules de spath calcaire blanc; dans un porphyre d'un vert foncé, des Vosges.*

Cet accident, dans le porphyre des Vosges, est très-rare; et c'est, à ce que je crois, la première fois qu'il en est fait mention. J'en possède un fort bel échantillon dans mon cabinet, et que je trouvai par hasard dans une collection complète de toutes les roches des montagnes des Vosges, que je fis venir directement des lieux.

## V.

### CALCÉDOINE, AGATE, JASPE ROUGE, QUARTZ LIMPIDE, SPATH CALCAIRE LAMINAIRE,

*Réunis en un seul morceau plus grand que la largeur de la main, dans un porphyre altéré, des environs d'Oberstein.*

La réunion des différentes matieres qui composent cette belle pierre, et qui forment un seul corps dur et susceptible de recevoir le poli, n'a point eu lieu par infiltration; elle tient au même systeme de formation qui a donné naissance à la roche porphyritique, c'est-à-dire que la matière quartzeuse se trouvant surabondante dans cette partie, et étant tenue en dissolution avec le fer et la chaux, il en est résulté les combinaisons qui ont produit la calcédoine, l'agate, le jaspe; l'excédent de la terre siliceuse s'est séparé en quartz limpide, et celui de la chaux s'unissant à l'acide carbonique, s'est cristallisé en spath calcaire laminaire.

J'ai recueilli moi-même ce morceau instructif sur les lieux, et j'en ai fait couper et polir deux belles plaques où l'on distingue parfaitement les diverses substances minérales dont il est formé.

## VI.

### SILEX DEMI-TRANSPARENT,

*D'un brun-clair sur les bords, plus foncé vers le milieu, d'un très-beau poli et de la grosseur d'une noix, dans un porphyre rouge antique d'Egypte.*

J'ai observé cet accident remarquable sur un beau vase de porphyre rouge antique du superbe cabinet de M. le baron de Horn.

Je possède dans ma collection une plaque de porphyre rouge de brique de l'Esterelle, qui renferme une substance siliceuse analogue à celle du vase de M. de Horn, mais d'une grosseur plus considérable, et d'une couleur d'un gris clair lavé d'une légère teinte un peu violâtre. Cette matière a reçu un beau poli; la pâte en est fine, et a l'aspect un peu feld-spathique; cependant des fragmens soumis à l'action long-temps soutenue du chalumeau, n'ont manifesté aucun signe de fusion.

## VII.

### FELD-SPATH BLANC, DE LA VARIÉTÉ DU FELD-SPATH ADULAIRE,

*Cristallisé et demi-transparent, avec amianthe flexible, sur un porphyre d'un gris-verdâtre a petits cristaux de feld-spath blancs, des Pyrénées.*

## VIII.

### PREHNITE D'UN VERT CLAIR JAUNATRE,

*Demi-transparente, dans un porphyre à fond brun, avec des cristaux en parallélipipèdes de feld-spath blanc.*

C'est auprès du hameau de *Rechemback*, à trois lieues environ d'Oberstein, où je trouvai la prehnite en place, inhérente à un porphyre qui entre en décomposition. C'est dans le même gisement qu'on observe de la prehnite qui renferme du cuivre natif, et quelquefois du cuivre oxidé qui colore en vert la même substance minérale.

## IX.

### STILBITE ROUGE EN RAYONS DIVERGENS,

*Dans une roche porphyroïde à fond noir, de la vallée* dei Zuccanti, *du côté de Schio, dans le Vicentin.*

On trouve souvent à côté de la stilbite rouge, du spath calcaire laminaire blanc et brillant; la pâte noire qui sert de base à la roche porphyroïde, est pénétrée quelquefois de petits linéamens de spath calcaire : on y distingue aussi des grains et quelques petits cristaux de feld-spath blanc.

## X.

### STILBITE ROUGE EN LAMES NACRÉES,

*Dans un porphyre d'Adelfors, en Suède.*

Cette variété est dans un porphyre à base de trapp noir foncé, avec des cristaux de feld-spath et d'autres cristaux d'hornblende; on y voit aussi quelques globules de spath calcaire blanc.

## XI.

### CUIVRE MURIATÉ COMPACTE,

*D'une belle couleur verte, dans un porphyre du cap de Gates.*

La base de ce porphyre est d'un brun-jaunâtre; les cristaux de feld-spath sont blancs et en petits parallélipipèdes allongés : l'on y voit aussi des cristaux d'hornblende noire.

Telles sont les principales substances minérales et métalliques qu'on trouve dans les roches porphyritiques. Il est probable qu'il en existe d'autres qui ne me sont pas connues; mais je possède toutes celles dont je viens de faire mention, à l'exception seulement du noyau siliceux qui est dans le porphyre rouge antique du vase du cabinet de M. le baron de Horn, à Paris.

# CHAPITRE VI.

## DES TRAPPS ET DES ROCHES TRAPPÉENNES.

### VUES GÉNÉRALES.

LA nature, qui dans une des grandes révolutions qu'elle a éprouvée, a formé les granits et les porphyres, paraît avoir à la même époque donné naissance au système de composition des roches trappéennes.

Il est effrayant, pour l'imagination de l'homme, de se représenter le tableau de tant d'immenses déplacemens de matières livrées à la fureur des flots, de la dissolution générale de ces substances, des combinaisons et de lois physiques auxquelles elles ont été soumises, des précipitations rapides, lentes, interrompues ou prolongées, qui ont donné lieu à tant d'accumulations de matières minérales diverses qui occupent à présent en étendue et en profondeur une grande partie du globe terrestre.

Cependant les faits sont-là ! Les caractères et les accessoires qui les entourent sont si remarquables, si propres à être saisis lorsqu'on prend la peine de les étudier, et en même temps si constamment en rapport, sous certains points de vue, avec la marche présente de la nature, qu'il faudrait pour ainsi dire faire abnégation de l'usage de ses sens et de sa raison, pour se refuser a reconnaître que les matériaux nombreux et variés qui ont servi à la formation de tant de chaînes granitiques et porphyritiques, ont dû nécessairement exister sous un autre mode, avant qu'une dissolution générale et complète, n'eût entièrement fait disparaître les formes et les caractères dont ces corps étaient revêtus avant cette grande et antique catastrophe.

Occupons-nous à réunir ici les preuves propres à démontrer que les roches de trapp datent de la même époque, et tâchons en même temps de débrouiller cette partie difficile de la minéralogie qui a donné lieu à plusieurs erreurs, et surtout qui a fait enfanter une multitude de noms aussi en opposition avec la langue francaise qu'ils le sont avec la raison, et dont on aurait pu sans doute se passer facilement, si dans le commencement on se fût occupé à suivre la marche de la nature, au lieu de s'obstiner à fabriquer des méthodes artificielles dans le cabinet.

J'exposai dans le livre que je publiai en 1788, sur l'histoire naturelle des roches de trapp, les motifs qui durent me déterminer par égard et par respect pour la mémoire de Cronstedt et de Wallérius, à conserver ce nom suédois donné à ce genre de pierre, que ces deux célèbres minéralogistes firent connaître les premiers d'une manière aussi précise qu'il était possible de le faire, à une époque ou la chimie peu avancée, ne prêtait encore aucun appui à la connaissance exacte des minéraux par le moyen de l'analyse.

Les trapps étant des pierres composées de diverses substances minérales dont les combinaisons et les modifications ont éprouvé quelquefois des variétés, il en est résulté quelques différences de formes, de contexture, de couleur, de dureté, qui ont jeté jusqu'à présent une sorte d'ambiguité et d'incertitude sur quelques-unes de ces substances pierreusess.

Trompés ou séduits par ces fausses apparences, quelques minéralogistes ont formé, pour ainsi dire, autant de pierres particulières qu'il y a de ces variétés de trapp dans la nature, et cela parce qu'ils ont travaillé sur des échantillons isolés. Cette fausse marche, en multipliant les noms, n'a fait qu'augmenter les embarras et multiplier les difficultés, en même temps qu'elle a éloigné du vrai but ceux même qui faisaient des efforts pour y atteindre.

D'une autre part la ressemblance extérieure de certaines variétés de trapp decouleur noire et à pâte compacte, avec les laves prismatiques ou irrégulières, a fait confondre les unes avec les autres. De là quelques minéralogistes d'Allemagne et de Saxe, recommandables d'ailleurs par beaucoup de savoir, mais habitués à considérer avec raison les trapps comme formés par les eaux de la mer, ont donné une origine semblable à de véritables laves prismatiques compactes, ou à d'autres laves analogues de formes irrégulières, qui sont incontestablement l'ouvrage du feu, et ont été mises en fusion; tandis que d'autres, dans un sens entièrement opposé, très-partisans de la doctrine des volcans brûlans et de celle des volcans éteints, ont cru en observant des trapps isolés, et même en les examinant en place, qu'ils étaient, ainsi que que les véritables laves, les produits des feux souterrains. De là un double mal-entendu qui a donné lieu à des contestations.

Une opposition aussi formelle dans la manière de voir, tient, si l'on veut en rechercher la cause de bonne-foi, à ce que les uns et les autres n'ont pas mis assez de constance dans leurs recherches, et ne se sont pas assez appliqués à l'examen des caractères différentiels qui séparent les trapps des basaltes *et vicè versa;* caractères qui sont plus que suffisans pour démontrer que les uns (les trapps) sont du domaine de Neptune, et que les laves compactes, soit qu'elles soient prismatiques ou non, doivent rester dans celui de Vulcain. J'avais toujours cru qu'il fallait laisser au temps à réunir les opinions et à les rendre unanimes; et en effet j'ai vu plusieurs savans estimables de l'école neptunienne et qui ont fait honneur par leurs lumières à celle de Werner, dont ils étaient les disciples, revenir à la doctrine des volcanistes, et je pourrais en citer plusieurs qui jouissent d'une réputation bien méritée.

Mon but n'est pas d'entrer ici en lice avec le très-petit nombre de ceux qui veulent rester constamment attachés à leur première et ancienne manière de voir; ils en sont bien incontestablement les maîtres. Mais il entre daus la marche que je me suis prescrite en géologie, de suivre la méthode qui me paraît la plus propre à conduire tôt ou tard à la vérité, et qui est en même temps la plus simple, c'est-à-dire *la méthode naturelle.* Or, celle-ci exige que j'établisse les différences très-remarquables qui existent entre les véritables trapps et les véritables basaltes, ces derniers n'étant pour moi que des laves compactes, soit qu'ils aient une forme prismatique, soit qu'ils en soient privés.

## §. I.er

### *De quelques caractères distinctifs entre les laves compactes basaltiques et les trapps.*

Un caractère distinctif très-remarquable entre les trapps et les laves basaltiques, est celui de la différence que l'on observe dans le verre que l'on obtient des uns et des autres, lorsqu'on les soumets à l'action d un feu qui les fait entrer en fusion.

Pour parvenir à ce but, il ne s'agit que de se procurer deux creusets un peu forts, tels que ceux dont on se sert dans les verreries pour les essais de composition ; l'on metra dans l'un deux ou trois livres de trapp grossièrement concassé et sans addition d'aucune autre substance ; dans l'autre, le même poid de lave compacte basaltique, et on les placera sans les couvrir à l'entrée d'un fourneau de verrerie, en les exposant graduellement à l'action d'une forte chaleur ; on les laisse ainsi pendant six heures environ ; il faut beaucoup moins de temps sans doute pour faire entrer dans un état complet de fusion, l'une et l'autre substance ; mais il est à propos de soutenir cet état pendant cette durée de temps.

Les creusets retirés et refroidis, le verre de la lave basaltique est du noir le plus foncé et le plus brillant, en même temps qu'il est très-opaque; celui provenu du trapp est au contraire transparent, d'une couleur verdâtre plus ou moins foncée : j'en ai obtenu quelquefois qui se rapprochait du verre à vitre ordinaire, par sa couleur et sa transparence.

Un second caractère distinctif entre les deux substances dont il s'agit, c'est qu'en général presque toutes les laves compactes basaltiques de toutes les contrées, soit européennes, asiatiques, africaines, ou du continent de l'Amérique, contiennent des *péridots granuleux* ou *chrysolites des volcans*, et il est rare en général de trouver de ces laves qui en soient entièrement dépourvues; mais il est sans exemple qu'on en ait jamais rencontré un seul atome dans un véritable trapp.

On peut considérer comme un troisième caractère celui qui tient à la dureté de la lave basaltique, bien supérieure en général à celle du trapp. En faisant scier et polir un trapp et un basalte, on est encore mieux à portée de juger des différences de dureté, par la différence de temps et la plus grande quantité d'émeril qu'il faut employer pour la lave prismatique. Enfin, si l'on compare l'état de leurs polis, l'un a quelque chose de vitreux que n'a pas celui du trapp; la surface de ce dernier, observée à la loupe, offre très-souvent de très-petits cristaux de feld-spath en parallélipipèdes que le poli fait ressortir, tandis que la lave basaltique examinée de la même manière, présente assez ordinairement des espèces de petits pores provenant de la sublimation des gaz, et quelquefois des retraits linéaires qui paraissent être le résultat de la déperdition du calorique à l'époque du refroidissement de la matière.

Enfin, un quatrième caractère est celui qui tient au magnétisme polaire, dont les prismes de lave basaltique, non altérés, sont doués, ce que l'on peut voir en faisant usage d'une aiguille faiblement aimantée, ainsi que l'a très-bien observé M. Haüy, tandis que les trapps n'agissent que par attraction sur la même aiguille.

Entendons cet illustre physicien nous tracer lui-même la manière dont il faut procéder pour reconnaître le magnétisme des basaltes (1).

« J'ai employé pour éprouver les basaltes sur » ce point de vue, une aiguille d'une faible vertu, » comme dans les expériences relatives aux mines » de fer, et j'ai trouvé que quand je faisais mou- » voir une des surfaces d'un morceau de basalte, » vis-à-vis une des extrémités de cette aiguille, » de manière qu'elle présente successivement à » celle-ci ses différens points, je parvenais à ob- » tenir une répulsion; remarquant ensuite le » point qui avait repoussé l'aiguille, je le présen- » tais à l'extrémité opposée, et il y avait attrac- » tion. Ayant essayé de produire les mêmes effets » avec des morceaux de roche cornéenne (2) et » des cristaux d'amphiboles, de grenats, j'ai bien

---

(1) Je ne me sers ici du mot de *basalte*, que comme synonyme de lave compacte prismatique, et même de lave compacte amorphe, car le *basalte égyptien*, ainsi que je l'ai déjà dit, n'est qu'un granit noir à très-petits grains.

(2) M. Haüy considère le trapp comme une variété de la roche cornéenne. Voyez tom. IV, pag. 434 de son Traité de minéralogie.

» remarqué qu'une partie de ces corps agissaient » par attraction sur l'aiguille; mais il n'y avait » point de répulsion, et ainsi ces minéraux diffé» raient des basaltes en ce qu'ils n'avaient point » comme ceux-ci le magnétisme polaire. Or, on » conçoit aisément dans l'opinion des volcanistes, » comment les basaltes, qui sont souvent chargés » de fer (il me semble qu'il eût été plus exact peut» être de dire, *qui sont toujours chargés de fer*, » du moins lorsqu'il ne sont point altérés), ayant » éprouvés une dilatation par l'action du feu, » cette circonstance a dû diminuer la force coër» citive, et faciliter la décomposition du fluide » magnétique et le mouvement interne des fluides » composans, dans lequel consiste le passage à » l'état de magnétisme polaire ». *Traité de minéralogie*, *tom. IV*, *pag.* 485.

Les caractères que je viens de faire connaître me paraissent suffisans pour ceux qui ne sont pas à portée de voyager, et qui sont obligés d'étudier les minéraux dans les collections. Comme ils deviennent inutiles pour les minéralogistes qui ont vu les laves ainsi que les roches trappéennes en place et qui ont pu les comparer, je m'en tiens pour abréger à ceux que je viens de rapporter et dont il est facile d'augmenter le nombre.

Il me reste à faire mention des gisemens de l'une et l'autre substance, parce qu'ils intéressent les géologues.

## §. II.

### *Du gisement des roches de trapps, comparé à celui des laves pierreuses, ou laves compactes basaltiques.*

C'est en général dans le voisinage des roches porphyritiques, souvent même sur la ligne qui leur sert de confins, qu'on trouve les grands gisemens de roches trappéennes.

Les trapps des environs de *Kirn* vont se rattacher aux porphyres des environs de *Creuznach*, et ceux du pays d'*Oberstein* à cette chaîne de montagnes porphyritiques qui se prolonge jusqu'au-delà de *Reschenbach*. Les trapps des environs de Darmstadt ont une disposition analogue; il en est de même de ceux du Bourbonnais et du Forez où le système de gisement dont il est question est des plus remarquables, particulièrement auprès de *Renaison*.

Si l'on parcourt la montagne de l'*Esterelle* et les alentours de cet énorme colosse de porphyre, on voit les trapps qui se sont appuyés non-seulement autour de sa base, mais qui se sont adossés quelquefois sur des parties plus exhaussées.

Ayant été à portée dans mes voyages d'observer, tant en France qu'en Allemagne, en Angleterre, en Italie et ailleurs, de grands dépôts de trapps, je pourrais rapporter ici plusieurs autres exemples analogues à ceux que je viens de rappeler; mais ceux-ci me paraissent suffisans pour prouver que la marche de la nature est en général uniforme dans ce genre de formation; et dès-lors il paraît évident que les roches de cette nature doivent être considérées comme contemporaines de celles des granits et des porphyres.

En effet, comment cela pourrait-il être autrement, puisque la pâte qui sert de base aux porphyres n'est composée que des mêmes élémens que celles des trapps, et si dans quelques circonstances particulières on trouve certaines variétés de porphyre dont la pâte est formée d'hornblende noire, j'ai déjà fait remarquer dans le chapitre qui traite des porphyres que celle-ci n'est jamais pure et qu'elle est toujours alliée au feld-spath compacte mêlé de fer plus ou moins oxidé qui constitue la base de ces porphyres.

En traitant des grandes stratifications et du gisement des granits, des porphyres et même du calcaire, dont l'ensemble forme la croûte du globe, et s'élève sur divers points en hautes montagnes, j'ai dit combien leur existence annonçait une antiquité reculée; je dois ajouter que leur état présent atteste une suite de révolutions postérieures. Certainement les témoignages qui en résnltent ne sont ni hypothétiques ni imaginaires, puisque les caractères en sont profondément gravés sur toutes les faces de ces montagnes, et qu'il n'est pas dit que les vallées elles-mêmes creusées dans le centre des grandes chaînes ne soient pas l'ouvrage de ces révolutions.

Comment pourrait-on expliquer autrement que par des déplacemens subits, inattendus et terribles des eaux de la mer, ces épouvantables renversement dans l'assiette première de tant de montagnes si solidement établies, et portant sur d'aussi profondes et d'aussi vastes bases; comment concevoir différemment ces déchirures qui les sillonnent en tant de manière, ces détroits qui coupent et qui traversent dans toute leur épaisseur de doubles et de triples chaînes de montagnes dont les immenses débris réduits en brèches, roulés en galets, arrondis en poudingues, ou atténués en grains sablonneux, sont venus rehausser le fond des vallées, donner naissance à des montagnes d'un nouvel ordre, et repousser dans quelques cas les mers elles-mêmes, lorsqu'après ces terribles secousses et les commotions qui en résultaient, les eaux venaient reprendre leur calme et leur premier équilibre.

Ce tableau simple mais fidèle, copié sévèrement sur la nature d'après les faits, se trouve répeté en diverses manières, mais toujours avec des effets terribles, dans les Alpes, dans les Pyrénées, dans les Appenins, dans les chaînes du Tyrol, etc. (1), les Andes de la Cordillère embrâsées par les feux nombreux des volcans, et en proie dans ces circonstances à la submersion et aux ravages des mers en courroux, qui se sont élevées au-dessus de leurs cimes, ne portent-elles pas aussi de toutes parts les empreintes de terribles renversemens et d'une double catastrophe. La même cause qui a ébranlé tant de montagnes ayant agi sur les roches de trapps, en a transporté de même les débris sous forme de brèche, de poudingue, ou de dépôts terreux; il est même assez vraisemblable que

(1) Du côté de l'Adriatique, les Alpes tyroliennes offrent une étroite et longue coupure profondément excavée dans le roc vif, qui s'ouvre presque en face de la petite ville de *Gemona*, se prolonge jusqu'à *Villach*, et coupe la chaîne entière jusqu'à *Clagenfurth*. Ce long détroit, qui a plus de vingt-cinq lieues de longueur, et au milieu duquel coule un simple torrent, n'a qu'une petite largeur où deux voitures ont de la peine à passer dans plusieurs parties : les bancs de rochers sont les mêmes de part et d'autres. Cette coupure étroite sert de communication entre l'Italie et l'Autriche. Les débris immenses arrachés de ce détroit à l'époque où la mer l'excava, prirent leur direction du côté de l'Adriatique; c'est-là qu'on les retrouve et qu'on les reconnaît : ils ont exhaussé ou peut-être formé la vaste plaine depuis Udine jusqu'à Padoue, Vicence, etc.

dans certains cas, des eaux saturées de gaz se sont emparées de ces terres de transport et les ont dissoutes en tout ou en partie. Dès-lors rien n'a empêché que la précipitation de ces matières n'ait eu lieu sous forme de sédimens solides, ou même de consolidation pierreuse; mais ces espèces de trapps secondaires doivent leur naissance aux premiers, et cette formation n'est en quelque sorte qu'un accessoire accidentel qui dépend d'une cause perturbatrice. On ne saurait apporter une trop grande attention à cette distinction, afin de ne pas perdre la ligne de filiation qui unit ces faits, sans cela on courrait risque de tomber dans l'arbitraire et dans le vague, ou de s'égarer complètement.

Ces sortes de trapps remaniés ainsi par les eaux fournissent donc encore un surcroît de preuves, puisqu'ils attestent d'une part l'existence première des roches trappéennes qui ont fourni les matériaux de ces trapps d'alluvions, ce qu'on ne saurait trop répéter; de l'autre, elles démontrent que de grandes révolutions postérieures à celles qui ont contribué à la formation des granits, des porphyres et des roches de trapps ont eu lieu, et ne sauraient être raisonnablement contestées que par ceux qui ne veulent ou ne savent pas observer la nature.

Les preuves de ces grands cataclysmes jaillissent pour ainsi dire de toute part, non-seulement dans cette circonstance, mais dans une foule d'autres faits posterieurs à ceux-ci, et qui se sont peut-être même souvent répétés.

Nous ne sommes pas encore suffisamment exercés à méditer sur ces grands objets, parceque nos modes d'enseignement dans l'étude des connaissances minéralogiques sont trop artificiels, trop minutieux, et en quelque sorte trop étroits; que les nomenclatures multipliées à l'excès, et puisées dans des langues en opposition avec la nôtre, tuent la science au lieu de la faire prospérer, et la rendent dégoûtante pour la majorité des hommes éclairés, qui ne cessent de s'en plaindre depuis la perte du grand Buffon.

L'étude de la géologie, qui touche de si près à tant d'objets dignes de nous intéresser, n'atteint ce but qu'en raison des applications et des résultats qu'elle présente; les dédommagemens des peines, des travaux et des voyages qu'elle exige, se trouvent dans les lumières qu'elle répand sur des faits qui dissipent l'erreur en agrandissant le domaine de la pensée. Ces faits se liant les uns aux autres et formant une chaîne non interompue où tout se rattache, roulent dans un cercle uniforme, et ce que nous appelons des dérangemens ne sont pour la nature qu'un renouvellement de puissance et de productions dans un ordre différent.

Ce que j'avais à dire des trapps secondaires m'a entraîné presque involontairement vers ces réflexions; je ne les effacerai point, puisqu'elles sont venues naturellement se placer ici, et qu'on peut les considérer comme une sorte d'épisode géologique propre à nous familiariser peu à peu avec ces grandes vérités.

Je n'aurais peut-être point parlé de la formation des trapps secondaires, si ce que j'ai observé dans les montagnes si remarquables, et en même temps si extraordinaires du *Derbischire*, ne m'avait mis dans le cas d'entrer dans quelques détails sur ce système de formation.

Les naturalistes qui ont lu ce que Ferber a écrit sur la minéralogie du Derbischire, ont vu combien ce savant se trouvait embarrassé à chaque pas en observant les trapps tantôt alternant avec des bancs calcaires qui renferment des mines de plomb en exploitation, tantôt ayant l'aspect de courans qui coupent transversalement des couches calcaires coquillères pleines d'*antrocites* et de *terrebrabulites*.

Une telle disposition qui semble être contraire au gisement ordinaire des trapps, avait en quelque sorte contraint le docteur Whitehurst à adopter l'opinion que ces trapps étaient de véritables laves, et il les considéra sous ce point de vue dans l'ouvrage qu'il publia à ce sujet (1).

---

(1) Sous le titre de, Inquiry into the original state and

Je m'étais procuré ce livre avant mon départ pour l'Angleterre, et je connaissais déjà le sentiment de ce savant lorsque j'eus le plaisir de le voir à Londres.

Comme je me proposais de visiter les montagnes du Derbischire, dans la persuasion où j'étais que ce pays avait été anciennement la proie des incendies souterrains, et que d'un autre côté le docteur Whitehurst, paraissait désirer vivement que j'examinasse dans son cabinet la collection qu'il avait formée sur les lieux, je me rendis avec empressement chez lui; mais ma surprise fut grande lorsqu'au lieu de voir des *laves;* je n'aperçus que des *trapps* si bien caractérisés, que je ne craignis pas de lui dire avec franchise què, dans tout ce qu'il venait de me montrer, rien n'était volcanique; j'appuiai mes raisons sur la différence des caractères extérieurs et des caractères physiques et chimiques; j'entrai avec lui dans d'autres détails qu'il serait trop long de rapporter ici, mais qui parurent l'étonner: la conclusion de cette entrevue fut qu'il était essentiel de voir les lieux avant de prononcer définitivement, et j'insistai moi-même sur cette détermination.

Cet excellent homme, qui joignait une grande

---

formation of the earth, etc. By Joh. Whitehurst. London, 1778, in-4.°, fig. 1 vol.

modestie au désir sincère de sortir de l'erreur, m'engagea très-instamment à le revoir à mon retour du voyage que je me proposais de faire dans un pays qui avait été l'objet de ses recherches.

J'étais sans doute bien éloigné de vouloir affliger en rien un savant à qui M. Franklin m'avait recommandé d'une manière très-particulière, et qui avait le premier fixé l'attention des naturalistes sur les belles et nombreuses substances minérales du Derbischire; mais en lui disant avec franchise ma façon de penser, j'étais bien assuré de plaire au plus vertueux et au plus estimable des quakers. Son ouvrage, en même temps qu'il renferme de belles observations, est très-recommandable par l'exactitude des dessins représentant les coupes et les inclinaisons des bancs des montagnes, ainsi que les divers gisemens des trapps et la marche des filons des mines en exploitations, qui font la richesse du pays. Le livre de M. Whitehurst mérite, sous ce point de vue, la reconnaissance des vrais savans, et l'on ne saurait s'en passer lorsqu'on va visiter cette intéressante contrée, une des plus remarquables des trois royaumes, et qui passe parmi le vulgaire pour une des sept merveilles de l'Angleterre.

Tout ce que M. Ferber a écrit d'intéressant sur le même pays, est presque entièrement puisé dans le livre de M. Whitehurst, ainsi que le minéralogiste allemand en convient lui-même.

Je parcourus donc, à mon retour d'Ecosse et des îles Hébrides, les lieux les plus remarquables et les plus intéressans du Derbischire (1), le livre de M. Whitehurst à la main; j'eus même le plaisir de rencontrer à Buxton un de ses disciples très-instruit qui partageait ses opinions, le docteur Pearson, qui voulut bien m'accompagner dans plusieurs parties de cette contrée; mais je fus de plus en plus confirmé dans l'opinion qu'il n'y avait absolument rien de volcanique, et que tout ce qui avait été pris jusqu'alors pour des laves, devait être considéré, du moins d'après ma manière de voir, pour de véritables trapps.

Mon opinion devait être regardée comme d'autant moins suspecte d'entêtement, que M. Whitehurst, ainsi que M. le docteur Pearson, savaient très-bien que l'histoire naturelle des productions volcaniques formait à cette époque l'objet favori de mes recherches, et que j'avais publié une minéralogie des volcans dans laquelle j'avais manifesté des opinions contraires à la manière de voir

---

(1) Voyez le Voyage en Angleterre, en Ecosse, aux îles Hébrides, et dans les montagnes du Derbischire, etc. que je publiai en 1797, pag. 318 et suiv.

des neptunistes; mais je ne devais me diriger que d'après les caractères des minéraux, et ne trouvant dans les trapps du Derbischire qu'une substance pierreuse fondant en verre demi-transparent, faiblement coloré et très - transparent lorsqu'on le soumettait à un feu plus soutenu, tandis que les laves fondent en verre du noir le plus foncé; d'autre part, que les trapps ne renfermant pas un atome de péridot, tandis que les laves en général en contiennent presque toutes, je devais ne considérer les productions du Derbischire que M. Whitehurst avait pris pour des laves, que comme des trapps dont la formation était due à l'eau et dont la composition était rapprochée des feld-spaths compactes, avec abondance de fer; qu'au surplus l'examen attentif des lieu ne présentait pas la plus légère indication des feux souterrains.

En rendant compte de mes observations à M. Whitehurts, j'ajoutai que toute la partie du Derbischire, particulièrement connue sous le nom du *peack*, présentait de toutes parts les effets d'une grande révolution qui avait principalement portée sur ce point en dérangeant et bouleversant la disposition première des couches; qu'on trouvait dans le même lieu des mines de charbon, de plomb, de calamine; du spath fluor de toutes les couleurs; des pyrites, des marbres noirs, des marbres gris, du calcaire tendre, du grès, du gypse compacte, du gypse strié, des cristaux de roches à deux pointes, de la Baryte, du cuivre, du calcaire coquillier renfermant des entroques et des terrebratules adhérentes à du *caoutchouc* ou résine élastique fossile; des couches de trapps alternant avec des bancs calcaires, ainsi que des trapps formant des ramifications et des espèces de filons au milieu de ces diverses substances; que tout caractérisait en un mot les résultats d'une ou de plusieurs révolutions terribles qui avaient entièrement changé la face du pays, et que les mêmes causes pouvaient donner, jusqu'à un certain point, l'explication du dérangement et de la disposition actuelle des couches et des filons de trapps (1).

Les roches de trapp doivent leur formation au fluide aqueux; les laves compactes, pierreuses, que quelques naturalistes ont préféré de désigner par le mot de *litoïdes*, comme si la langue française manquait de terme pour exprimer ce caractere; ces laves, disons-nous, qu'elles soient prismatiques ou non, sont l'ouvrage des incendies sou-

---

(1) Ces observations, avec lesquelles le géologue ne saurait trop se familiariser, sont applicables, jusqu'à un certain point, à quelques gisemens des roches trappéennes du pays de Kirn et d'Oberstein, où l'on observe des traces manifestes de grands bouleversemens. Voyez dans les Annales du Muséum d'histoire naturelle, pag. 293 du tome V.

terrains, ainsi qu'on pourra le voir plus amplement dans le chapitre qui traite de la classification des productions volcaniques.

Mais en même temps que je combats ceux qui ne veulent pas reconnaître les laves compactes pierreuses, les laves basaltiques, comme ayant été mises en fusion et comme ayant coulé à la manière des autres laves, je dois dire, et je ne saurais trop le répéter aux minéralogistes qui sont de cette opinion, qui est la bonne et paraît même incontestable, qu'il ne doivent pas donner une extension hors de mesure à cette manière de voir, et que quelques-uns ont eu tort de considérer des roches véritablement trappéennes comme volcaniques, ce qui prouve qu'ils n'ont pas observé les trapps en place, ou qu'ils les ont visités sans y apporter l'attention nécessaire (1).

Je terminerai ce paragraphe relatif au gisement des trapps comparé à celui des laves basaltiques, par les observations suivantes, sur lesquelles j'invite les minéralogistes neptuniens à vouloir bien apporter quelque attention.

La vaste étendue de la chaîne des Alpes de la France, de la Suisse, du Tyrol, etc. celle qui

---

(1) Un très-bon naturaliste francais, M. Brongnard, dans le Traité de minéralogie qu'il a publié, considère comme volcanique le pays d'Oberstein, qui ne l'est pas.

compose les Pyrénées et autres grandes montagnes de ce genre, renferment des trapps qui occupent des places dans ce grand système de formation; il y a même de ces trapps à de grandes hauteurs, mais l'on n'y trouve cependant jamais aucune trace de volcans soit anciens soit modernes.

Or, si les laves compactes, si les laves prismatiques, ainsi que le prétendent quelques naturalistes, en très-petit nombre à la vérité, sont le résultat du travail des eaux de la mer à l'époque où elle submergerait la terre, pourquoi les Alpes, pourquoi le Tyrol, pourquoi les Pyrénées dans toute leur étendue, sont si exclusivement et si complètement exemptes d'un semblable genre de formation? et pourquoi n'y a-t-on jamais trouvé la moindre indication de véritables basaltes, ni ces nombreuses et magnifiques colonnades de laves prismatiques répandues avec tant de profusion en *Irlande*, aux îles *Hébrides*, en *Allemagne*, en *Auvergne*, en *Vélay*, en *Vivarais*, dans le *Vicentin*, dans les monts *Euganéens*, et qui se répètent si souvent dans les îles *Eoliennes*, dans la *Campanie* et la *terre de Labour* et dans tant d'autres lieux connus sur diverses parties du globe terrestre.

## §. III.

### *Des principes constitutifs des trapps.*

La terre quartzeuse, la terre alumineuse, le fer, la chaux, la soude et un peu de magnésie, ont par leurs rapprochemens et leurs combinaisons donné naissance à la formation des roches trappéennes.

La terre du quartz entre pour près de moitié dans la constitution de cette roche composée; le fer pour un vingtième environ; l'alumine pour un onzième; la chaux de six à sept, la soude de trois à quatre, et la magnésie de deux à trois pour cent.

On trouve dans les roches porphyritiques, ainsi que dans les porphyroïdes, le même nombre de substances minérales, avec des proportions presque égales et très-peu variables. Ce rapprochement dérivant de l'analyse, est en rapport avec celui que présente la nature elle-même dans le gisement et le voisinage de ces roches contemporaines les unes des autres. Comme la soude entre constamment dans ce système de formation, il est à croire que cette substance saline est un des ingrédiens nécessaires à ce genre de composition.

Les géologues qui ne manqueront pas de fixer leur attention sur la quantité considérable d'alkali enchaînée dans les feld-spaths des granits, dans ceux des porphyres, dans ceux des roches porphyroïdes et dans les feld spaths compactes, ne verront pas avec indifférence ce même sel entrer encore dans la composition des roches de trapps.

Ce fait, digne de nos méditations, mérite d'être tenu en réserve jusqu'à l'époque où la géologie beaucoup plus avancée, et reposant sur les bases les plus solides, pourra s'occuper dignement et avec plus de certitude qu'auparavant de la théorie, c'est-à-dire de la partie véritablement philosophique de l'histoire naturelle des révolutions de la terre.

Je dois à M. Vauquelin les analyses suivantes, qu'il a bien voulu faire à ma demande, de deux espèces de trapps de Suède, que MM. les frères de Delluyart, excellens minéralogistes espagnols, eurent la bonté de recueillir pour moi, l'une à *Adelfors*, l'autre à *Norberg*; et d'une autre espèce que j'ai ramassée à *Kirn*, dans l'ancien Palatinat, pour servir d'objet de comparaison avec les trapps de Suède; enfin d'un trapp *amygdaloïde*, à globules de spath calcaire des environs d'*Oberstein*, dont je fis retirer tous les globules calcaires : l'analyse de cette dernière variété avait pour but de démontrer que la base des roches amigdaloïdes, était un véritable trapp. Voici le tableau comparatif de ces analyses.

| | Trapp d'Adelfors. | Trapp de Norberg. |
|---|---|---|
| Silice . . . . . . . . | 50, 6 | 42, |
| Alumine . . . . . . . | 11 | 11, |
| Chaux . . . . . . . . | 5 | 9, 3 |
| Magnésie . . . . . . | 4, 5 | 2, 4 |
| Fer . . . . . . . . . | 24 | 24, |
| Soude . . . . . . . . | 2 | 4, 3 |
| Perte par la calcination. | 2 | 2, |
| | 99, 1 | 95, |

| | Trapp de Kinn. | Trapp amygdaloïde. d'Oberstein. |
|---|---|---|
| Silice . . . . . . . . | 54 | 49 |
| Alumine . . . . . . . | 11, 6 | 18 |
| Chaux . . . . . . . . | 8, 6 | 5 |
| Magnésie . . . . . . | 1, | 1 |
| Fer . . . . . . . . . | 17, | 14 |
| Soude . . . . . . . . | 3, | 5 |
| Perte par la calcination. | 3, | 3 |
| | 98, 2 | 95 |

Ces analyses, faites avec beaucoup de soin par un de nos plus habiles chimistes, achevent de nous confirmer dans l'opinion que les roches de trapps doivent être considérées géologiquement comme si rapprochées des porphyres, qu'on pourrait les regarder en rigueur comme des intermédiaires entre ceux-ci et les roches auxquelles j'ai donné le nom de *roches porphyroïdes* ; on peut même dire que les parties constituantes des trapps offrent dans certaines circonstances des transitions qui les lient tantôt aux véritables porphyres, tantôt aux roches porphyroïdes.

Mais ce qui ne paraît pas équivoque, c'est que tout tend à prouver que leur formation tient absolument au même système que celui qui a produit les granits et les porphyres, c'est-à-dire date de cette époque reculée où toutes les substances variées et de nature différentes qui couvraient alors la surface entière du globe terrestre, furent tenues en dissolution par un fluide qui en effaça les formes premières, et les reproduisit sous un autre mode à l'aide des forces attractives, et du concours de toutes les combinaisons chimiques, et les réunit plus ou moins tranquillement d'après les lois de la pesanteur. Il résulta de l'ensemble de toutes ces causes des aggrégations cristallines plus ou moins variées, plus ou moins parfaites, et des mélanges de toute espèce, en raison de la puissance ou de la diminution de force des dissolvans, de l'activité ou des obstacles des causes physiques, de l'interruption ou de la reprise des actes chimiques, en un mot du concours général de tous les phénomènes qui durent précéder, suivre et terminer un des plus terribles et des plus grands accidens qu'ait éprouvé la terre que nous habitons.

D'autres traces de submersions et de déplacemens généraux ou partiels des eaux de la mer, qui ont succédé à des périodes de calme et de régénération; des terrains d'une grande étendue incendiés par des volcans, et nous montrant de toute part les traces les plus violentes du feu, sont autant d'épisodes subséquens qui ont eu lieu et paraissent s'être répétés plusieurs fois depuis l'époque antique de la formation des granits.

Comme il est en quelque sorte de l'essence de l'homme, de voir tout en lui, de rapporter tout à lui; l'amour de sa propre conservation semble lui avoir inspiré une sorte de repugnance à se livrer à des recherches et à des études qui d'apres une multitude de faits irrévocables, tendraient à lui présenter la nature plus occupée à détruire qu'à conserver; et dans ce cas, tout ce qui le conduirait à des vérités austères attachées à cet ordre de choses, lui fait détourner la vue, ou l'incite à en regarder les résultats comme des systèmes de l'imagination.

Mais pour la nature, détruire n'est que modifier ou changer les formes; et lorsque dans des périodes de calme nous la voyons donner naissance à chaque instant à des myriades d'êtres vivans, pouvons-nous nier qu'elle ne renverse et n'abatte en même temps, et sans interruption, au moins la moitié de son ouvrage? L'homme lui-même, dont la faiblesse redoute si fort toute idée de catastrophes, en est-il pour cela moins moissonné journellement et en detail lui-même par cette nature? Cette loi de destruction, si elle a un but, semble avoir celui d'accumuler les débris de tant de corps pour les destiner à reparaître sous de nouvelles formes, et à perpétuer ainsi la chaîne des reproductions.

---

## TABLEAU SYNOPTIQUE DES TRAPPS.

### I.

### *Couleurs.*

| | |
|---|---|
| 1. Noire.<br>2. D'un noir-grisâtre.<br>3. D'un gris foncé.<br>4. D'un gris clair.<br>5. D'un gris-jaunâtre.<br>6. D'un gris-verdâtre. | Ces différentes couleurs sont dues à un état particulier du fer, qui a produit toutes ces nuances sans altérer la dureté de la pierre. |
| 7. D'un vert-bleuâtre.<br>8. D'un jaune ocreux.<br>9. Couleur de lie-de-vin.<br>10. D'un brun-rougeâtre. | L'oxidation du fer, beaucoup plus avancée, a rendu les trapps friables et souvent terreux. |

### II.

### *Dispositions et gisemens.*

1. En bancs.

2. En couches peu épaisses qui, en se délitant, imitent des marches d'escalier.

3. En couches feuilletées.

4. En espèces de filons.

III.

*Configuration.*

1. Trapps prismatiques.

2. En petits prismes à trois, à quatre, rarement à cinq pans, jamais à six, ni à sept ni à huit côtés; ne renfermant dans aucun cas des grains de péridots ou chrysolite des volcans.

IV.

*Trapps amygdaloïdes, mandelstein des minéralogistes allemands, tood-ston des Ecossais.*

1. Amygdaloïdes avec des globules ou de gros noyaux d'agates, ronds, oblongs, quelquefois solides, quelquefois creux et renfermant diverses espèces de cristaux, quelquefois une substance bitumineuse noire qui brûle sans odeur ou qui n'en a qu'une très-faible.

2. Avec du Jaspe rouge, quelquefois verdâtre ou d'un vert foncé.

3. Avec des globules de quartz blanc demi-transparens.

4. *Id.* Avec des globules de véritable calcédoine.

5. *Id.* Avec de petits noyaux irréguliers d'une substance brune, ocreuse, quelquefois rougeâtre, provenant de la décomposition du fer sulfuré.

6. *Id.* Avec des globules d'une substance d'un vert foncé, douce au toucher, qui a beaucoup de rapport avec la terre verte de Véronne.

7. *Id.* Avec une multitude de globules ronds ou oblongs qui pénètrent de toute part dans l'intérieur du trapp : il arrive quelquefois que ces globules se détruisant par quelques causes accidentelles, ou par l'altération du spath calcaire, la pierre prend un aspect cellulaire, ce qui a induit en erreur quelques naturalistes qui ont regardé ces trapps en cet état comme des laves poreuses.

8. *Id.* Avec des globules ronds ou oblongs de spath calcaire blanc, demi-transparent, et des cristaux bien distincts de feld-spath compacte blanc, en parallélipipèdes, dans la pâte de l'amygdaloide, et à côté des globules de spath calcaire, sorte d'union très-remarquable qui tend à démontrer que les trapps amygdaloïdes sont d'une formation contemporaine à celle des porphyres et des roches porphyroïdes.

9. *Id.* Avec de petits globules de cuivre carbonaté bleu d'azur, et d'autres globules de ma-

lachites du plus beau vert, qui ne s'altèrent point à l'air et peuvent recevoir un poli brillant.

Cette amygdaloïde, qui renferme des globules de cuivre carbonaté, se trouve à mi-côte de la montagne du *Gaglienberg*, du côté d'*Idar*, département de la Sarthe, à côté d'une ancienne galerie abandonnée, dans laquelle on avait poursuivi un filon naturellement mélangé de cuivre et de calamine; j'ai recueilli moi-même cet échantillon à côté de beaucoup d'autres semblables (1).

10. Brèches de trapp, composées de la réunion d'une multitude de fragmens anguleux de roches trappéennes.

11. Poudingue de trapps; même aggrégation que ci-dessus, mais dont les fragmens sont usés et arrondis par les frottemens produits par le transport et les courans des eaux de la mer.

12. Grès de trapp, composés de la réunion intime d'une multitude de très petits fragmens plus ou moins granuleux de trapp de couleur grisâtre, quelquefois roussâtre ou brune, dont l'ensemble forme tantôt de grandes accumulations qui constituent des collines, tantôt des dépôts plus réguliers disposés en bancs, en couches ou en feuillets schisteux.

---

(1) *Vid.* Voyage géologique à Orberstein, inséré dans les Annales du Muséum, tome VI, page 53.

Le mot de *grès* que j'emploie ici en l'accompagnant de l'épithète qui caractérise sa nature, est une expression dont j'ai déja fait usage pour les autres roches, parce qu'elle rappelle l'état de plus grande division dans lequel on trouve les debris de ces roches et leur nouveau mode d'aggrégation et de gisement; cependant, dans le cas où la force de cohésion serait rompue ou n'aurait jamais eu lieu, il faudrait substituer le nom de sable de trapp à celui de grès.

Les mineurs allemands ont donné anciennement à ces sortes d'aggrégats, lorsqu'ils ont une certaine consistance, le nom de *grauwacke* (wacke grise), qu'il ont aussi appliqué à des détritus d'autres roches. Les minéralogistes du nord ont adopté cette dénomination, qui est dans l'esprit de leur langue, et peut très-bien leur convenir; mais lorsqu'on voit quelques minéralogistes français, qui n'ont pas la première idée de la richesse et des ressources de la langue allemande, s'emparer de ce mot rude pour le transmettre dans une langue aimable, aussi ennemie de toute obscurité aussi méthodique et aussi propre aux sciences que la langue francaise, ne croirait-on pas que ces hommes ont fait vœu de mélanger, d'amalgamer toutes les langues à la fois, afin que si cela dure, on ne s'entende plus ni sur les mots ni sur les choses.

## DE QUELQUES SUBSTANCES QU'ON TROUVE DANS LES ROCHES TRAPPÉENNES.

1.° *Cuivre natif*, dans les trapps de Reichenbach.

2.° *Cuivre carbonaté* bleu et vert, dans la montagne du Galgemberg.

3.° *Chabasie* cristallisée en cube, dans les trapps amigdaloïdes, près d'Oberstein, sur les bords de la *Nâhe*.

4.° *Harmotome*, dans la même roche et au même lieu que la chabasie.

5.° *Barite sulfatée*, dans les environs d'Oberstein.

6.° *Agates* d'espèces et de couleurs variées, tantôt compactes, tantôt en géodes, renfermant des cristallisations de quartz demi-transparent ou limpide, coloré quelquefois en violet, par le manganèse.

# CHAPITRE VIII.

## DES ROCHES MAGNESIENNES.

### VUES GÉNÉRALES.

Les *talcs* écailleux ou granuleux, les *stéatites* opaques ou demi-transparentes, les pierres onctueuses de la Chine, connues sous le nom de *pierre-de-lard;* les *serpentines* de couleur et de dureté différentes; les pierres *ollaires*, les *asbestes*, les *amiantes*, les *cuirs fossiles*, etc. sont autant de mots bons ou mauvais dont les minéralogistes ont fait usage pour désigner des pierres sur lesquelles il règne encore beaucoup d'incertitude et une sorte d'obscurité qui exigeraient diverses recherches tant sur leurs véritables gisemens, que sur les rapports ou les différences que ces pierres ont entre elles; sur leurs caractères distinctifs, ainsi que sur les produits constans ou variables résultans des bonnes analyses faites ou de celles qui resteraient à faire.

Il faut croire que c'est par toutes ces raisons, qu'on a donné la préférence à d'autres branches de géologie qui semblaient présenter d'abord un peu moins d'embarras et de confusion, mais qui n'en ont pas moins exigé de grandes recherches, malgré cette espèce d'attrait, d'instinct qu'elles offraient à la pensée.

Telle est en général la marche naturelle de l'esprit humain, lorsqu'il s'agit d'aller à la recherche des faits qu'on ne peut atteindre que par une persévérance soutenue, qu'en observant la nature sur des points différens, situés souvent à de grandes distances, et lorsqu'on a besoin surtout de s'appuyer sur des rapports de gisemens, sur des analyses comparées, quelquefois variables; qui laissent des incertitudes fatigantes; en un mot, lorsqu'il est nécessaire d'être assez riche de moyens et de faits pour répondre à toutes les objections. Convenons dans ce cas qu'il n'y a qu'un grand amour de la science et un désir ardent pour la recherche de la vérité, qui puisse faire surmonter autant de difficultés.

J'ai été dans le cas d'observer en place un assez grand nombre de roches magnésiennes, soit dans les Alpes du Briançonnais, du bourg d'Oisan, du Tyrol, de diverses parties de l'Italie, du nord de l'Ecosse, du côté de *Port-Soy* et d'*Invereri;* j'ai suivi il y a trois ans, avec une attention plus soutenue encore, le grand système des roches magnésiennes des montagnes de la *Guardia*, de la *Polchevera* et de la *Boquetta*, particulièrement sous les points de vues géologiques, sans négliger néanmoins les détails, puisque ce fut dans celles de la *Guardia* que je trouvai la véritable variolite verte en place attenante à la roche magnésienne.

Je conviens malgré cela, de bonne-foi, que ce sujet n'est pas encore sans difficulté, relativement surtout à quelques-unes des substances minérales qui ont pris naissance incontestablement au milieu de ces mêmes roches magnésiennes, et dont les caractères extérieurs ont de grands rapports avec elles, tandis que les analyses les mieux faites et les plus modernes n'y retrouvent pas toujours la magnésie, ou ne l'y rencontrent qu'en très-petite quantité.

Mais ce que je viens de dire ici n'a de rapport qu'à un petit nombre de substances particulières dont je ferais mention, et sur lesquelles j'annoncerai mon opinion avec toute la circonspection qu'exige un tel sujet; quant aux masses générales, comme elles sont abondantes en terre magnésienne, et que c'est cette base propre à se combiner avec les acides qui constitue leur principal caractère, le nom de *roches magnésiennes* est celui qui me paraît devoir exclusivement les distinguer et déterminer le genre.

Comme la nature semble tracer par-là au géologue la route simple qu'il doit suivre, nous allons examiner si rien ne contrariera cette marche;

commençons par quelques questions préliminaires qu'il paraît convenable de traiter, afin de bien nous entendre sur l'ensemble et sur les details.

## §. I.er

*Existe-t-il des roches magnésiennes à une grande élévation, et ont-elles quelques caractères géologiques qui puissent les faire considérer comme d'une formation contemporaine à celle des granits et des roches porphyritiques ?*

Les roches magnésiennes s'élèvent, sur le mont Rose, à la hauteur de 1,506 toises au-dessus du niveau de la mer, d'après les mesures de Saussure, qui visita avec son fils le *Roth-Horn*.

« Le corps même de Roth-Horn, dit le célèbre » géologue, est en grande partie composé de ser» pentines compactes et semi-dures; c'est-à-dire » dures à peu près comme le marbre; elles sont » divisées naturellement en masses irrégulières » d'une grandeur énorme dont quelques-unes, » quoique vertes dans l'intérieur, prennent, en » s'oxidant à leur surface, la couleur rougeâtre » que j'avais observée au-dessus de Gressonay, et » c'est sans doute cette couleur qui a fait donner » à cette montagne, le nom de *Corne-Rouge* » (*Roth-Horn*).

» Ces serpentines sont surmontées par des ro» ches d'un vert glauque foncé, dont la pâte pa» raît une stéatite, dont les parties discernables » ont la forme d'écailles et renferment des grains » de feld-spath et des parties calcaires qu'on ne » distingue pas, mais qui se manifestent par leur » effervescence avec les acide . Ces roches sont » tendres, presque friables, se laissent séparer » par couches planes, horizontales; sur elles re» posent des *couches calcaires micacées*; mais » les serpentines reprennent le dessus, et la cime » la plus élevée à l'ouest, sur laquelle monta » mon fils, est *toute de serpentine* (1) ».

Entendons encore une fois Saussure nous donner quelques détails instructifs sur un second gisement de roches magnésiennes qui se trouve dans une autre partie des Alpes, sur le passage du *Griés* et à peu de distance du torrent de l'*Egina*.

« A dix-huit minutes du pont qui est sur le » torrent, à l'entrée d'une forêt qui traverse le » chemin, je m'arrêtai pour aller observer une car» rière de pierre ollaire, située sur la gauche et sur » le bord du torrent. Elle est composée, 1.° de » *talc blanchâtre*, translucide, à gros grains,

---

(1) Saussure, Voyage au Mont-Rose, tom. IV, pag. 376, des Voyages dans les Alpes, édit. in-4.°.

» dont quelques-uns présentent des lames droites » et indiquent une tendance à la cristallisation; » 2.° de *mica gris ;* 3.° de *petites pyrites* d'un » jaune doré, qui présentent çà et là les couleurs » de l'iris; 4.° enfin de quelques élémens calcaires, » mais qui ne se manifestent que par quelques » bulles que cette pierre donne dans les acides: » ses couches sont extrêmement ondées, mais » en général verticales (1) ».

Le premier fait que nous venons de rapporter, d'après les observations du géologue savant qui avait visité si souvent les Alpes, prouve qu'il existe des roches magnésiennes à la hauteur de 1,506 toises, au milieu même des roches d'ancienne formation, et qu'en outre ces serpentines (2) alternent avec des couches de calcaire micacé, et finissent par recouvrir celles-ci, ce qui confirme l'opinion de M. Werner, qui pense qu'il existe des serpentines dans l'ordre des roches qu'il appelle *primitives*.

Le second nous fait voir le *talc blanchâtre* et *translucide* au milieu de la pierre ollaire qui est aussi magnésienne que la serpentine, et en

---

(1) Saussure, tome III, page 488, édit, in-4.°

(2) Il est inutile de prévenir que le mot de serpentine, employé ici par de Saussure, est synonyme avec celui de pierre magnésienne; car l'une et l'autre de ces substances sont riches en magnésie.

outre le *mica gris* unis à cette pierre ollaire, ce qui prouve que le mica peut quelquefois prendre naissance dans la roche magnésienne, quoique les meilleures analyses chimiques n'y aient point trouvé de terre de magnésie.

## §. II.

*Les micas, certains talcs, les pierres-de-lard, forment-ils autant d'espèces, et doit-on les séparer des roches magnésiennes?*

Pour traiter cette question avec une certaine méthode et la simplifier autant qu'il est possible, nous devons dire d'abord qu'une trop grande diversité de noms employés depuis long-temps par les minéralogistes pour désigner des variétés plutôt que des espèces dans la classe des roches magnésiennes, a jeté une sorte de confusion qui embarrasse la marche du géologue.

Les *serpentines*, les *pierres ollaires*, les *stéatites*, rentrant les unes dans les autres par leurs caractères chimiques ainsi que par leurs gisemens, ne peuvent former des divisions génériques, et ne doivent être considérées que comme des modifications particulières émanées d'une source commune, et tenant à un système de formation qu'on ne saurait se dispenser de désigner par une dénomination générique.

La *magnésie* est en effet une terre simple connue par des caractères qui lui sont propres; elle se trouve constamment associée aux roches qui tiennent à ce système, et y forment, d'après un terme moyen, la trentième partie au moins du composé (1); il paraît donc raisonnable de désigner ces roches par un nom qui rappelle les groupes particuliers de montagnes dans la composition desquelles cette terre, susceptible de se combiner avec les acides, est entrée en grande abondance. C'est sous ce point de vue que le nom de *roches magnésiennes* m'a paru leur convenir parfaitement; plusieurs des autres noms anciens pourront être employés pour désigner les variétés ou même les especes qui dérivent du genre.

Plaçons ici le tableau des meilleures analyses comparatives des principales espèces; elles nous dirigeront sur la marche la plus simple à suivre, c'est-à-dire sur celle qui nous rapprochera le plus de la méthode naturelle.

N.° 1. *Stéatite rouge*, par Vauquelin, Journal des mines, n.° 88, page 244. — Silice, 64; *ma-*

(1) M. Chenevix, qui a fait l'analyse de plusieurs pierres magnésiennes, dans les variétés des serpentines et des ollaires, a reconnu, d'après un terme moyen, qu'elles contiennent, silice, 28; alumine, 23; *magnésie*, 34,5, chaux, 0,5; oxide de fer, 4,5; eau, 10,85.

*gnésie*, 22; alumine, 3; fer et manganèse, 5; eau, 5; perte, 1.

N.° 2. *Talc laminaire*, par le même; silice, 62; *magnésie*, 27; fer oxidé, 3,5; alumine, 1,5; eau, 6.

N.° 3. *Talc écailleux*, par le même; principes analogues à ceux du talc laminaire; la magnésie plus abondante s'élève à 38.

N.° 4. *Pierre ollaire*, par M. Wiegleb (pag. 43, de Karstein); silice, 38,12; *magnésie*, 38,54; alumine, 6,66; chaux, 0,41; fer, 15,02; acide fluorique, 0,41; perte, 0,84.

N.° 5. *Stéatite* de Baireuth, par M. Klaproth; silice, 59,5; *magnésie*, 30,5; fer oxidé, 2,5; eau, 5,5; perte, 2.

Ces analyses suffisent, et au-delà, pour démontrer que les substances pierreuses dont il s'agit doivent, malgré leurs dénominations diverses, rentrer dans le genre des roches magnésiennes, puisqu'elles renferment les unes et les autres les mêmes principes, et que la magnésie abonde dans toutes.

Je suis persuadé que c'est dans ce système de formation qu'avec le temps viendront naturellement se placer d'autres substances minérales, telles peut-être que les *asbestes* et leurs diverses modifications, dont plusieurs sont dans des roches magnésiennes; la grammatite, dite *baikalite* qui, d'après l'analyse de M. Lowitz, contient 30 *de magnésie*, 44 de silice, 20 de chaux et 6 de fer;

l'on sait que le beau talc blanc, dit de Briançon, renferme de la grammatite. Le péridot cristallisé dont on ignore le gisement, et le péridot granuliforme, qui est toujours dans des produits volcaniques, sont si abondans en magnésie, que M. Vauquelin a trouvé dans le premier, 50,5 de magnésie, sur 38 de silice; 9,5 d'oxide de fer, et 2 de perte. Le péridot granuliforme des laves d'unkel, analysé par M. Klaproth, a produit 38,5 de magnésie, sur 50 de silice et 12 d'oxide de fer. Mais il faut, pour confirmer ces rapprochemens, que les géologues aient réuni un plus grand nombre d'observations, en portant plus immédiatement leurs attentions sur toutes les substances minérales que des recherches suivies avec soin pourront faire découvrir dans les roches magnésiennes de divers pays, situées sur différens points d'élévation; il nous manque encore bien des données à ce sujet; car les minéralogistes systématiques qui n'ont eu en vue que la simple classification se sont en général très-peu occupé des gisemens et des localités, qui ne doivent pas être indifférens même pour ceux qui n'observent la nature que dans leurs cabinets. Doit-on séparer les micas des roches magnésiennes, talqueuses et stéatitiques? Consultons d'abord les places que la nature paraît leur avoir assignées; passons ensuite au résultat de l'analyse des micas.

Il est hors de doute que les diverses variétés

de micas n'aient joué un grand rôle dans la composition des granits en général, particulièrement dans les roches granitiques schisteuses, *gneiss* des allemands, où le mica est souvent si abondant que les montagnes nombreuses qui en sont formées portent le nom de *roches micacées;* on le retrouve également dans le quartz feuilleté, dit aussi *quartz micacé;* tandis que ce n'est que rarement, je dirais presque accidentellement, qu'on le rencontre dans les roches magnésiennes; il est même à propos d'observer que l'on a souvent confondu de petites lames talcqueuses d'apparence micacée, telles que celles qu'on trouve dans le cypolin, avec du véritable mica.

Ne paraîtrait-il pas naturel, d'après cette considération, d'établir une ligne de démarcation entre le mica et les élémens constitutifs des roches magnésiennes: voyons si l'analyse peut servir à confirmer ou à détruire cette opinion.

## ANALYSES DE TROIS VARIÉTÉS DE MICA, PAR M. KLAPROTH.

1. *Mica de Zinwalde;* silice, 47; alumine, 20; potasse, 13; oxide de fer, 15,5; oxide de manganèse, 1,75; perte, 2,75.

2. *Mica en grandes feuilles;* silice, 48; alumine, 34,25; potasse, 8.75; oxide de fer, 4,5; oxide de manganèse, 0,5; perte, 4.

3. *Mica noir de Sibérie;* silice, 42,5; alumine, 11,5; potasse, 10; oxide de fer, 22; oxide de manganèse, 2; magnésie, 9; perte, 3.

Ce tableau comparatif de trois variétés de mica, nous présente dans toutes la potasse qui ne se trouve pas dans les roches magnésiennes; la magnésie manque absolument dans le mica de Zinwalde et dans celui à grandes feuilles. Quant au mica noir de Sibérie, il est plus abondant en fer que les deux autres, et on y trouve 9 de magnésie; mais si sa position n'est pas dans le voisinage de quelque roche magnésienne, ce qui reste à observer, on peut alors la considérer comme formant en quelque sorte le passage des micas aux talcs magnésiens, à l'aide de quelque circonstance particulière; mais il est nécessaire, avant d'établir une opinion à ce sujet, de bien connaître le gisement du mica noir.

L'on peut considérer dans ces analyses, particulièrement dans celle du mica de Zinwalde, une analogie assez remarquable avec le feld-spath limpide le plus brillant, l'*adulaire.*

Ce rapprochement ne doit point nous surprendre, puisqu'à l'époque de la composition des roches granitiques, le *mica* s'est formé dans le même fluide qui tenait en dissolution les parties constituantes du *feld-spath*, et que celles-ci n'offrent de différences sensibles, avec les autres, que dans le résultat des proportions, sujettes même à varier quelquefois.

La formation simultanée de ces deux substances minérales a eu lieu par des points de contacts si rapprochés qu'on les trouve le plus souvent entrelacées les unes dans les autres, ce qui peut avoir donné lieu à des emprunts ou à des échanges respectifs qui ont établi ces petites différences de proportions qui existent si souvent d'espèce à espèce. Ainsi, par exemple, ce que le mica aura pu prendre de trop en silice ou en potasse, le feld-spath l'aura emprunté en alumine ou en fer, ce qui a compensé jusqu'à un certain point les pertes, mais jamais dans des proportions parfaitement exactes. Il est à croire que c'est à ces légères différences, qui n'altèrent pas les caractères essentiels propres à chaque formation particulière, qu'on peut attribuer ce que l'on a appelé variété dans l'espèce.

C'est d'après le système de formation des feld-spaths et des micas, dont les élémens sont en si grande analogie, que je crois que ces derniers peuvent être séparés des talcs; et si l'on voulait objecter que le mica noir de Sibérie, dont j'ai donné l'analyse à côté de celle de deux autres variétés de mica, contient 3 de magnésie, je répéterai qu'il serait nécessaire de bien connaître sa gangue, afin de s'assurer s'il n'a rien emprunté d'elle. La *chlorite*, dont le gisement le plus général est dans les roches granitiques, paraît devoir se grouper autour du *mica*, ainsi que le *talc granuleux* et même la *lépidoïthe*. Quant à la pierre-de-lard des Chinois, l'analyse doit nous engager jusqu'à nouvel ordre à la placer sur la ligne des micas, malgré son onctuosité et d'autres caractères extérieurs qui la rapprochent des stéatites; mais nous manquons absolument de données sur le gisement de cette dernière substance, et nous ignorons si elle a pris naissance dans les roches magnésiennes.

Mais si cela était ainsi et que le fait fut bien démontré, l'absence de la magnésie ne contrarierait en rien la marche ordinaire de la nature, parce qu'il faudrait considérer alors cette pierre comme plusieurs autres qui ont été formées au milieu des masses magnésiennes, telles que certaines tourmalines et autres qui ont refusé d'admettre dans leur formation la moindre parcelle de cette terre; et dans ce cas la pierre-de-lard ne formerait point partie de la roche magnésienne, et devrait être considérée comme une substance en quelque sorte isolée.

Peu de roches présentent en général une aussi grande diversité de couleurs que les magnésiennes; leurs teintes sont d'autant plus amies de l'œil, qu'elles sont rendues moelleuses par le poli onctueux, mais brillant, qu'elles reçoivent lorsque leur pâte a une certaine dureté.

On en trouve d'un vert d'olive, d'un vert d'asperge, d'un vert de pomme satiné, d'un vert-jaunâtre, d'un noir velouté verdâtre, d'un gris lavé de vert, d'un gris-bleuâtre, d'un gris foncé; de blanches, de rouge-sanguin, de rouge-violâtre, de brunes, de veinées, de tachetées, d'ondulées, de pointillées, d'autres rendues chatoyantes et comme bronzées par des taches de diallage.

La pâte de ces pierres présente aussi des variétés; on en trouve dont la finesse des molécules est si grande qu'elles sont douces et savonneuses au toucher; d'autres sont écailleuses, fibreuses, granuleuses, quelquefois demi-transparentes ou simplement translucides sur les bords, le plus souvent opaques.

Beaucoup de ces pierres font mouvoir le barreau aimanté, quelques-unes même ont les poles attractifs et répulsifs très-sensibles, sans qu'on puisse discerner avec les plus fortes loupes la moindre molécule de fer octaèdre. Telle est la roche magnétique de ce genre que M. de Humboldt découvrit dans le haut Palatinat; telle celle que je reconnus moi-même sur le *Monte-Ramazzo*, dans les Appenins de la Ligurie, et que j'ai décrite dans les Annales du Muséum d'histoire naturelle, tome VIII, page 316.

Les magnésiennes, de même que toutes les autres roches, portent des caractères de révolutions postérieures à leur formation; c'est toujours sur les confins de ces antiques stratifications qu'il faut aller chercher les brèches et les poudingues, et l'on en trouve de très-remarquables par la variété des couleurs, en Corse et dans les montagnes de la Ligurie.

Il resterait certainement beaucoup de choses encore à dire sur les roches magnésiennes qui ont été regardées jusqu'à présent plutôt sous le simple aspect minéralogique, que relativement à la géologie. Ces roches, loin d'avoir été disséminées partiellement sur les points où on les trouve éparses, sont distribuées au contraire en groupes considérables, qu'on peut comparer pour le nombre et quelquefois pour l'étendue à ceux qui constituent les roches de trapps. Tout concourt à démontrer, ainsi que l'avaient observé M. Werner et M. Desaussure, que leur formation est contemporaine de celle des roches granitiques et porphyritiques. Leur différence élémentaire ne tient à autre chose, si ce n'est que la substance acidifère terreuse, connue sous le nom de *magnésie*, quelle que puisse être son origine, s'est trouvée réunie en grande abondance sur divers points particuliers où elle a formé par sa combinaison avec la silice, l'alumine, le fer, etc. un genre de roche qui a des caractères extérieurs et chimiques qui lui sont propres.

Je n'ai intention dans cette esquisse que de

fixer plus particulièrement l'attention des géologues et des minéralogistes sur une nature particulière de roche qui mérite d'être étudiée avec un peu plus de soin qu'on ne l'a fait jusqu'à présent, relativement à son système de gisemens, et aux diverses substances minérales qu'elle renferme. C'est en quelque sorte pour préparer à ce travail, que je présente ici le tableau des minéraux divers que je possède daus ma collection, et qui ont pour gangue des roches magnésiennes.

---

*TABLEAU des principales substances minerales qu'on trouve dans les roches magnésiennes.*

1. *Oxide de chrôme.* De beaux échantillons de roche magnésienne demi-dure et d'un vert foncé un peu noirâtre, de la variété des serpentines, que j'avais recueillis sur le *Monte-Ramazzo*, dans les Appenins de la Ligurie, sont recouverts dans quelques parties et par places, d'une substance d'un très-beau vert, dont l'aspect et la disposition striées et comme asbestiforme, a le plus grand rapport avec la serpentine; mais la couleur beaucoup plus brillante dans ces parties, et d'un vert pur d'émeraude, me fit présumer

que cette couleur distinguée pourrait bien avoir été produite par de l'oxide de chrôme (1). Je fis voir ces échantillons à M. Vauquelin, qui conçut le même soupçon; et comme ce savant avait déjà fait avec le plus grand succès l'application de l'oxide de chrôme à l'art de la porcelaine, et en avait obtenu le vert le plus agréable et le plus durable, il s'empressa de m'offrir de soumettre ces serpentines à l'analyse, pour en connaître les produits, ce que j'acceptai avec reconnaissance. M. Vauquelin s'occupa de ce travail avec tout le soin, toute l'attention et toute l'intelligence qui distinguent ce grand chimiste, et il reconnut en effet que la serpentine à grandes taches longitudinales vertes et striées du *Monte-Ramazzo*, contenait *deux pour cent d'oxide de chrôme* (2).

2. *Fer octaèdre attirable.* Dans la roche magnésienne de Corse, il est probable que celui de Saxe, dont les cristaux sont beaucoup plus gros

---

(1) *Vid.* tome VIII, page 313, des *Annales du Museum d'histoire naturelle*, où se trouve la description géologique et minéralogique de mon voyage au *Monte-Ramazzo.*

(2) Comme le beau travail de M. Vauquelin, fait à ce sujet, fut imprimé dans le tome IX, page 1.re, des *Annale du Muséum d'histoire naturelle*, j'ai cru devoir ne rapporter ici que ce qui est relatif à l'oxide de chrôme; on pourra, si on le désire, consulter pour les autres produits, le livre ci-dessus indiqué.

et recouverts d'une espèce d'enveloppe talcqueuse, sont dans une roche semblable ; mais je n'ai pas de notions assez exactes sur leur gisement pour l'affirmer.

3. *Fer sulfuré en pyrites cubiques* et en masse informe, dans la stéatite blanche, dite talc de Briançon ; dans une stéatite des environs de la Garde, dans Loisan de l'ancien Dauphiné, et en masse informe dans la roche magnésienne de la partie la plus élevée de *Monte-Ramazzo*, dans la Ligurie.

4. *Fer sulfuré magnétique ;* pyrite magnétique, dans la roche magnésienne de la partie la plus élevée de la même montagne ligurienne. Voy. Annales du Muséum, tome VIII, page 313.

5. *Cuivre carbonaté vert ;* dans la roche magnésienne serpentineuse du *Monte-Ramazzo*, sur la partie la plus élevée, à côté d'anciennes galeries ouvertes. *Id.* de la même couleur, dans une roche magnésienne talcqueuse, d'un gris blanchâtre, très-douce au toucher, qui contient aussi de la trémolite, des environs de Sienné, où M. Rozières en a reconnu le gisement. Cette substance, dont on fait en Egypte une poterie commune en la purgeant autant que possible du cuivre vert, mais qui malgré cela n'est jamais bien saine, porte, dans le pays, le nom de pierre de *baram* ; j'en possède un bel échantillon que je tiens de la générosité de M. Rozières.

6. *Marbre blanc écailleux*, dans la roche magnésienne de la *Polchevera*, dans la Ligurie; il y en a aussi à petits grains salins; c'est la même nature de calcaire que celui qu'on trouve interposé entre les granits; on en observe de semblable au *Monte-Ramazzo*, en veine et en filon dans la pierre magnésienne.

7. *Calcaire arragonite.* J'ai trouvé sur le mont Cénis, à une élévation de près de cinq cent toises, dans la partie de la route qui se dirige vers Suze, du calcaire arragonite du plus beau blanc, d'un aspect un peu soyeux, dans une roche magnésienne grise, au milieu de laquelle on a ouvert de grandes carrières pour la construction de la nouvelle route; ce calcaire arragonite est très-souvent voisin du calcaire spathique rhomboïdal dans la même roche. J'ai trouvé de l'arragonite en longues aiguilles brillantes, mais avec des pyramides informes dans la pierre magnésienne du *Monte-Ramazzo.*

8. *Chaux phosphatée*, dans la belle pierre magnésienne talcqueuse verdâtre et demi-transparente de Salsbourg.

9. *Feld-spath blanc* légèrement verdâtre, très-doux au toucher, fusible au chalumeau avec la plus grande facilité, en petites couches et en filons, dans la serpentine du *Monte-Ramazzo.* Ce feld-spath est un peu mêlé de molécules stéatitiques. Voyez dans les Annales du Muséum, tome VIII, page 313.

10. *Variolite à globules de feld-spath* d'un blanc un peu verdâtre; c'est ici la véritable variolite absolument semblable à celle de la Durance, adhérente à la roche serpentineuse dans laquelle elle a pris naissance. Les globules ne sont point accidentels ni formés par infiltration, mais sont le résultat d'une cristallisation globuleuse, formée simultanément avec les autres parties élémentaires de la roche: on distingue à la loupe dans ces globules des rayons très-effilés qui divergent du centre à la circonférence. Les variolites de la Durance, dont on trouve le gisement dans la vallée de Servière, à cinq lieues environ de Briançon, sont dans une serpentine analogue à celle de *Monte-Ramazzo*. Voyez, pour de plus grands détails, la description de mon Voyage géologique au *Monte-Ramazzo*. Annales du Muséum d'histoire naturelle, tom. VIII, pag. 313.

11. *Hornblende; amphibole de M. Haüy.*

L'on doit réunir avec raison à l'amphibole, la *grammatite*, qu'on trouve dans le talc de Briançon, et dans quelques stéatites.

*L'actinote verte*, qui est dans la pierre talcqueuse à petites écailles, du Mont-Rose et en Sibérie.

*L'hornblende* ou *amphibole noire*, dans diverses serpentines.

12. *Leucolithe*, de la Métheric, schorl blanc

d'Altenberg. M. Gillet-Laumon observa dans le temps cette substance au milieu des stéatites de *Mauléon*, dans les Basses-Pyrénées.

13. *Tourmaline noire.* Je possède de belles tourmalines noires, disposées en étoile dans une roche magnésienne, talcqueuse, de Sibérie.

14. *Asbeste* dure et asbeste flexible, dans les serpentines du *Breit-Horn*, à une hauteur de plus de dix-huit cent toises. On en trouve aussi de l'une et l'autre variété sur le *Roth-Horn*, etc.

15. *Pyrop* ou grenat granuliforme, rouge de sang, dans une roche magnésienne serpentineuse dure, d'un brun foncé rougeâtre, dans l'intérieur de laquelle sont disséminés de toutes parts les grenats dont il sagit; de Zöebliz en Saxe. M. Klaproth, qui a fait l'analyse de ces grenats, y a trouvé silice, 40; alumine, 28,5; *magnésie*, 10; chaux, 3,5; fer oxidé, 16,5; manganèse oxidé, 0,25; perte, 1,25. La magnésie qui s'y trouve pour un dixième, semblerait indiquer une espèce particulière de grenats, et c'est ainsi que M. Klaproth l'a considéré; on pourrait répondre, peut-être, que ces grenats se trouvant engagés dans une serpentine, il a pu arriver qu'à l'époque de la formation simultanée de la roche et des grenats, ceux-ci se soient appropriés un dixième de terre magnésienne : cela n'est point impossible. Mais on ne sait cependant si dans une science toute de rigueur, telle que celle des formes géometriques, il ne serait pas à craindre qu'on ne retarda les progrès des

connaissances minéralogiques, ou qu'on ne répandit sur elles une incertitude toujours fatiguante pour les bons esprits, en se réservant ainsi la ressource de rejeter sur les gangues les substances qui gêneraient trop dans des analyses aussi exactes que celles, par exemple, de MM. Berthollet, Klaproth, Vauquelin, Thenard et tant d'autres habiles chimistes que je pourrais nommer; il semble que dans pareils cas, le géomètre qui userait un peu trop fréquemment de ces moyens, courrait le risque de perpétuer des erreurs, et ceux qui savent que la nature agit par des moyens grands et simples, et ne vacille pas ainsi, pourraient lui imputer de défendre, par des subtilités et des abstractions trop arbitraires, une doctrine qu'il est important de mettre à l'abri de tout reproche.

Il existe certainement d'autres substances minérales dans les roches magnésiennes; mais mon but, en réunissant dans un même cadre celles que je viens de désigner, est de provoquer l'attention des géologues sur un système particulier de roche qu'on avait en quelque sorte laissé trop longtemps en réserve, en ne l'étudiant que par parties détachées; et cependant l'on voit par le simple apercu que je viens de tracer combien il est digne des recherches du géologue, de répandre des lumières sur la classification naturelle des minéraux qui ont pris naissance dans ces roches contemporaines des granits, des porphyres et des trapps.

# CHAPITRE IX.

## DES MÉTAUX.

### VUES GÉNÉRALES.

En géologie, nous devons nous abstenir de considérer les métaux relativement à leurs propriétés particulières, non plus qu'aux grands avantages que les hommes réunis en société ont su en tirer pour leur utilité et pour les arts auxquels ils les ont employés avec tant de succès.

L'objet qui doit nous occuper principalement ici, est celui qui est relatif à la manière dont la nature a déposé dans le sein de la terre les veines ou filons métalliques, dont les ramifications diverses circulent tantôt à fleur de terre, tantôt se dérobent à nos regards, s'enfoncent à de grandes profondeurs, coupent et traversent des bancs de pierre d'une épaisseur et d'une dureté considérable.

Celui qui aime à réfléchir sur des faits de cette

importance, s'aperçoit bientôt qu'en suivant les traces de ces antiques hiéroglyphes de la nature, dessinées à grands traits sur presque toutes les parties du globe, il est possible de reconnaître dans leurs caractères, en apparence si obscurs, quelques vérités fondamentales qui, se liant à d'autres faits, sont propres à servir à l'histoire des diverses révolutions de la terre.

La réunion des métaux dans les filons qui les recèlent offrent deux circonstances distinctes pour ceux qui ont acquis l'habitude de les étudier et de les suivre dans les grandes exploitations où ils se présentent avec tant de variétés. La première, et c'est sans contredit la plus difficile, et celle qui restera long-temps inconnue, appartient à la formation des métaux; la seconde, dont la solution est comme résolue, à quelques faits particuliers près qui méritent peut-être de nouvelles recherches, est celle de leur gisement ou de leur encaissement, tantôt entre des roches de granit, de gneiss ou de porphyre, qui semblent s'être séparées pour leur donner passage; tantôt entre des montagnes calcaires dont les bancs sont coupés et offrent quelquefois des espèces de cavités plus ou moins profondes, plus ou moins étendues, où ces métaux se sont réunis et comme agglomérés en grandes masses. Lorsqu'on a beaucoup observé la position des mines, et qu'on a principalement dirigé son attention sur l'ordre et la disposition mécanique des filons, l'on est convaincu que dans presque tous les cas, ce sont des déchiremens, et souvent des coupures très-profondes qui ont précédé l'arrivée des sédimens métalliques, et ont formé des vides qui leur ont servi de réceptacles.

Des solutions de continuité qui pénètrent si avant dans des masses énormes de rochers d'une grande dureté, nous paraissent des accidens difficiles à concevoir, à nous qui n'avons que de faibles moyens à notre disposition, et qui avons l'habitude de ne juger des choses que d'après des résultats qui nous sont relatifs: mais ici ce ne sont que de simples jeux pour la nature.

Nous sommes témoins dans quelques cas que des montagnes qui perdent leur aplomb, ou portent sur de faux points d'appui ou sur des bases glissantes, telles que les argiles glaiseuses, peuvent se déplacer quelquefois en tout ou en partie. La Calabre, les Alpes, et en dernier lieu la Suisse, nous en fournissent la preuve mais en rappelant ces faits particuliers, dont nous avons de temps à autre des exemples, je ne prétends pas attribuer à des accidens particuliers et qui ne tiennent qu'à de simples localités, de grands résultats qui appartiennent à des causes générales. Le globe terrestre qui nourrit à présent l'immensité des êtres vivans qui le peuplent et s'y propagent jusqu'à nouvel ordre, doit être considéré dans ce moment comme étant dans une période de calme, et dans un état où les productions végétales et celles de l'animalité, s'accumulent et préparent pour l'avenir des élémens qui peuvent encore en changer la face.

La cause qui a enseveli les filons métalliques dans ce que l'on a appelé *les veines de la terre* doit tenir à quelque événement d'un grand ordre; et si quelqu'un doutait des accidens désastreux et de plus d'un genre que cette terre a éprouvée, qu'il veuille bien se donner la peine de réfléchir sur l'énergie des moyens que la nature a dû mettre en œuvre pour déranger, par exemple, l'assiette primitive de la plupart des montagnes des Alpes, pour en culbuter les bancs, pour en séparer les chaînes; qu'il parcourre avec M. de Humboldt ces barrières formidables des Andes de la Cordillière, où des monts sont accumulés sur des monts où des ossemens d'éléphans gissent à treize cents toises d'élévation dans des terres d'alluvions (1), où des volcans ont élevé leurs sommets et projeté leurs laves à trois mille deux cents soixante-sept toises de hauteur.

Si d'après ces faits et tant d'autres que je pour-

---

(1) Lettre de M. de Humboldt, écrite du Mexique, le 29 juillet 1803, à M. Delambre. Annales du Muséum, tome III, page 231.

rais rappeler ici, on se demandait quelles sont les causes connues qui ont pu produire des bouleversemens d'un ordre qui suppose une puissance proportionnée à des effets aussi terribles, on pourrait répondre ce que j ai dit ailleurs, ce qu'on ne saurait trop répéter, qu'il faut avoir recours à des mers qui ont abandonné subitement leur lit et se sont élevées sur les hauteurs où elles ont déposé les restes de tant d'animaux, qui n'ont pu y être transportés que de cette manière, comme l'attestent leurs gisemens, et les pierres arrondies et usées, ainsi que les terres qui les accompagnent, et qui sont étrangères aux lieux où ces corps adventifs reposent à présent.

Ces terribles déplacemens des mers n'ont rien de commun avec la marche, en quelque sorte périodique et lente, que quelques géologues leur supposent en leur faisant parcourir graduellement toute la surface de la terre.

Ici tout caractérise au contraire le désordre et la dévastation, et porte l'empreinte la plus frappante d'une rupture d'équilibre dans le système général du fluide aqueux (1).

Les observations astronomiques nous ont donné

(1) Voyez ce que j'ai dit du transport des restes d'éléphans et de rhinocéros qu'on trouve en si grande abondance dans le sol glacé de la Sibérie. Tom. I, pag. 189 de cet Essai de géologie.

déjà une liste très-nombreuse des comètes qui coupent l'orbite de la terre, pour que nous puissions reconnaître dans ces corps errans une des causes des divers accidens qui peuvent atteindre notre planète; la géométrie peut calculer sans peine les effets qui en résulteraient à telle ou telle distance. Je n'entends parler ici que de l'approche de ces masses à un certain point donné; car leur choc entraînerait la ruine totale du globe. Quoique les chances à courir à ce sujet se trouvent dans la ligne la plus reculée des probabilités, il faut se rappeler que la nature n'est jamais gênée par le temps, puisque *le temps*, ainsi que l'a très-ingénieusement observé Buffon, *ne peut être représenté que par le mouvement et par ses effets, c'est-à-dire par la succession des opérations de la nature.*

Dans d'autres circonstances, des contrées peuvent s'abîmer, des détroits s'ouvrir et donner passage à l'écoulement des mers; des conflagrations souterraines d'une grande étendue, l'expansion des eaux réduites en vapeurs par ces embrâsemens intestins, et dont tant de restes nous retracent l'ancienne existence, peuvent aussi être autant de causes secondaires des changemens de figure que la croûte de la terre a éprouvés : or dans ces circonstances, il faut avoir présent à la pensée que des montagnes de trois et de quatre mille toises de hauteur, ne sont en quelque sorte que de très-petites protubérences, comparativement au diamètre de la terre.

M. de Humboldt, dans ses longues et pénibles stations sur les hauts sommets des Andes, contemplant ce système de hautes montagnes qui servent, dans cette partie du monde, de barrières à de vastes mers, frappé du nombre des volcans qui agitent ces énormes masses, et se trouvant sur un des plus hauts pics volcaniques, le *Chimborazo*, ne put s'empêcher de s'écrier : *malheur au genre humain si le feu volcanique se fait jour à travers le Chimborazo* (1).

L'examen attentif des filons, l'étude approfondie de leur marche, nous conduit à attribuer leur origine générale à des coupures accidentelles qui se sont formées au milieu des masses pierreuses ou terreuses qui les recèlent, et qui ont été comblées postérieurement, ou peut-être simultanément par les sédimens des substances mé-

---

(1) Voyez la lettre de M. Humboldt à M. Delambre, insérée dans le tome II, page 176 des Annales du Muséum d'histoire naturelle, où ce célèbre voyageur s'exprime ainsi : « Nous avons trouvé des roches brûlées et de » la pierre-ponce à 3,031 toises de haut. Malheur au » genre humain si le feu volcanique (car on peut dire » que le plateau de Quito est un seul volcan à plusieurs » cimes) se fait jour à travers le Chimborazo ».

talliques ou des minéraux qui y ont été ensevelis

M. Werner, qui a traité à fond cette grande et belle question dans un ouvrage particulier, répond d'une manière péremptoire à toutes les objections qu'on a faites ou qu'on pourrait faire à ce sujet. Ceux qui n'ont pas encore acquis toutes les notions nécessaires sur cette importante matière, ne sauraient se dispenser de lire et méditer avec soin cette savante dissertation; l'on y verra que ce célèbre minéralogiste, qui réside depuis longtemps au centre des plus riches et des plus remarquables exploitations de la Saxe, et qui en a comparé la marche et le gisement avec ceux des autres lieux qu'il a visités, n'a établi son opinion que d'apres des faits positifs et des recherches pratiques, longues et soutenues.

La théorie des filons une fois admise, les conséquences naturelles qui en découlent ne sont point hypothétiques, particulièrement pour ceux qui dirigent leurs efforts et le genre de leur étude vers la recherche de la vérité, et celle-ci doit s'appuyer sur la base inébranlable des faits.

Or ces fentes, ces fissures et ces ouvertures profondes qui coupent en tant de sens les montagnes à filons, n'attestent-elles pas qu'elles sont le résultat d'un grand accident de la nature, à une époque désastreuse où la terre agitée par de violentes secousses, et ébranlée par de terribles convulsions, éprouva cette multitude de déchirures qui ouvrirent son sein et dérangèrent l'assiette primitive des montagnes.

Ce sont-là sans doute des faits mémorables dignes de nos méditations; ils nous conduisent à d'autres vérités; en voici une, par exemple, qui est frappante, et qui s'enchaîne naturellement avec les résultats dépendans de ces mêmes faits.

L'on sait que le Rhin, le Rhône, l'Arve, le Doubs, le Céze, le Gardon, l'Arriège, le Salat et tant d'autres fleuves ou rivières, charrient de l'or parmi leurs sables quartzeux; ce riche métal y est en grain. Les naturalistes qui ont observé avec des yeux attentifs, ces substances minérales de transport, n'ont jamais considéré cet or comme le produit des filons métalliques que ces fleuves et ces rivières entamment dans leurs cours et réduisent en paillettes, en même temps que leurs flots atténuent et convertissent en sable le quartz qui leur a servi de gangue; cette dernière théorie est trop contraire à l'observation et aux résultats de tant de recherches dispendieuses qui ont été faites pour découvrir ces prétendus filons, pour qu'on puisse l'admettre.

On ne peut donc considérer cet or de transport, ainsi que le sable qui l'accompagne, que comme l'ouvrage d'une grande alluvion qui les a tirés de leur site natal, et les a déposés secondairement dans des places particulières, où des fleuves et des rivières ont ensuite creusé leur lit, et minent journellement ces grands dépôts de sables aurifères.

L'on doit donc naturellement en conclure qu'une grande révolution postérieure à la formation de plusieurs métaux, et à leur encaissement dans les filons, est venue briser et détruire les masses quartzeuses qui les renfermaient, et qu'à cette époque l'action des courans et le balancement des mers les ont converties en sable.

Si quelques personnes voulaient contester ce qu'on avance ici sur l'origine des sables aurifères, il faudrait les inviter à porter leurs regards sur des accumulations du même genre, mais qui ont eu lieu beaucoup plus en grand vers les régions équatoriales, et les engager à nous apprendre si elles croient que de simples fleuves et des rivières aient déposé à de si grandes hauteurs ces amas immenses de sables quartzeux, mêlé de grains et de paillettes d'or, quelquefois même de platine, qui ceignent les Cordillières de *Santa-Fé*, du *Choco*, etc., forment des montagnes dans lesquelles on trouve des dents et des ossemens d'éléphans et d'autres grands quadrupèdes terrestres, transportés avec des dépouilles marines à des hauteurs qui excèdent treize cents toises.

Les métaux considérés relativement à leur gisement, tant primitif que secondaire, peuvent donc répandre plus de lumière qu'on ne se l'imaginerait d'abord, sur l'histoire naturelle de la terre. Ils attestent l'existence de plusieurs révolutions d'un grand ordre, et qui coincident avec celles dont nous avons fait mention dans le premier volume de cet ouvrage.

Cette partie, véritablement philosophique de la minéralogie, élève nos pensées vers de grands objets, et satisfait bien autrement notre entendement et notre raison, que ces arides nomenclatures qui tuent les idées et dont les changemens perpétuels fatiguent la patience, et nous éloigneraient à jamais de l'instruction, si l'amour de la science n'en faisait supporter les dégoûts. Je n'attaque ici que l'excès et non la méthode; le mauvais goût et non le besoin des termes que les nouvelles découvertes peuvent exiger, lorsque ceux-ci sont d'un choix heureux et analogues au génie de la langue dans laquelle on écrit.

L'origine des filons nous conduit à la question la plus délicate, et en même temps la plus difficile que puisse présenter la géologie, celle qui touche à la cause formatrice des substances métalliques. Ici les données nous manquent, et chacun semble avoir éludé la question en se contentant de placer les métaux dans la classe des matières qu'il a paru plus commode d'appeler *primitives*.

Je dois être, sans doute, aussi circonspect au moins que tout autre dans un sujet environné de tant de difficultés; mais comme de nombreuses observations et des méditations constantes sur l'origine des granits m'ont enhardi à faire quelques recherches sur leur formation, et que je n'ai pas craint de soumettre mon opinion à la censure, en la présentant avec courage et loyauté, pourquoi me blâmerait-on d'exposer ici quelques idées sur la marche à suivre pour aller à la recherche de quelques-uns des moyens que a nature semble employer pour produire ces métaux dont l'homme a su tirer tant de parti.

L'on ne doit point oublier qu'on nous a accoutumés, dès notre plus tendre enfance, à considérer les métaux comme des substances en quelque sorte isolées et particulières, destinées à notre seul usage, et qui n'ont ni rapport ni connexité avec les autres substances minérales du globe. D'après cette fausse manière de voir, nous ne considérons, par exemple, le fer que comme un métal très-commun dont nous nous servons le plus, et sur l'origine duquel nous méditons le moins. L'or et l'argent ne sont, pour la généralité des hommes, que des signes représentifs de jouissances; il en est de même des métaux les plus usuels : l'on ne songe qu'à se les procurer, l'on brave tout, l'on risque tout, pour les arracher du sein de la terre.

Nous devons dire cependant que les minéralogistes en ont mieux classé depuis quelque temps les espèces et les variétés; que les chimistes les ont attaqués par une multitude de réactifs et en ont augmenté le nombre, et qu'après qu'ils ont eu fait la découverte importante de l'oxigène, ils ont reconnu sa grande affinité pour les métaux dont cette espèce de Protée fait disparaître l'éclat et la dureté en même-temps qu'il en augmente la pesanteur. Cet agent les abandonne-t-il, le métal reparaît dans tout son éclat; c'est-là sans doute un beau secret que la chimie a dérobé à la nature, et il peut influer un jour sur la connaissance plus médiate des métaux.

Réunissons ici quelques autres propriétés appartenantes aux métaux, et examinons si elles ne pourraient pas nous conduire en les suivant pas à pas, sinon à des découvertes, du moins à la marche à suivre pour y parvenir un jour.

## §. I.er

Les substances métalliques sont inflammables, leur grande affinité avec l'oxigène leur a imprimé ce caractère; il est tel dans quelques métaux, dans le fer, par exemple, que si l'on jetait des barreaux de ce métal d'un petit calibre dans un haut fourneau de 45 ou 50 pieds d'élévation, déjà embrâsé par du combustible ordinaire, et vivement animé par de fortes machines soufflantes, on parviendrait, en diminuant le charbon et en augmentant peu à peu le métal, à maintenir la combustion au point que l'embrâsement continuerait à avoir lieu, et se soutiendrait, lorsqu'on serait arrivé au point où le fer aurait entièrement remplacé le combustible ordinaire.

Ceci pourrait paraître un paradoxe à ceux à qui les grandes opérations du feu sont peu familières; mais les chimistes et ceux qui se sont exercés dans la métallurgie, ne contesteront pas cette vérité; voilà donc un métal, et celui sur-tout qui est le plus généralement répandu dans la nature, qui se rapproche de nos combustibles ordinaires.

## §. II.

Si des métaux tels que l'or, le platine et l'argent, sont plus rébelles à s'unir à l'oxigène dans l'état élastique, et qu'on ne parvienne à leur oxidation qu'à l'aide des acides, le fait tient à la force de cohésion de ces métaux, ainsi que l'a très-bien fait observer M. Berthollet dans sa statique chimique, ouvrage plein des plus profondes et des plus subtiles recherches, et qu'il est essentiel de consulter pour un plus grand développement de ce sujet. *Voyez* tome II, section 5, chapitre 2, page 362 de cet important ouvrage.

## §. III.

Les métaux ne se dissolvent dans les acides qu'après être parvenus à l'état d'oxides. D'après le beau travail de M. de Lavoisier, ces dissolutions peuvent produire un grand nombre de combinaisons.

Quelques oxides métalliques ont la propriété de s'unir à l'oxigène dans de grandes proportions, et il en résulte de véritables acides, tels que l'acide de l'arsenic, du scheelin ou tungstène, du molybdène, du chrôme: ces métaux semblent s'éloigner par là de l'état métallique, et se rapprocher de celui des acides. D'un autre côté, la plupart des oxides métalliques combinés avec les acides, forment des composés neutres dans lesquels ils paraissent faire fonction d'alkali; mais ils en diffèrent, ainsi que l'a très-bien observé M. Berthollet, parce qu'ils peuvent aussi se combiner avec les alkalis: cependant dans l'un et l'autre cas ils ont quelques rapports avec les sels (1).

---

(1) « Dans leur action sur les acides, dit le savant » chimiste, les oxides nous ont présenté des propriétés » analogues à celles des alkalis, si ce n'est que leur ten- » dance à la combinaison varie selon les degrés d'oxida- » tion; mais ils ont un autre caractère qui les distingue,

## §. IV.

Le soufre, le carbone, le phosphore que je considère comme des produits de la végétation et de l'animalité, ont de grands rapports avec les métaux, et donnent lieu à des combinaisons et à des composés qui ont une apparence métallique.

L'art de convertir le fer en acier ne consiste que dans l'opération de tenir, pendant un certain temps, le fer à une haute température, dans un bain de poussière de charbon : l'on sait que dans ce cas le métal s'imprègne de charbon et se change en acier; cette union singulière d'une production végétale à une matière métallique mérite quelque attention, et entraîne plus d'une réflexion sur ce singulier phénomène.

---

» c'est qu'ils peuvent aussi se combiner avec les alkalis, et » former quelquefois avec eux des combinaisons, même » plus énergiques qu'avec les acides; en cela ils ont un » rapport avec la *silice* et l'*alumine*, et ils s'éloignent » des alkalis qui montrent peu d'action réciproque; il » faut examiner les différences qu'ils présentent à cet » égard, et tâcher de reconnaitre les causes de ces diffé- » rences, autant que le permet l'état des connaissances » peu avancées sur cet objet ». Statique chimique, tom. II, » pag. 425.

## §. V.

Je ne prétends pas, sans doute, qu'on se hâte de tirer trop promptement des conclusions de ces faits, car je ne donne ici que des aperçus propres à réveiller l'attention des savans sur un sujet qui mérite d'être approfondi et mon but est de chercher à simplifier les résultats des opérations de la nature en les dégageant de cette complication de causes et d'incidens dont on les en ironne; car est-il bien certain que tant de substances minérales que nous considérons comme tenant à des créations particulières, ne soient pas le produit de combinaisons dépendantes d'actes purement chimiques?

## §. VI

Puisque le charbon a autant d'affinité avec les métaux, particulièrement avec le fer, que le charbon lui-même en a avec le diamant que nous rangeons avec raison à présent parmi les corps combustibles, et qui en diffère néanmoins par sa dureté et son grand éclat, serait-il impossible que le fer pût être le résultat d'un acte particulier de la puissance végétative modifiée de telle ou de telle manière.

Pour venir à l'appui de cette proposition, je puis rappeler ici que les mines de charbon qui ont été formées par des accumulations immenses de bois de diverses espèces (1) sont souvent très-abondantes en pyrites de fer; l'on trouve même dans quelques unes de ces mines des bois pyriteux qui n'ont pas perdu leurs caractères ligneux.

J'ai fait mention dans le tome I.er, page 404 de ces Essais de géologie, des mines de fer de *Dworetzkoi*, dans l'empire de Russie, près des forges de *Schofkoi* qui ne sont composées que de troncs, de branches et de feuilles de bouleau mêlés avec des roseaux, changés en oxide de fer, souvent recouverts d'une légère couche d'hématite; aussi Macquart qui a fait mention de cette mine, dit qu'elle est appelée, sur les lieux, *mine de marais* ou *tourbe minéralisée.* Voyez minéralogie de Russie, page 321. On pourrait objecter que les amas de végétaux minéralisés qui forment cette exploitation ne sont que des bois saturés d'un oxide de fer qui a pu y être transporté par des eaux qui en étoient imprégnées et qui s'en étaient chargées en passant sur des mines de fer du voisinage, mais Macquart ne dit rien de semblable; il considère au contraire ces bois comme *convertis* en fer. Je vais rapporter encore un second exemple propre à affaiblir les objections qui pourraient être faites à ce sujet.

---

(1) Voyez tome I, pag. 432 des Essais de géologie.

Mais disons auparavant que les tourbes pyriteuses du département de l'Aisne dont j'ai fait mention, tome I.er, page 414 des mêmes Essais de géologie, doivent leur naissance à des bois plutôt qu'à de simples plantes; qu'elles occupent non-seulement une grande étendue de terrain, mais qu'elles sont si pyriteuses, qu'elles s'embrasent spontanément lorsqu'on les expose à l'air, et se convertissent en cendres riches en oxide de fer; cependant ces tourbes ligneuses pyritisées sont dans des pays où il n'existe point de mines de fer. Les chimistes savent d'ailleurs que toutes les cendres des végétaux en général, fournissent plus ou moins abondamment des molécules de fer attirables à l'aimant.

## §. VII.

La Hollande présente un autre fait analogue à ceux rapportés ci-dessus; son sol à demi submergé en général, doit sa conservation à l'industrieuse activité de ses habitans, obligés d'une part à lutter contre une mer prête à les engloutir, de l'autre à se garantir des inondations de deux fleuves qui traversent ses terrains bas; de vastes prairies, la plupart tourbeuses, ne deviennent pratiquables dans la belle saison qu'à l'aide de la multitude de canaux qui les entourent, et des moulins à épuisement que le vent fait agir et qui les débarrassent des eaux qui les submergent. Ce sol peut être considéré comme un grand laboratoire où la nature, à l'aide d'une immense multitude de plantes aquatiques et de leur prompte végétation, est occupée à fabriquer depuis des temps très-reculés de vastes accumulations de tourbe, seul combustible propre au pays, mais combustible inépuisable, puisque ces tourbes se renouvellent et continuent à se former dans les places où elles ont été enlevées, lorsque l'eau y séjourne. Un sable quartzeux très-pur sert de lit à ces tourbières.

M. Van-Marum, directeur du Muséum de Teyler à Harlem, rapporte une expérience très-curieuse sur la rapidité du renouvellement de ces tourbes, dans une lettre que ce savant m'adressa le premier janvier 1803, et qui est insérée dans les Annales du Muséum d'histoire naturelle, t. II, page 91. Cette expérience bien constatée, démontre que dans moins de six ans il se forma dans un des bassins du jardin de M. Van-Marum, *une couche de tourbe de quatre pieds d'épaisseur, qui étant séchée, brûlait et donnait des charbons comme la tourbe ordinaire.* Telles sont les expressions de ce savant observateur.

Si l'on demande à présent quels sont les rapports que la prompte formation de la tourbe peut avoir avec celle du fer par l'intermède des végétaux, je répondrai par le fait suivant :

Je me trouvais à Rotterdam, en 1799, dans

l'intention d'observer les nombreuses tourbières des environs, lorsque le docteur *Vanorden*, qui s'occupait avec succès de botanique et de minéralogie, me procura la connaissance de M. *Ten-Haufs*, habile chimiste et disciple de Gobius. M. Ten-Haufs avait fait de nombreuses recherches sur les diverses espèces de tourbes de la Hollande, et s'était occupé de leur analyse; je lui faisais part dans un de nos entretiens de l'idée que j'avais sur la formation du fer par l'intermède des végétaux, en lui disant que je croyais que les tourbes de la Hollande qui reposent sur un sable quartzeux qui ne pouvait rien leur communiquer, pourraient d'après de bonnes analyses, confirmer ou détruire l'opinion que je m'étais formée à ce sujet.

Ce savant me répondit sur-le-champ : « Je m'oc-
» cupe depuis long-temps du même travail, et je
» vais vous communiquer les résultats d'une ana-
» lyse plusieurs fois répétée sur une tourbe des
» environs de Rotterdam, qui produit par la com-
» bustion une cendre rouge ». Voici cette analyse,

1.° Du flegme un peu coloré;
2.° De l'eau chargée d'alkali volatil;
3.° Du bitume noir très-empyreumatique;
4.° Du sulfate de soude,
5.° Du muriate de soude;
6.° Du fer attirable à l'aimant (15 livres sur 100);
7.° De la chaux;
8.° Un peu d'alumine;

9.° Un peu de terre quartzeuse;

Je copie mot pour mot cette analyse telle que le docteur Ten-Haufs me la communiqua; je lui observai à ce sujet qu'il eut été à desirer qu'il eût spécifié les quantités des divers produits; mais il me répondit, que n'ayant principalement en vue que le fer, il ne s'était attaché qu'à déterminer le poids de ce métal, et qu'il avait constamment reconnu que ces tourbes produisaient 15 pour 100, ce qui est bien considérable et au-delà de ce que je présumais que ces résidus de plantes pouvaient fournir; il est à désirer que ces détails puissent mettre quelques chimistes sur la voie de reprendre le même travail avec l'exactitude et la précision qui accompagnent ordinairement les analyses depuis l'époque où la chimie a fait d'aussi grands progrès.

Je pourrais pousser ces rapprochemens plus loin encore relativement au fer, si la nature de cet ouvrage le comportait; mais cet aperçu suffira pour mettre les autres sur la voie de mieux faire, et c'est là mon but principal : il sera doublement rempli si cette esquisse peut engager quelques savans à pénétrer plus avant dans cette nouvelle route qui pourrait conduire peut-être à quelques découvertes sur l'origine encore si obscure des métaux (1).

---

(1) Si quelques personnes trouvaient mes conjectures

S'il était donc bien démontré un jour que le fer est en effet un des résultats et des produits de la puissance végétative et peut être même de l'animalité, je ne vois pas pourquoi les autres métaux n'auraient pas une origine semblable, mais subordonnée à des modifications diverses ou à des combinaisons particulières qui nous sont encore inconnues. L'on sait que l'or dont la gangue est presque toujours quartzeuse est accompagné le plus souvent de fer; l'or a été trouvé quelquefois dans les cendres de certains végétaux mêlé également avec le fer et la silice. M. Haüy dans

---

sur l'origine du fer trop hardies, il me serait facile de les appuyer du témoignage de plusieurs hommes célèbres. « Toute décomposition, tout détriment de ma-» tières animales ou végétales, a dit l'illustre Buffon, » sert non-seulement à la nutrition, au développement » et à la reproduction des êtres organisés; mais cette » même matière *opère encore comme cause efficiente*, » *la figuration des minéraux* ». (Histoire naturelle des minéraux, édit. in-4.°, tome I.^er, page 10.

» Il paraît, dit M. de Fourcroy, en parlant du fer, » que les etres organisés forment eux-mêmes ce métal; » car les plantes élevées dans l'eau pure contiennent » du fer qu'on peut retirer de leurs cendres. Ce savant » chimiste dit ailleurs : Le fer a une telle analogie avec » les matières organiques, qu'il semble en faire partie » et devoir souvent sa production au travail de la vie ou » à celui de la végétation ».

son Traité de Minéralogie, tome III, page 379, rapporte que M. Berthollet a retiré quarante grains huit vingt-cinquième d'or d'un quintal de cendre.

Passons à présent au tableau général des substances métalliques; nous examinerons ensuite les divers métaux un à un, mais d'une manière beaucoup plus abrégée et simplement en ce qui pourra intéresser la géologie. Quant aux détails purement minéralogiques, ou qui tiennent à l'art des mines, nous renvoyons à l'ouvrage élémentaire de M. Brongniard, dans lequel on trouvera de très-bonnes observations et des recherches utiles sur la métallurgie.

---

## *TABLEAU général des métaux.*

**NOMS.**

| | | | |
|---|---|---|---|
| 1 Platine. | 8 Etain. | 15 Cobalt. | 21 Chrôme. |
| 2 Or. | 9 Nickel. | 16 Thungstène ou scheelin. | 22 Osmium. |
| 3 Mercure. | 10 Zinc. | | 23 Colombium. |
| 4 Plomb. | 11 Bismuth. | 17 Manganèse. | 24 Cerium. |
| 5 Argent. | 12 Antimoine. | 18 Molybdène. | 25 Tantale. |
| 6 Cuivre. | 13 Tellure. | 19 Urane. | |
| 7 Fer. | 14 Arsenic. | 20 Titane. | |

*Densité.*

| | | | |
|---|---|---|---|
| Platine. | Mercure. | Argent. | Fer. |
| Or. | Plomb. | Cuivre. | Etain. |

*Fusibilité.*

| | | | |
|---|---|---|---|
| Mercure. | Plomb. | Or. | Fer. |
| Etain. | Argent. | Cuivre. | Platine. |

*Ductilité.*

| | | | |
|---|---|---|---|
| Or. | Argent. | Fer. | Plomb. |
| Platine. | Cuivre. | Etain. | |

*Dureté.*

| | | | |
|---|---|---|---|
| Fer. | Cuivre. | Or. | Plomb. |
| Platine. | Argent. | Etain. | |

*Maléabilité.*

| | | | |
|---|---|---|---|
| Or. | Mercure congelé. | Etain. | Zinc. |
| Platine. | Cuivre. | Plomb. | |
| Argent. | Fer. | Nickel. | |

*Cassans et faciles à fondre.*

| | | | |
|---|---|---|---|
| Bismuth. | Antimoine. | Tellurium. | Arsenic. |

*Cassans et difficiles à fondre.*

| | | | |
|---|---|---|---|
| Cobalt. | Tungstène ou scheelin. | Molybdène. | Titane. |
| Manganèse. | | Urane. | Chrôme. |

## DU PLATINE.

Ce métal n'a été trouvé jusqu'à présent que dans le pays de Santafé et du Choco, au Pérou, où on le recueille en petit grains aplatis mélangés de sable, de fer et d'or. On trouve, mais rarement quelques grains de platine, du poids de quarante à cinquante grains, et on les conserve alors comme un objet de curiosité dans les cabinets de minéralogie. M. de Humboldt en a rapporté un qui est de la grosseur d'une noisette. C'est un des plus considérables que l'on ait vu. Messieurs Collet Descotils, de Fourcroy et Vauquelin ont fait des recherches et des découvertes très-importantes sur le platine, et ont reconnu les premiers, les nouveaux métaux qui l'accompagnent. Il résulte de leur travail, que le platine brut tel qu'il est envoyé du Pérou, contient du sable quartzeux et ferrugineux, du fer, du soufre en sulfures métalliques, du cuivre, du titane, du chrôme de l'or, du platine, et un métal nouveau (1).

(1) Voyez le premier Mémoire de M. de Fourcroy, dans les Annales du Muséum, tome III, page 149, où ce célèbre chimiste rend toute justice à M. Descotils, qui lut le même jour que lui, à l'Institut, son travail fait séparément, et dont les résultats principaux furent les mêmes.

## DE L'OR.

L'or est toujours natif, et adopte quelquefois des formes cristallines. La riche collection de minéralogie du Muséum de Paris, présente en ce genre, les objets les plus remarquables et les plus précieux ; on trouve beaucoup plus fréquemment l'or.

En filets capilaires.

En lames plus ou moins grandes.

En paillettes.

En grains.

En rognons, sans gangue. Il porte alors le nom de *pépite*. L'on a trouvé quelquefois de ces pépites au Pérou ; qui ont pesé jusqu'à soixante-six marcs ; mais celles-ci sont fort rares. L'or est en général dans le quartz pur ou ferrugineux, souvent dans le sable, quelquefois dans des pyrites aurifères. Les mines d'or les plus abondantes sont au Pérou, en Hongrie, en Transylvanie, en Sibérie; divers fleuves et plusieurs rivières en charient des paillettes parmi leurs sables ; Bergman avoit raison de dire qu'après le fer, c'est le métal le plus généralement répandu sur la terre.

## DU MERCURE.

On trouve assez souvent ce métal natif. En cet état il reste liquide, même à un très-grand degré de froid; car il est encore coulant à 30° au-dessous de zéro du thermomètre de Réaumur; il ne prend de la consistance qu'entre 31 et 32, et alors il devient malléable, tant qu'on le soutient à ce degré.

Si dans quelques circonstances particulières le mercure natif se trouve en contact avec de l'argent, il s'unit à lui, et forme l'*amalgame natif de mercure et d'argent*, qui cristallise sous trois variétés de formes, selon M. Haüy: voyez son Traité de Minéralogie, tome III, page 433. On le trouve en cet état dans les mines de Morsfeldt, dans le Palatinat, et dans celle de *Rosenar*, dans la haute Hongrie.

Le mercure est le plus souvent uni au soufre, et forme le cinabre natif; sulfure de mercure des chimistes. Il est en cet état compacte, pulvérulent, strié, laminaire, en lignes courbes, et se présente aussi sous deux formes déterminables: voyez le Traité de Minéralogie de M. Haüy, tome III, page 489.

L'acide muriatique est entré aussi en combinaison avec le mercure, et a produit le mercure *corné* des anciens minéralogistes, *muriate de mercure* des chimistes; il se présente alors sous forme de croûte un peu mamelonnée, et quelquefois cristallisé en dodécaèdre: voy. pl. 66, fig. 29 du Traité de Minéralogie de M. Haüy. Le mercure corné se trouve dans les mines de cinabre du duché de Deux-Ponts.

Les mines de mercure d'*Ydria* fournissent des échantillons où le cinabre est mélangé avec le bitume.

Le Palatinat, le pays de Deux-Ponts, *Almaden* en Espagne, *Ydria* en Carniole, *Guanca-Velica* au Pérou, sont les lieux où l'on trouve les principales mines de mercure. Il y en a aussi au Japon; et si les Chinois qui en font de grandes consommations ne le tirent pas de là, il est à croire qu'ils en ont eux-mêmes des mines dans leur vaste empire.

Les mines de mercure sont tantôt dans les grès, tantôt dans un schiste feuilleté argileux plus ou moins dur, coupé quelquefois par des veines d'ardoise, et accompagné de fer dans divers états d'oxidation, et même de pyrites; quelquefois le spath calcaire et la baryte sulfatée l'environnent.

Il existe au Muséum d'histoire naturelle de Paris deux poissons fossiles sur un schiste argileux, qui sont très-remarquables en ce que, lorsqu'on observe ce qui reste de leurs écailles avec une loupe, on reconnoît distinctement qu'elles sont légèrement mouchetées de cinabre. On trouve plusieurs de ces poissons avec le même accident, dans les environs de *Munster-Appel*, département du Mont-Tonnerre, d'où ceux du Muséum sont venus et ont été donnés par M. Beurard, minéralogiste très-instruit. J'ai vu à Mayence, dans un cabinet, un poisson dans un schiste argileux impregné de cinabre, et un second dans une argile blanche, nuancée de rouge par le mercure sulfuré. On me dit qu'ils avaient été trouvés dans les mines de mercure de Deux-Ponts.

## DU PLOMB.

Le plomb est après le fer, le métal le plus abondant dans la nature; le zinc l'est beaucoup sans doute, mais il y a lieu de croire qu'il l'est un peu moins que le plomb. Patrin, dans son intéressant ouvrage sur les minéraux, a fait une remarque qui n'est pas sans mérite pour la géologie; il observe que la chaîne des monts Oural, dans l'Asie boréale, qui se prolonge du nord au sud dans une étendue de cinq cents lieues, depuis la mer Glaciale jusqu'à la mer Caspienne si riche en cuivre, en or et en fer, *ne contient pas une seule mine de plomb*; car il ne met pas dans cette classe, les trois petites veines de plomb rouge qu'on trouve dans la mine d'or de Beresof. Ce savant naturaliste qui a voyagé avec tant de fruit dans l'empire de Russie, sur les *monts Altaï*, dont la vaste chaîne sépare la Sibérie de la Tartarie chinoise, et qui est d'une plus grande étendue encore que celle des monts Oural, nous apprend de même que celle-ci ne contient pas *une seule mine de plomb*, quoiqu'elle soit très-riche en cuivre, en or et en argent. L'on est obligé, pour l'affinage des métaux fins de tirer le plomb des mines de la Daourie, où elles sont très-abondantes, et où l'on a trouvé des masses de galène qui avaient plus d'une toise de diamètre (1).

Les mines de plomb se trouvent dans diverses espèces de roches ; il en existe cependant de très-riches dans les pierres calcaires, même dans quelques-unes de celles qui sont coquillières.

M. Gillet-Laumont, qui a publié dans le journal de physique (mai 1766) la description des mines de plomb de Bretagne, rapporte un fait géologique très-remarquable relativement à la mine de Pontpean, dont le gisement est dans une masse argileuse bleuâtre de 12 toises d'épaisseur sur une largeur indéterminée ; ce filon exploité jusqu'à la profondeur de quatre cents pieds sur six cents toises environ de largeur, est adossé à l'ouest contre une roche schisteuse qui lui sert de mur, et a pour toit une argile grise. La salbande du côté du mur est une terre bitumineuse noirâtre ; mais ce qui prouve ici démonstrativement la théorie des filons dont j'ai fait mention dans les vues générales sur le gisement des mines, c'est qu'on a trouvé à deux cents quarante pieds de profondeur dans le filon, des *coquilles marines*, des *galets ou cailloux roulés*, et *un corps d'arbre dont l'écorce étoit changée en pyrite*, *l'aubier*

(1) Patrin, tome IV, page 224.

*en jayet*, *et le corps du bois en charbon.* On trouve aussi *du caoutchou ou bitume élastique fossile* attaché à de la galène dans le calcaire coquillier du Derbischire.

Passons à quelques détails sur les espèces de plomb les plus remarquables.

*Plomb natif.* L'existence du plomb natif dans sa gangue naturelle, non-seulement n'est pas démontrée, mais elle est plus que douteuse.

J'ai vu plusieurs fois sur les lieux le prétendu plomb natif dont M. de Gensane a fait mention dans son Histoire naturelle de la province du Languedoc, tome III, page 208. Ce ne sont que des grains de plomb fondus dans un laitier qu'on trouve sur un emplacement où l'on exploitait anciennement une mine d'argent.

On a pu trouver dans quelques circonstances assez rares du *plomb natif* dans certains produits volcaniques, mais il ne faut considérer alors l'état métallique du plomb que comme le résultat de l'action des feux souterrains qui, s'étant emparés de quelques fragmens de galène ou minérais de plomb, ont pu les réduire. Les feux volcaniques dans ces circonstances ont produit des résultats analogues à ceux de l'art.

Dans les fouilles faites au milieu des laves qui occasionèrent tant de dommages à la *torre del Greco* en 1794, on trouva du plomb; j'en ai des échantillons dans mes collections que je dois à l'amitié de M. de Cubières l'aîné, qui rapporta une suite très-intéressante des diverses matières enveloppées par la lave lorsqu'elle pénétra dans les maisons, et produisit des effets remarquables sur des instrumens de fer, de cuivre, sur le plomb, sur le verre, etc.; le plomb passa à l'état d'oxide plus ou moins rouge et demi-vitreux, et lorsque les gouttes fondues furent promptement enveloppées par la lave, elles formèrent des sulfures en rayons, quelquefois même cristallisés. Tompson, qui était sur les lieux, publia en 1795 un catalogue très-instructif des corps divers qui furent attaqués dans cette circonstance par les laves, et fit les mêmes observations que Breislak a rapportées dans son savant Voyage lithologique dans la Campanie, t. I, p. 282.

*Plomb en galène* ou *sulfure de plomb*, souvent *cristallisé*, d'autre fois *compacte*, *strié*, en *petites lames brillantes*, en *grains purs*, allié avec un peu d'argent, avec argent et antimoine, avec argent et fer. On voit dans le cabinet de M. Patrin, si riche en productions minéralogiques de la Russie, une jolie galène de Daourie formee de petits cubes séparés les uns des autres par des lames de calcédoine.

*Plomb oxidé*, combiné avec l'arsenic acidifère; *plomb vert arsenical de Proust*, Journal de physique, mai, 1787, page 394; *arseniate de plomb compacte* des chimistes, en filament, en lames épaisses, en fer de hache. Se trouve à Pont-gibeau en Auvergne, d'un jaune verdâtre; dans l'Andalousie, d'un vert de pré passant au jaune de cire; dans la Daourie, d'un blanc jaunâtre tirant quelquefois sur le vert, apporté par M. Patrin; à Baden-Weiler, dans le duché de Bade, d'un jaune de cire dans du spath fluor violet.

*Plomb oxidé* combiné avec l'acide molybdique; *molybdate de plomb*; jaunâtre, tendre et cassant, cristallisé, lamelleux, translucide: de Bleyberg en Carinthie.

*Plomb rouge orangé* de Sibérie, oxide de plomb et acide chromique, chromate de plomb, peu dur, translucide, cristallisé en lames minces. Le plomb tirant sur le vert, qui se trouve sur les mêmes morceaux que le plomb rouge, ne tient qu'à un accident de couleur : M. Vauquelin a reconnu que c'était la même combinaison. Lorsque M. Patrin visita en 1786 la mine d'or de Bérésof en Sibérie, où l'on trouvait le plomb rouge cristallisé dans une gangue de quartz ferrugineux, il y avait quinze ans qu'on ne le rencontrait plus qu'en très-petites lames minces et informes dans un gneiss. Pallas nous apprend dans son voyage en Sibérie, tome II, page 390, qu'il en avait trouvé dans les interstices d'un grès en couches horizontales à 15 lieues de la mine de Bérésof.

*Plomb combiné avec l'acide phosphorique, phosphate de plomb* vert, rougeâtre, jaunâtre, gris cendré, gris-brun, opaque, translucide, cristallisé en stalactites mamelonnées.

Le rougeâtre, le jaunâtre et le gris-brun se trouvent en Bretagne dans la mine du Hoelgoet. Patrin a reconnu en Sibérie le rougeâtre sur la même gangue que le plomb rouge de Bérésof; le vert, à la Croix en Lorraine, près de Fribourg en Brisgaw, et dans le Hartz.

*Plomb combiné avec l'acide carbonique*, plomb blanc spathique, carbonate de plomb, tendre et fragile, nacré, jaunâtre, blanchâtre, limpide, cristallisé, en fer de hache, en aiguilles libres, en faisceaux, en stalactites.

On le trouve en très-beaux cristaux dans les mines de Gazimour en Daourie, dans celles du Hartz, de la Croix en Lorraine, du Hoelgoët en Bretagne, et autres mines.

*Plomb minéralisé par l'acide sulfurique*, sulfate de plomb. L'on doit au docteur Witering la découverte de ce plomb qu'il reconnut dans le toit supérieur d'une mine de cuivre pyriteuse, et dans les cavités d'une ocre martiale brune. Ce plomb est tendre, limpide, quelquefois jaunâtre, translucide, cristallisé, et en grain. Je ne fais pas mention des *plombs terreux*, parce que dérivant, en général, des espèces précédentes, leur état pulvérulent n'est, pour ainsi dire, qu'accidentel, et ne doit pas les tirer de leurs espèces chimiques.

## DE L'ARGENT.

*Argent natif*, cristallisé, ramifié, réticulé, capillaire, lamelleux, en grains, en masses informes, au Pérou, au Mexique, en diverses parties de l'Europe, en Asie, etc.; même couleur que l'argent ordinaire, cassant, lamelleux, strié, en prismes déformés, en grains de forme irrégulière. On le trouve à Casalla en Espagne, dans la principauté de Fustemberg, au Hartz, etc.; il est quelquefois mêlé d'un peu de fer et d'arsenic.

*Argent vitreux*, sulfure d'argent. Cet argent combiné avec le soufre est d'un gris de plomb, un canif le coupe avec facilité, en rubans flexibles et brillans. Il est malléable et réductible au chalumeau, cristallisé, capillaire, ramifié, lamelleux, amorphe. Il est associé quelquefois avec l'antimoine, le soufre et le fer; on le trouve au Mexique, à Freyberg en Saxe, à Kansberg en Norwège, à Joachimsthal en Bohème, en Sibérie, à Schlangenberg, à Schemnitz en Hongrie, etc.

*Argent rouge*, argent et antimoine oxidés, combinés avec le soufre (1), cassant, produisant une poussière d'un rouge cramoisi lorsqu'on le

---

(2) D'après l'Analyse de M. Vauquelin, Journal des mines, n.° 17, page 1.

racle avec la pointe d'un canif, cristallisée, en grains, en portions massives indéterminées, d'un beau rouge, d'un rouge sombre, ayant quelquefois l'aspect métallique : il est allié dans quelques circonstances particulières avec un peu d'or ou un peu de fer.

Se trouve en Saxe, en Bohème, au Hartz, en Hongrie, à Guadalcanal en Espagne, à Sainte-Marie aux mines en France. Patrin nous apprend que les mines de Sibérie n'en contiennent presque point, si ce n'est quelques parcelles à peine discernables (1).

*Argent corné*, muriate d'argent, couleur de corne, presque aussi fusible que la cire, cubique ou en cubes qui s'allongent en parallélipipèdes, amorphe. Les riches échantillons d'argent corné qu'on voit dans les galeries du Muséum d'histoire naturelle à Paris, viennent des mines du Pérou, et furent apportés par Dombey. Il y en a aussi au Mexique ; on en trouve à Freyberg en Saxe, à Guadalcanal, à Sainte-Marie aux mines en France.

## DU CUIVRE.

*Cuivre natif*; cristallisé, ramifié, en réseaux, lamelleux, capillaire, en grains mamelonnés, en grappes,

(1) Histoire naturelle des minéraux, tom. V, pag. 135

amorphe. Les mines de Goumechetski, dans les monts Oural, à quinze lieues au sud-ouest d'Ekaterinbourg, celles de Tourinski du nom de la rivière Touria, à plus de cent lieues au nord de la même ville, sont celles qui ont fourni les plus riches échantillons de cuivre natif. Patrin, qui en a visité les grandes exploitations, nous dit au sujet de celles de Goumechetski, qui est aussi très-riche en belles malachites, « Que cette mine est dans une espèce de » plaine, au bord d'un lac et entourée de monta» gnes primitives. Le filon est dans une situation » à-peu-près verticale : *il a pour mur un banc* » *de marbre blanc primitif de cinq à six toises* » *d'épaisseur qui est dirigé du nord au sud,* » *comme la chaîne des monts Oural.*

Le même naturaliste nous apprend aussi que les mines de Tourinski, distantes de plus de cent lieues de celle dont je viens de rapporter le gisement d'après cet excellent observateur, se trouvent sur la base orientale de la chaîne des monts Oural, vers le soixantième degré de latitude, et dans une partie qui fait un coude en s'avançant à l'est, par une longue trainée de petites collines, et il ajoute : « Les trois mines sont éloignées l'une de l'autre » d'une demi-lieue, et leur filon décrit une courbe » qui embrasse cette espèce de promontoire. La » roche des collines est un porphyre tendre à » base de cornéenne, d'une couleur olivâtre ; à » cette roche succède un schiste argileux *contre*

» *lequel est appuyé un banc très-épais de mar-*
» *bre blanc à gros grains* qui sert de mur au filon. Histoire naturelle des minéraux, tome V, page 99 et suivante.

Ces deux beaux faits géologiques sont dignes d'une grande attention, et la science à des obligations à M. Patrin de nous les avoir fait connaître dans une partie déserte et reculée où peu de naturalistes sont à portée d'aller puiser des observations.

Le cuivre natif se trouve dans plusieurs mines de la Hongrie, de la Transylvanie, de la Suède, etc.

*Cuivre pyriteux;* est le résultat de la combinaison du cuivre, du fer et du soufre. C'est l'espèce la plus commune des mines de cuivre; sa couleur est ordinairement le jaune de laiton, avec des accidens de lumière qui lui donnent quelquefois l'aspect de la gorge de pigeon ou de la queue de paon, rarement cristallisée, tuberculeuse, mamelonnée, amorphose, souvent en grandes masses.

*Cuivre hépatique*; paraît devoir son origine au cuivre pyriteux qui a éprouvé une décomposition plus ou moins avancée. Sa cassure présente des teintes de jaune mêlées de bleu, de violet et de verdâtre; si l'on gratte ce cuivre avec une pointe d'acier, la poussière qui en résulte est rougeâtre : la pyrite cuivreuse se trouve dans un grand nombre de mines de cuivre.

*Cuivre gris.* Le cuivre gris, désigné par les minéralogistes d'Allemagne sous le nom de *falhers*, paraît être plutôt un mélange très-variable de plomb, d'antimoine, de fer, d'argent et de cuivre, ce qui est très-embarrassant pour la classification; mais en attendant que quelques circonstances particulières nous mettent à portée d'acquérir des données plus stables et plus positives sur ce que nous devons appeler véritablement cuivre gris ou falhers, je me restreindrai à suivre l'opinion très-judicieuse de M. Haüy (1), et à donner comme lui ce nom à la substance qui, offrant des cristaux remarquables par la netteté de leurs formes et par le vif éclat de leur surface tels que ceux de Baigory, doivent être considérés comme le cuivre gris par excellence. La couleur du cuivre gris est celle du gris d'acier poli; les cristaux se ternissent quelquefois à l'air : sa poussière noirâtre a quelquefois une teinte légère de rouge. M. Haüy observe que le tétraèdre régulier ne s'est encore rencontré jusqu'ici comme forme primitive que dans l'espèce dont il s'agit, et dans le cuivre pyriteux.

*Cuivre sulfuré*, *sulfure de cuivre*. Couleur gris-de-fer, nuancée quelquefois de bleuâtre, donne une dissolution bleue dans l'ammoniaque. Sa cristallisation diffère du tétraèdre régulier ce qui

---

(1) Traité de minéralogie, tom. III, page 549.

doit empêcher de le confondre avec l'espèce précédente ni avec la pyrite. On trouve le cuivre sulfure en Saxe, en Thuringe, dans les monts Altaï, etc. associé en général à d'autres mines de cuivre, particulièrement aux pyrites cuivreuses.

*Cuivre rouge oxidé*, cristallisé, capillaire, en petites lames, compactes. On voit dans le cabinet de Patrin des cristaux octaèdres de cuivre rouge qui ont jusqu'à trois lignes de diamètre, ce qui est rare : ils ont été trouvés dans une des mines de la Touria, dans les monts Altaï. Il y a des cristaux de cuivre rouge qui sont quelquefois transparens comme des rubis, et qui viennent de Moldava en Hongrie. M. Vauquelin a reconnu que des cristaux très-purs de cuivre rouge de Sibérie, que lui avait fourni M. Haüy, ne contenaient point d'acide carbonique et n'étaient que du cuivre un peu chargé d'oxigène (1).

*Cuivre bleu d'azur;* cuivre carbonaté bleu d'Haüy, *Traité de minéralogie*, *tome III*, *page* 562; cristallisé, lamelleux, en grains, mamelonné, informe, quelquefois terreux; soluble avec effervescence dans l'acide nitrique, insoluble dans l'eau, et réductible au chalumeau. L'on voit dans le cabinet de Patrin des cristaux d'azur d'un pouce de longueur, tirés de la mine de Kleopinski, dans les monts Altaï.

---

(1) Traité de minéralogie, par M. Haüy, tome III, page 559.

*Malachite* (1); cuivre oxidé combiné avec l'acide carbonique, cuivre carbonaté vert, de M. Haüy, tome III, page 571, en masses mamelonnées, striées et contournées en différens sens, avec des zones d'une teinte plus claire, facile à racler avec un canif. La poussière qu'on en obtient est verte, cependant la malachite mamelonnée est assez dure pour recevoir le poli : elle fait effervescence avec l'acide nitrique dans lequel elle est soluble. Souvent la malachite est disposée en aiguilles fines, translucides, réunies en faisceaux ou en rayons divergens, quelquefois en petites houppes ; c'est la malachite soyeuse.

---

(1) Je préfère ici le nom de malachite à celui de cuivre carbonaté vert, parce qu'il est plus court, que l'usage a fixé l'acception de ce mot sur cette belle espèce de cuivre. Un seul adjectif suffit pour désigner ses variétés : ainsi je dis malachite *mamelonnee*, *soyeuse*, etc. au lieu qu'en voulant associer les propriétés chimiques au mot, l'on emploie plusieurs épithètes consécutives, et l'on dit *cuivre carbonaté vert*, *correctionne*, ou *soyeux*, si l'on désigne cette seconde variété.

J'aime qu'on laisse à la chimie ce qui lui appartient ; elle nous a éclairé sur tant de choses en minéralogie, qu'il est reconnu qu'on ne saurait se passer d'elle ; il faut avoir recours séparément à ses phrases et les citer à côté du nom, mais ne pas amalgamer son langage avec celui du minéralogiste, lorsqu'on peut faire autrement : les deux sciences sont sœurs, mais elles ont des physionomies différentes.

Ce qu'on appelle vert de montagne n'est que la même matière pulvérulente plus ou moins mélangée de parties terreuses qui affaiblissent sa belle couleur. Le Muséum d'histoire naturelle, les cabinets de MM. Patrin, Lecamus, et Paris, réunissent les plus magnifiques et les plus brillans échantillons en ce genre tirés des mines de Sibérie.

Pelletier reconnut la présence de l'acide carbonique dans la malachite, et observa que cette espèce de cuivre vert diffère du cuivre bleu d'azur, parce qu'elle est pourvue d'une plus grande quantité d'oxigène. Il serait à désirer que dans l'état d'exactitude et de perfection où la chimie est parvenue ; elle entreprit quelques travaux sur le cuivre oxidé rouge, sur celui d'azur et sur la malachite ; car d'une part M. Vauquelin regarde le premier comme du cuivre un peu oxidé ; Pelletier considère l'azur comme du cuivre oxidé avec l'acide carbonique et la malachite comme le même métal combiné avec le même acide, mais un peu plus oxidé : de manière que l'on voit que de très-petites doses d'oxigène jouent un rôle singulier dans la diversité si tranchante de ces couleurs.

La Sibérie, la Hongrie, le Hartz, le Tyrol et quelques autres lieux, fournissent de la malachite.

*Cuivre muriaté vert du Pérou.* Il est d'un vert d'émeraude, projeté sur la flamme d'une bougie ou sur du papier allumé, il produit en brûlant, une belle couleur verte nuancée d'azur. Dombey rapporta du Pérou ce cuivre remarquable, sous forme d'un sable fin mêlé d'un peu de sable quartzeux et de quelques petits corps qui lui sont étrangers. Il nous apprit qu'il s'était procuré ce minéral d'un Indien, aux mines de *Captapu*, qui l'assura qu'on le trouvait à deux cents lieues de là, dans la province de *Lipes*. Les Espagnols, qui ont fait des recherches postérieures, se sont procurés des échantillons de cette belle mine verte, en petits cristaux, sur une gangue de cuivre. J'en possède un très-beau morceau, que je tiens de M. Godin-Saint-Memin, qui en a enrichi ma collection; les cristaux sont très-multipliés et attachés à du cuivre carbonaté, et à du cuivre oxidé.

*Cuivre arséniaté;* cuivre oxidé combiné avec l'acide arsénique, arséniate de cuivre des chimistes; d'un vert de pré, d'un vert d'olive plus ou moins foncé qui lui avait fait donner par Emmerling le nom d'*olivernerz*, que j'aurais bien été tenté d'adopter si le nom ne dérivait pas de la couleur, qui n'est pas toujours olive, puisqu'il passe au bleu et même au bleu céleste : ce nom rappellerait d'ailleurs l'olivine de Werner, qui est d'une nature différente.

Le feu dégage de cette combinaison de cuivre, une odeur d'arsénic; on le trouve cristallisé, capillaire, lamelleux, dans le comté de Cornouaille, en Angleterre, près d'une mine de fer.

*Cuivre phosphaté ;* cuivre combiné avec l'acide phosphorique, *phosphorsaüre* kupfer des Allemands; couleur d'un vert-noiratre à l'extérieur, d'une teinte beaucoup plus claire à l'intérieur, disposé en petites masses mamelonnées ou quelquefois en petits cristaux qui se rapprochent de la forme cubique, mais dont les faces sont légerement curvilignes.

En général il ressemble assez, au premier coup-d'œil, au cuivre malachite, ou mieux encore au cuivre muriaté.

Klaproth a reconnu cette espèce dans celui qu'on a trouvé à Rhembreidbach, près Cologne, département de la Roër; mais M. Sage l'avait déjà distingué dans une mine de cuivre des environs de Nevers. Voyez Journal de Physique, 1793, tome II, page 333.

*Vitriol bleu natif;* sulfate de cuivre des chimistes. Comme cette combinaison de l'acide sulfurique et du cuivre est soluble dans l'eau, on l'a trouvé rarement cristallisée dans le voisinage des mines où elle est le plus souvent tenue en dissolution, et où les eaux qui en sont saturees la laissent déposer sur les pierres ou autres corps environnans. L'art imite parfaitement cette production utile dans les teintures, il en existe plusieurs fabriques, ce qui est beaucoup plus commode et plus expéditif, que d'aller la retirer de quelques eaux qui en sont naturellement chargées, ainsi que les anciens étaient obligés de le pratiquer. *Pline*, qui rapporte ce fait, donne à ce sel le nom de *calcanthe*, et indique le procédé dont on faisait usage pour le tirer de quelques puits ou étangs qui étaient en Espagne.

## FER.

*Fer natif.* Le fer natif, dont on ne peut contester l'existence, est celui qui fut trouvé dans la fameuse masse isolée, qui pesait environ quatorze cents livres, découverte sur le sommet d'une montagne en Sibérie, et qui fut déposée par les soins de Pallas, à Pétersbourg. Un autre fer natif analogue, est celui qui est disséminé dans les pierres qui, dans quelques circonstances particulières, tombent de l'atmosphère et contiennent toutes du fer brillant et maléable ayant les propriétés du fer forgé. Mais les pierres dont il est ici question portent toutes les caractères d'un feu prompt et violent, qui paraît même surpasser celui que l'homme a l'art de mettre à sa disposition dans ses plus grands ateliers.

Je ne me permettrai sans doute aucune réflexion sur un fait aussi extraordinaire qu'incontestable, et sur lequel il faut attendre que le temps nous éclaire; mais je dirai que les scories vitreuses qui accompagnent la masse de Sibérie, que l'espèce de croûte ou vernis qui enveloppe les pierres météoriques, ne permettent pas de douter que le feu n'ait contribué à régénérer ce fer : il me semble qu'il faut le considérer alors comme espèce particulière dans la nature.

Il en est ainsi de celui que M. Maussier trouva en petite quantité dans un ravin, au milieu des scories de l'ancien volcan de *Gravenaire* en Auvergne; de celui passé à l'état d'acier, à la *Bouiche*, département de l'Allier, à côté d'une mine de charbons autrefois embrâsée.

Nous ne voyons jusques-là que du fer réduit par l'intermède du feu.

Cependant M. Karstein a décrit du fer natif de *Kamsdorf* en Saxe, et M. Schreiber, du fer natif trouvé par lui sur la montagne de *Ouille*, département de l'Isère; il faut donc admettre, d'après le témoignage de deux minéralogistes aussi éclairés, l'existence du fer natif, en très-petite quantité à la vérité, mais formé par la voie ordinaire : car il est à croire que ces savans naturalistes se sont bien assurés qu'aucunes masses de fer abandonnées, appartenant à d'anciennes exploitations et enfouies dans la terre, et qui ne se seraient pas oxidées complètement, auraient pu donner lieu à quelque méprise.

*Fer magnétique.* Fer noir, fer oxidulé de M. Haüy Traité de Minéralogie, tome IV, page 10

On le trouve sous deux formes différentes, l'une compacte, l'autre cristallisée et ayant une apparence métallique.

Comme c'est dans cette espèce de fer que se trouve l'aimant par excellence, j'ai cru qu'on devait lui conserver le nom de fer magnétique, en reconnaissance des grands services qu'il a rendus à la navigation et à la physique. L'espèce compacte qui est la plus magnétique de toutes, produit une poussière noire; son tissu est en général compacte, mais quelquefois en grains et même écailleux. Voyez, au sujet des formes déterminables du fer magnétique, le Traité de Minéralogie de M. Haüy.

La Suède, la Norwége, la Sibérie, les Philippines et plusieurs autres lieux, ont des mines de fer dans lesquelles on trouve du véritable aimant.

[1] *Fer spéculaire;* fer micacé, fer oligiste de M. Haüy, couleur gris d'acier, poussière noirâtre, mêlée d'une teinte de rouge, tandis que celle de l'espèce précédente est noire. Le fer magnétique cristallise en octaèdre régulier, et le fer spéculaire n'adopte jamais cette forme. Ce dernier n'agit point sur le barreau aimanté, tandis que l'autre agit fortement et est souvent un aimant lui-même. Les beaux fers chatoyans de l'île d'Elbe, les petits cristaux très-brillans de Framont, dans les *Vosges*, sont de véritables fers spéculaires cristallisés : on le trouve aussi sous forme lenticulaire, lamelleux, écailleux, amorphe. Le fer spéculaire est quelque-

fois formé par sublimation dans les fissures et les cavités des laves de quelques bouches volcaniques. Spallanzani, Fleuriau de Bellevue, ont rapporté de leurs voyages au volcan de Stromboli des cristaux lamelliformes très-brillans dont quelques-uns ont plusieurs pouces de largeur. Comme ces cristaux se sont formés par sublimation, il est très-difficile de démêler à l'inspection leurs véritables formes ; il était réservé à la sagacité et à l'œil très-exercé de M. l'abbé Haüy de déchiffrer cette énigme et d'atteindre, à l'aide de savantes considérations théoriques, la vraie détermination de ces cristaux.

*Fer mispickel;* fer minéralisé par l'arsénic, couleur blanc d'étain, quelquefois un peu jaunâtre, étincelant sous le briquet en répandant une odeur d'ail, cristallisé, amorphe, quelquefois irisé; se trouve à Freyberg, et en Angleterre dans le comté de Cornouaille; en France, à une demi-lieue de Flaviac, département de l'Ardèche, où il est engagé dans un filon de quartz, encaissé dans un granit feuilleté (gneiss des Allemands , etc. Le mispickel peut être souillé quelquefois d'un peu de soufre.

*Fer sulfuré*, pyrite martiale, sulfure de fer des chimistes Les formes que la pyrite martiale, fer sulfuré de M. Haüy, adopte dans sa cristallisation, sont tres-variées. Voyez les nombreuses figures que ce célebre naturaliste a publiées à ce sujet dans la planche LXXVI de son Traité de minéralogie.

*Fer hépatique;* ce fer est le résultat de la décomposition de la pyrite martiale par le dégagement du soufre qui disparait sans altérer la forme cristalline; le brillant métallique s'efface, et la dureté ainsi que la gravité spécifique sont diminuées.

*Fer hématite;* fer oxidé, Haüy, VI.^e^ esp. tom. IV, page 104.

La pyrite qui perd son soufre, perd aussi son brillant métallique et montre à nu son fer hépatique. Cette espèce de terre martiale, reprise par les eaux et disséminée sur diverses surfaces, peut s'oxider d'avantage. Ne seroit-ce pas par une transition à peu près semblable que ce fer passerait par gradation à l'état de fer hématite?

Les mines de fer hématite, soit brunes, soit d'un brun-jaunâtre, soit rougeâtres, se trouvent en Allemagne, en Saxe, en Thuringe, en Hongrie, en Styrie, dans le Tyrol, en Souabe, en Sibérie, dans le Palatinat, dans la Hesse, au Hartz, dans les Pyrénées, en Vivarais, etc.

*Fer émeril.* On n'exploite point ce minéral pour en retirer le fer, mais sa grande utilité dans beaucoup d'arts et de manufactures, comme corps de la plus grande dureté après le diamant, fait qu'il est très-recherché dans le commerce. On le vend en poudre de plusieurs degrés de ténuité; il est dans la mine sous forme amorphe, et sa couleur varie, depuis le *gris* jusqu'au *noirâtre* et au *rougeâtre;* sa cassure est à grain fin et serré, quelquefois écailleuse, et sa raclure d'un rouge-brun. Comme le fer se trouve inégalement mélangé dans l'émeril, il y a des morceaux attirables et d'autres qui n'ont aucune action sur le barreau aimanté. On s'est beaucoup occupé des causes physiques et chimiques qui avaient pu donner à ce minéral une dureté capable d'entamer le rubis et le saphir; mais tout ce qui avait été dit a ce sujet n'était établi que sur des opinions dénuées de fondement, puisqu'on a reconnu que cette grande dureté est étrangère au fer et à son union avec le quartz, et qu'elle tient au véritable *spath adamantin* (corindon de quelques minéralogistes), qui s'y trouve mêlé en molécules plus ou moins abondantes, quelquefois même en petits cristaux colorés.

C'est à M. Hachette que l'on doit cette belle observation.

L'Emeril se trouve dans l'île de Naxos, en Perse du côté du mont Niris, dans les Indes orientales. C'est un minéral qui n'est pas aussi commun qu'on le croit ordinairement, car il n'y en a pas une seule mine en France, l'on pourrait même dire dans tout le continent de l'Europe

Nous ne faisons ici mention de ce minéral qu'à cause de la grande quantité de fer qui y est unie.

*Plombagine*, carbure de fer des chimistes. L'analyse ayant fait reconnaître dans cette substance de fer sur une partie de carbonne, elle paraît devoir faire suite aux diverses combinaisons qu'éprouve ce métal dans la terre; ses caractères extérieurs sont connus de tout le monde, il serait donc inutile de les retracer ici.

La belle plombagine qui sert à faire les crayons anglais, se trouve à Barrodal près Kerwig dans le Cumberland, et la mine est d'un grand rapport à cause de son degré de finesse et de dureté convenable à l'objet auquel elle est destinée.

Cette substance minérale n'existe qu'en petit nombre d'endroits, mais elle est en général assez abondante dans les mines que nous en connaissons; la Bavière, l'Espagne, l'Ecosse en fournissent. On en trouve de cristallisée dans le Groenland.

*Fer spathique*; cette mine de fer, est d'autant plus précieuse qu'elle est très-riche et qu'elle a surtout la propriété de passer facilement à l'état d'acier. Les fameuses mines de Styrie, de Suède, d'Allevard dans le département de l'Isère, sont très-abondantes en fer spathique.

Les minéralogistes et les métallurgistes ont toujours placé avec raison le fer spathique sur la ligne des plus riches mines de fer; les lieux que j'ai indiqués ci-dessus, ne sont pas les seuls où l'on trouve du fer spathique; il y en a dans la Hongrie, le Tyrol, la Souabe, la Saxe, la Bohême, etc.

*Chromate de fer*; triple combinaison de l'oxide de fer, de l'acide chromique et de l'alumine.

Le minéralogiste *Pontier* découvrit ce nouveau minéral en 1799, dans le département du Var, près du golfe de Grimant, non loin de Gassin, dans un lieu appelé la *Bastide de Carrade*. M. Vauquelin à qui l'on doit la découverte de l'acide chromique, fit l'analyse de cette mine remarquable, qui est d'un brun noirâtre; elle raye le verre, sa cassure est très-raboteuse, elle a un peu de brillant métallique, sa poussière est d'un gris cendré.

*Phosphate de fer*; ce minéral nouveau fut rapporté de l'île de France, par M. Roch, propriétaire dans cette île: deux morceaux d'un volume assez gros, dont l'un est roulé, ont été déposés dans la collection minéralogique du Muséum d'histoire naturelle. La couleur est d'un bleu foncé, la contexture est lamelleuse, et le minéral est fragile. Un fragment fut remis à M. Fourcroy, qui chargea M. Laugier d'en faire l'examen et de le soumettre aux expériences que lui traça le célèbre professeur.

M. Laugier montra l'échantillon à M. Vauquelin, qui reconnut au premier aspect cette matière comme absolument analogue à un minéral que

M. Abildgaard lui avait donné quelque mois avant sa mort, sous le nom de *phosphate de fer du Brésil*, et dont il avait en effet obtenu du *phosphate de fer*. M. Laugier procéda sous la direction de M. Fourcroy à une analyse tres-soignée du minéral de l'île de France, dont les résultats furent que 100 parties contiennent:

Fer, 41,25; acide phosphorique, 19,25; eau, 31,25; aluminé, 5; silice ferruginée, 1,25; perte, 2.

Il éxiste donc du phosphate de fer naturel au Brésil et à l'île de France.

Je crois que ce serait le cas de placer ici, comme seconde espèce, le fer dit *azuré*, puisque d'après l'analyse qu'en a faite Klaproth, il en a retiré de l'acide phosphorique.

Ce dernier fer se trouve ordinairement dans des tourbières et autres terrains marécageux, déposé en petites masses peu cohérentes, et qui se réduisent facilement en poussiere maigre et sèche au toucher. Sa couleur est d'un blanc grisâtre avant qu'on le tire; mais l'action de l'air le fait passer bientôt au *bleu d'indigo;* ce qui l'avait fait considérer autrefois mal à propos comme un bleu de Prusse natif.

*Vitriol vert*; sulfate de fer des chimistes. Witriol of iron de Kirwan, tome II, page 20.

Ce sel soluble doit en général son origine à la décomposition naturelle des pyrites de fer.

Mon respect pour les noms anciens, et ma reconnaissance pour ceux qui nous ont instruit les premiers en les employant, m'ont engagé à les conserver lorsque leur acception était positive et ne jetait ni dans l'erreur ni dans l'incertitude; mais j'ai eu la plus grande attention de placer à côté la phrase chimique qui, en déterminant le caractère constitutif du minéral d'une manière précise, nous dispense le plus souvent de rapporter les nombreuses synonymies qui occupent des pages entières et grossissent les volumes sans autre but la plupart du temps que l'étalage d'une érudition fastueuse. Lorsqu'une substance nouvellement découverte n'a pas eu de nom propre, j'ai eu souvent recours au langage de la chimie.

## DE L'ÉTAIN.

*Flexible, malléable, peu tenace dans son état métallique.*

*Etain vitreux*, brun, noirâtre, tirant sur le rouge, passant d'un côté au noir, de l'autre au gris-blanchâtre, quelquefois transparent et même diaphane; cristallisé, informe, globuleux, sablonneux, granuleux: se trouve en Angleterre dans le pays de Cornouaille, à Schlackenwald en Bohême, à Altemberg en Saxe. Sa gangue est quelquefois dans le granit; on en trouve aussi à l'île de *Banca*, près de *Sumatra*, et en Chine, où il porte le nom de *kalin*. J'en ai vu un bel échantillon venu de ce pays, dans le cabinet de M. Blumenbach, à Gottingue, d'un gris-jaunâtre, avec du tungstein noir, dans une gangue quartzeuze. On en voit un semblable qui vient aussi de la Chine, dans le cabinet de la monnoie. Voyez page 380, du Catalogue de cette superbe collection faite par M. Sage, fondateur de la première école des mines en France, et à qui la minéralogie a de grandes obligations.

*Hématite d'étain*, étain limonneux de Blumenbach (Manuel d'histoire naturelle, tom. II, pag. 370, de la traduction francaise de M. Artaud), c'est le *wood-tin* des Anglais ; il est opaque, à fibres divergentes, en petits rognons avec des couches concentriques, étincelant contre l'acier et de couleur brune, se trouve à Gavrigan en Cornouaille Klaproth, qui en a fait l'analyse, y a reconnu 63,3 d'étain.

*Pyrite d'étain*, *tin pyrites*. Kirwan, tom. II, page 200; sulfure d'étain allié au cuivre. de Born, catalogue, tom. II, page 250; mine d'étain sulfureux, pyrite d'étain, or musif, natif.

Sa couleur passe du gris d'acier au jaune de bronze, éclat métallique, aigre, amorphe; contient d'après Klaproth, 34, étain, 36; cuivre, soufre, 25; fer, 3.

La pyrite d'étain n'a été trouvée jusqu'à présent qu'à Wnealrock et à Saint-Agnès en Cornouaille.

## NICKEL.

Lorsqu'on obtient le nickel pur sous forme métallique, ce qui est difficile parce qu'il paraît inséparable d'une petite portion de fer, sa couleur est alors le blanc mêlé d'une teinte de gris.

C'est sa propriété magnétique qui a persuadé qu'il restait toujours un peu de fer mêlé dans le nickel. Klaproth, qui avait tenté de l'obtenir pur, n'avait pu le dépouiller de cette propriété magnétique; ce qui l'engagea à croire que ce métal partageait avec le fer cette propriété. M. Haüy a fait des recherches très-délicates et très-ingénieuses pour résoudre ce problème; il faut lire ce qu'il a écrit à ce sujet dans son savant Traité de minéralogie, tome III, page 511. Il employa une petite lame de nickel, purifiée avec tout le soin possible par M. Vauquelin, et qui agit malgré cela par attraction sur l'un et l'autre pôle d'une aiguille aimantée. M. Haüy parvint ensuite à lui donner le magnétisme polaire, en employant la methode de M. Coulomb. D'après diverses expériences, le savant minéralogiste est d'avis que *tout concourt, sinon à démontrer, du moins à rendre extrêmement probable, l'opinion que le nickel jouit par lui-même des propriétés magnétiques.*

*Kupfernickel;* nickel arsénical, rouge de cuivre pâle, quelquefois jaune-rougeâtre, cassure raboteuse et à angles obtus, forme dans l'acide nitrique un précipité verdâtre, répand une odeur d'ail au chalumeau, contient de l'arsénic, du fer, du soufre et du cobalt.

Se trouve à Riegelsdorf en Hesse, à Schneeberg, à Saalfeld, à Andreasberg en Allemagne; en France, à la mine d'argent d'Allemond, et en Angleterre, dans le Cornouaille.

*Oxide de nickel* vert-pomme, non soluble dans l'acide nitrique, pulvérulent, quelquefois en morceaux amorphes. C'est cet oxide qui colore en vert la *chrysoprase*, ainsi que Klaproth l'a reconnu le premier : l'oxide de nickel se trouve en général à côté du Kupfernickel.

## ZINC.

Le zinc a une couleur moyenne entre le plomb et l'étain; il est malléable, du moins jusqu'à un certain point; son tissu est lamelleux, il est soluble avec effervescence dans l'acide nitrique, fond avant que de rougir et s'allume dans un creuset en plein air. Si l'on pousse le feu un peu vivement, la flamme est d'un blanc un peu bleuâtre et d'une vivacité éblouissante. On n'a point encore trouvé le zinc sous forme métallique dans la nature, il est toujours combiné; c'est en alliant le zinc au cuivre qu'on fait le laiton, métal mélangé qui est de la plus grande utilité dans les arts : il entre aussi dans la composition du bronze, en le mêlant avec l'étain et le cuivre.

*Calamine*, oxide de zinc d'un blanc-jaunâtre; cristallisée, mais le plus souvent informe, quelquefois mamelonnée, cellulaire, d'autrefois terreuse. Les mines de calamine ne sont pas en général rares, et on en trouve dans plusieurs pays. La France, par l'agrandissement de son territoire, a acquis une des plus abondantes mines de zinc calaminaire, celle de *Henri-Chapelle*, à cinq lieues d'*Aix-la-Chapelle* : les belles fabriques de laiton de *Stolberg*, qui ne sont situées qu'à quelques lieues de là, en font de grandes consommations.

*Blende*, sulfure de zinc; tissu lamelleux, cristallisé, mamelonné, en globules : ces derniers sont tantôt formés d'enveloppes concentriques, tantôt striés du centre à la circonférence. La couleur de la blende varie, on en voit d'un jaune citrin; celle-ci est transparente pour l'ordinaire. Il y en a de verdâtre, de brune, de noirâtre et de rouge. La blende est alliée quelquefois a d'autres métaux : on la trouve en Hongrie, en Saxe, en Bohême, etc.

## BISMUTH.

*Bismuth natif*, en petites lames rectangulaires,

quelquefois triangulaires, souvent informes, couleur d'un blanc un peu jaunâtre, quelquefois irisé.

*Bismuth sulfuré*, gris de plomb avec une teinte superficielle jaunâtre; cassure feuilletée, ne faisant point d'effervescence avec l'acide nitrique, fusible à la flamme d'une bougie : se trouve à Schneéberg, à Johann-Georgenstadt en Saxe, et à Bascnats en Suède : dans une gangue quartzeuze.

*Bismuth oxidé.* Le bismuth, sous forme pulvérulente, recouvre quelquefois les morceaux de mine de bismuth natif: on le trouve aussi, mais rarement, en petites masses solides et informes: la couleur de l'oxide de ce métal est jaunâtre. Cet oxide est réductible au chalumeau.

## ANTIMOINE.

L'utilité de l'antimoine en médecine, les services qu'il a rendus à l'art de l'imprimerie pour la fonte des caractères, rendent ce métal recommandable ; sa couleur est moyenne entre le blanc d'étain et le blanc d'argent; il est aigre et fragile, son tissu est lamelleux et s'évapore à un feu violent.

*Antimoine natif* Se trouve à Sulberg en Suède. Le minéralogiste Scheireber en a trouvé près d'Allemond en Dauphiné, qu'on avait regardé jusqu'alors pour une pyrite arsénicale.

*Antimoine gris*, mine d'antimoine grise. Blumenbach, Manuel d'histoire naturelle, tome II, page 375. Antimoine sulfuré, Haüy, Traité de minéralogie, tome IV, page 264: gris d'acier, quelquefois gris de plomb. Le frottement dégage une odeur de soufre; il est fusible à la simple flamme d'une bougie; compacte, en aiguilles divergentes ou réunies en faisceaux, en fibres soyeuses et élastiques. L'antimoine en plume se trouve entr'autres endroits à Andreasberg et près de Nagybanga en Transylvanie.

*Antimoine rouge*, antimoine oxidé rouge; d'un rouge sombre tirant sur le mordoré, en aiguilles luisantes plus ou moins fines et divergentes, en masses granuleuses d'un rouge pâle: se trouve pres de Freyberg en Hongrie, etc.

*Antimoine blanc nacré*, antimoine oxidé. Haüy, Traité de minéralogie, tome IV, page 273, fragile, fusible, décrépitant sur les charbons ardens, évaporable en fumée, en lames rectangulaires, en aiguilles divergentes. Se trouve à Allemont, à Przibram en Bohême, à Brannsdorf en Saxe, à Malaczka en Transylvanie. Celui d'Allemont en Dauphiné, analysé par M. Vauquelin, n'a pas laissé apercevoir la plus légère trace d'acide muriatique.

## TELLURE.

Muller de Reichenstein reconnut le premier la métalléité propre au tellure. Klaproth confirma la découverte, et il est constant à présent que le tellure est un métal *sui-generis*, quoiqu'on ne l'ait point encore trouvé pur et à l'état de métal natif, et que l'or, le fer, l'argent et quelquefois même le plomb et le soufre se le soient associés.

Klaproth a fait un beau travail sur les différentes mines où on le trouve avec ces différens métaux, qu'on ne doit considérer que comme accidentellement unis au tellure; et c'est ce célèbre chimiste qui l'a découvert dans l'or de Nagyag.

La couleur de ce métal est blanc d'étain, se rapprochant un peu du gris de plomb. Son éclat métallique est brillant; il est aigre et fragile, et entre aisément en fusion: sa structure est lamelleuse.

Tellure blanc de Falzeburg en Transylvanie.

Tellure, 25,5; Fer, 72; Or, 2,5.

Il tache légèrement le papier en le frottant dessus.

Tellure d'Offenbanya en Transylvanie.

Tellure, 60; Or, 30; Argent, 10.

Ici le fer manque, ce qui prouve que son association n'est qu'accidentelle; il en est de même de l'argent qui n'est pas dans la première et qui se trouve dans cette seconde mine.

Tellure de Nagyag.

Tellure, 33; Plomb, 50; Or, 8,5; Argent et Cuivre, 1; Soufre 7,5.

Ici l'association varie et est plus nombreuse, ce qui démontre de plus en plus qu'elle n'est simplement qu'accessoire et nullement combinée avec le tellure.

## ARSENIC.

L'arsénic est le plus volatil de tous les métaux et a des propriétés particulières qui le distinguent. Lorsqu'il est pur, il a ses caractères p opres à une substance métallique; mais uni à une portion d'oxigène, l'oxide qui en résulte est blanc, caustique et dissoluble dans l'eau: il est rapproché en quelque sorte en cet état d'un sel. Une dose plus forte d'oxigène le convertit en acide concret.

*Arsénic natif;* on le trouve souvent en couches concentriques, convexes d'un côté, concaves de l'autre, en rognons, en mamelons ou de forme indéterminée. Sa cassure présente de petites écailles un peu satinées; mais sa couleur, qui est ordinairement gris de plomb clair, prend bientôt à l'air une teinte jaunâtre, ensuite brune et enfin noire. On le trouve à Andreasberg au

Hartz, à Freyberg en Saxe, en Bohême, en Hongrie, en Sibérie, etc.

*Orpiment jaune.* Arsénic sulfuré, jaune. Haüy, Traité de minéralogie, tome IV, page 234; couleur jaune de citron, un peu verdâtre, feuilleté, tendre et flexible, ayant un aspect un peu talcqueux, odeur d'ail et de soufre sur les charbons ardens.

On le trouve en Transylvanie, en Hongrie.

*Orpiment rouge.* Arsénic sulfuré rouge, Haüy, tome IV, page 228; rubine d'arsenic; réalgar natif; soufre rouge des volcans. On le trouve cristallisé, mamelonné et amorphe. La Solfatare près de Naples, le volcan éteint de L'Ile-de-France le Vésuve et surtout la Guadeloupe, en fournissent beaucoup : on en trouve aussi dans diverses mines de Hongrie, en Transylvanie et ailleurs.

*Arsénic blanc*, arsenic oxidé, Haüy, tome IV, page 225. Il est soluble dans l'eau, volatil au feu, avec odeur d'ail, quelquefois en aiguilles, d'autrefois pulvérulent. L'arsénic blanc ou oxidé natif, n'est pas commun. On en rencontre cependant dans quelques mines arsénicales, telles que celles de cobalt, d'étain, etc.

*Pharmacolithe*, arséniate de chaux des chimistes; chaux arséniatée, Haüy, tome II, p. 293. Je ne la place point ici comme espèce ainsi que l'a fait Blumenbach, mais comme offrant une combinaison de l'acide de l'arsenic avec la chaux, et servant à constater les rôles divers que joue l'arsénic dans la nature. La pharmacolithe est d'un blanc de lait, quelquefois en cristaux soyeux, colorés en rose par le cobalt sur la superficie. Elle se trouve à la surface d'un granit dans la mine de Witechen, près Wolfach, dans le duche de Bade.

*Pyrite arsénicale.* Je ne la rappelle ici que parce qu'elle contient de l'arsénic, et je renvoie à ce que j'en ai dit en parlant des mines de fer.

## COBALT.

Ce métal si remarquable par la belle couleur bleue très-fixe qu'il donne au verre, lorsqu'il a été grillé et converti en une poudre d'un gris tirant sur le noir, a encore la propriété de former une encre sympathique qui développe la plus belle couleur verte à l'approche d'un feu modéré, lorsqu'on dissout dans l'eau régale le résultat de la calcination de ce métal.

Lorsque le cobalt est pur, sa couleur est d'un blanc métallique rapproché de celui de l'étain; son grain est fin et serré, mais cassant et facile à se réduire en poudre. Il agit sur les deux poles de l'aiguille aimantée, et peut acquérir lui-même des poles, suivant les experiences de M. Haüy. Mais cette faculté lui est-elle propre ou l'emprunte-telle d'une petite portion de fer qui lui est attaché, et que l'art n'est pas encore venu à bout de séparer, cela paraît encore un peu problématique, ainsi que dans le nickel : le temps et l'expérience pourront un jour nous éclairer à ce sujet d'une manière plus positive.

*Cobalt arsénical.* Haüy, tome IV, page 200. Contient une certaine quantité de fer et d'arsénic, il est cristallisé, mamelonné, amorphe et d'une couleur blanc d'argent sur les cristaux, mais un peu nuancé de rougeâtre sur les morceaux informes.

*Cobalt gris.* Haüy, tome IV, page 204. Blanc métallique nuancé de gris, tissu très-lamelleux; contient beaucoup d'arsénic, un peu de soufre et un peu de fer; on le trouve quelquefois cristallisé, le plus souvent amorphe.

On trouve les mines de cobalt des deux espèces ci-dessus, à Tunaberg en Suède, en Norwége, en Styrie, en Saxe.

*Cobalt oxidé noir.* Haüy, tome IV, page 204. On trouve le cobalt oxidé noir dans le Tyrol, en Thuringe, dans le Wirtemberg, en Saxe, etc.

*Cobalt rouge-violet;* cobalt arséniaté. Haüy, tome IV, page 216.

Il est cristallisé en aiguilles divergentes, qui partent d'un centre commun et recouvrent leur gangue en manière de rosettes étoilées d'autant plus brillantes que ces aiguilles sont souvent translucides.

Le cobalt rouge est aussi opaque et en efflorescence.

On en trouve de beaux échantillons près de Schneeberg, dans les montagnes de la Saxe, ainsi qu'à Riegelzdorf, dans le pays de Hesse.

*Cobalt argentifère.* Le cobalt combiné avec l'arsénic se présente quelquefois sous forme terreuse, et tient alors un peu d'argent mêlé avec de l'ocre martiale, ce qui forme des couleurs variées de rouge, de verdâtre, de brun, de jaunâtre, etc. On en trouve de cette espèce à Schemniz en Hongrie, et à la mine d'argent des Chalanches, près d'Allemont en Dauphiné.

## SCHEELIN.

M. Werner a substitué au nom de tungsteine, celui de scheelin, comme un hommage rendu à Scheel.

Les frères d'Elluyar, chimistes et minéralogistes espagnols, établirent l'existence de ce métal en le réduisant. MM. *Vauquelin* et *Hecht* ayant retiré et examiné avec beaucoup de soin la matière jaunâtre qu'on obtient du tungsteine, et qu'on regardait comme l'acide tungstique, ont donné de bonnes raisons pour faire présumer que ce prétendu acide n'est que l'oxide du nouveau métal uni à la chaux dans le tungsteine, et au fer dans le *volfram.*

MM. Vauquelin et Hecht, en travaillant sur le

*volfram*, avec toutes les ressources de l'art, n'ont pu amener le métal renfermé dans cette substance qu'à une masse spongieuse, parsemée de très-petits grains brillans, d'un blanc grisâtre, durs et cassans, sans pouvoir en former un bouton métallique propre à être pesé : j'ai assisté à cette expérience.

*Scheelin ferruginé.* Haüy, Traité de minéralogie, tome IV, page 314, le wolfram de quelques minéralogistes; brun noirâtre un peu métallique: la lime l'attaque facilement, il est très-pesant; sa poussière est d'un brun un peu violâtre, cassure transversale raboteuse; n'a aucune action sur le barreau aimanté, quelquefois cristallisé, mais souvent lamelleux et comme strié; amorphe.

On le trouve en France, dans le département de la Haute-Vienne, à la montagne du Puy-les-Mines, du côté de Saint-Léonard, à Altemberg en Misnie, à Zinwalde en Bohême, à Wertunfors en Westmanie. Il accompagne aussi les mines d'étain de Saxe, et celles de Cornouaille; il contient souvent un peu de manganèse.

*Analyse du scheelin ferruginé par MM. Vauquelin et Hecht.*

Acide Scheelique, 67; oxide de fer, 18; oxide de manganèse, 6,25; silice, 1,50; perte, 7,25.

*Scheelin calcaire.* Haüy, Traité de Minéralogie; couleur blanche, quelquefois d'un blanc-jaunâtre, d'autrefois brunâtre, transparent, éclat gras, cristallisé, informe; il contient l'acide scheelique et la chaux. On le trouve particulièrement près de Schl ckenwald, à Altemberg et à Marienberg en Saxe, à Schonfeld et à Zumwalde en Bohême, etc.

## MANGANÈSE.

Le manganèse est un métal utile dans plusieurs arts. Celui de la verrerie ne peut s'en passer pour enlever au verre toute espèce de principe colorant qui nuirait à sa limpidité et à sa transparence; c'est avec le manganèse que l'on obtient l'acide muriatique sur-oxigéné; enfin le manganèse fournit à la physique et à la chimie, le gaz oxigène.

M. Haüy ne fait que deux espèces du manganèse, le manganèse oxidé et le manganèse phosphaté, et je crois qu'il a raison, jusqu'à ce qu'à l'exemple de Picot Lapeyrouse, quelques minéralogistes nous fassent connaître du manganèse natif. Car celui que ce savant naturaliste a observé dans les mines de fer de la vallée de Vicdessos dans le comté de Foix, est en trop petite quantité et n'a pas été soumis à une analyse rigoureuse; mais nous n'en avons pas moins d'obligation à Lapeyrouse de nous avoir fait connaître dans un très - bon mémoire inséré dans le Journal de physique, 1780, p. 67, de nombreuses variétés de manganèse oxidé.

*Manganèse oxidé*, gris, brun, noir, violet, rose, d'un blanc argentin.

Les mines de manganèse oxidé, sont en général assez nombreuses; il y en a en France, à la Romanèche près de *Mâcon*, a Saint-Jean de Cardonenque dans les Cévennes, une dans le Vivarais, où le manganèse se présente sous forme métalloïde et cristallisée, sous forme pulvérulente noire et en masses spongieuses d'un noir un peu ferrugineux qui imite des scories. Cette dernière variété est disposée en filons. Le Piémont a aussi du manganèse, ainsi que la Saxe; la Hongrie, l'Angleterre, etc.

*Manganèse phosphaté*, brun, rougeâtre, luisant, soluble dans l'acide nitrique dans un temps plus ou moins long, assez facile à briser par le choc du marteau, cassure lamelleuse et brillante

Cette nouvelle espèce de manganèse a été trouvée par M. Alluau de Limoges.

## MOLYBDÈNE.

La couleur du molybdène est le gris de plomb, semblable à celui de la plombagine avec laquelle le molybdène a de si grands rapports extérieurs, que si la chimie n'était pas venue les séparer, ils eussent resté encore longtemps réunis, quoique de natures bien différentes. Mais la minéralogie a obligation à Scheel et à Hielm, disciple de Bergmann, d'avoir établi cette distinction importante. Le premier reconnut que le molybdène était composé de soufre et d'un acide concret dans l'etat ou la nature nous l'a présenté jusqu'à présent. Il ne put parvenir cependant à faire passer à l'aide du charbon et de l'huile cet acide à l'état métallique, mais Hielm y réussit parfaitement. Il n'obtint le molybdène qu'en petits grains détachés, et les chimistes actuels qui ont répété la même expérience ont eu les mêmes résultats sans pouvoir réduire le métal en bouton.

Les grains de molybdène dans l'état de pureté ont la couleur d'un gris métallique. Le feu le plus violent ne fait que les agglutiner.

Puisqu'on n'a point trouvé le molybdène sous forme native dans la nature, on ne peut en former jusqu'à présent qu'une seule espèce minéralogique, relativement à son état de combinaison avec le soufre, et c'est d'après cela que Blumenbach, dans son Manuel d'histoire naturelle, l'a désigné sous la dénomination simple de *galène de molybdène*, en n'en formant qu'une espèce unique, tom. II, pag. 390.

Le molybdène uni au soufre est quelquefois cristallisé. Voyez ce que M. Haüy a dit de ses formes déterminables, Traité de minéralogie, tom. IV, pag. 292. Mais le plus souvent il n'a aucune forme déterminée, il est disposé seulement en très-petites lames flexibles, onctueuses et tachant le papier en gris métallique, et la porcelaine ou la faience en traits verdâtres.

On le trouve à Altenberg dans les montagnes de la Saxe, près de Kolywan en Sibérie, dans quelques pierres ollaires du Groenland; M. Lelièvre en recueillit des échantillons dans la mine de Château-Lambert; M. Cordier, sur l'aiguille de Talefie dans la chaîne du Montblanc, ayant pour gangue un granit: on le trouve souvent aussi attaché au quartz, mais le molybdène n'est jamais en filon, et simplement en morceaux isolés.

### URANE.

Klaproth, à qui la chimie et la minéralogie ont de si grandes obligations, fit en 1787 la découverte de l'urane, qu'il reconnut malgré le voile très-obscur qui le déguisait dans la prétendue blende noire, dite *pech-blende*, blende de poix, et malgré la livrée bien différente que l'urane portait dans le minéral lamelleux vert brillant, que les minéralogistes considéraient à cette epoque, tantôt comme du cuivre corné, tantôt comme un oxide de bismuth micacé.

M. Haüy n'a établi que deux especes dans le genre urane. Sa première est relative au *Pech-blende*, ou urane brun noirâtre, qu'il appelle *urane oxidulé*. La seconde, à l'urane translucide coloré en vert et en jaune qu'il nomme *urane oxidé*.

L'urane est très-difficile à réduire, et on ne l'obtient qu'en très-petits globules fragiles, d'un gris foncé, avec un éclat métallique mat.

*Urane oxidulé*, Haüy, tom. IV, pag. 280, brun

noirâtre, d'un aspect légèrement métallique sur certains points, structure un peu feuilletée et même ondulée, assez difficile à entamer avec une pointe d'acier; sans forme déterminée, se trouve a Joachimsthal en Bohême et à Johann-Georgenstadt en Saxe.

*Urane oxidé*, Haüy, tom. IV. Uranite ochre, Kirwan, tom. II, pag. 303.

Couleur jaune de citron, prenant une nuance de vert lorsqu'on l'humecte. Il y en a aussi qui est naturellement vert.

On trouve de l'urane oxidé à Eibenstock en Saxe sur un granit friable, composé de feld-spath couleur de chair désagrégé, de quartz et d'un peu de mica. M. Champeaux, ingénieur des mines, en découvrit il y a quelques annees, de beaux échantillons d'un jaune de citron dont les lames rectangulaires et quelquefois disposées en éventail, étaient groupées sur une gangue d'un granit très-friable, absolument semblable a celui sur lequel on trouve l'urane d'Eibenstock, ce qui est digne de remarque. On trouve aussi de l'urane à Saska en Hongrie et Johann-Georgenstadt, en Saxe.

## TITANE.

M. Klaproth a constaté l'existance du métal connu sous le nom de titane, que M. Grégor avait soupconnée en 1791 dans la substance minérale granuliforme de *menacan* en Cornouaille, et qu se trouve aussi dans ce que les minéralogistes ap pelaient *schorl rouge*. Voy. Romé de Lille, tom. II, p 521. *Schorl cristallisé*, opaque, rouge. *Voyez* de Born, tom. I, pag 168.

M. Vauquelin a de son côté fait d'excellentes recherches sur le titane; mais il n'a jamais pu parvenir a réduire son oxide à l'état véritablement métallique. Malgré celà toutes les autres circonstances concourent généralement à le faire placer dans la classe des métaux, et particulièrement sur la ligne de ceux qui ont une telle affinité pour l'oxigène qu'il est très-difficile de les en dépouiller

*Titane oxidé rouge*, brun. *Titanite* de Blumenbach, Manuel d'histoire naturelle, tom. II, p. 335; très-dur, cristallisé en aiguilles quelquefois cylindriques; réticulé, amorphe, opaque en général, brun et quelquefois d'un rouge aurore; infusible sans additions.

On le trouve en Hongrie dans la partie des *monts Crapacks*, ayant pour gangue un quartz micacé; au Saint-Gothard, c'est le *sagenite* de Saussure; en France, dans le canton de Saint-Yriex, département de la Haute-Vienne; dans la Caroline du sud, où M. de Beauvois l'a reconnu. La variété reticulée se trouve dans la vallée de Rauris, de Saltzbourg.

*Titane noir* (nigrin, karsten, minéral tabell, page 56); titane oxidé ferrifère, Haüy, tom. IV, pag. 305. Ménacanite, Blumenbach, Manuel d'his toire naturelle, tom. II, pag. 335.

Noir, quelquefois noirâtre, ſaisant mouvoir le barreau aimanté. M. Grégor donne le nom de ménacanite, tiré de la vallée de Menacan en Cornouaille, a la variété en grains qui ressemble, quant à la forme, à du sable de rivière, ou plutôt à de la poudre à canon. Le nigrin des allemands est un titane semblable au ménacanite, mais en grains plus gros, qu'on trouve à Olahpian en Transylvanie.

Le titane noir se trouve aussi en masses solides à Spessart, près d'Aschaffenbourg, a Gumoen en Norwége, où le titane est fortement adhérent à un quartz jaunâtre.

*Titane calcareo-quartzeux;* Titanit Klaproth, Mémoire pour servir a la connaissance des mines, tom. I, pag. 245. Titanit Emmerling, tom. III, pag. 379; Titanit calcaréo-siliceous ore, Kirwan; tom. II, p. 331; Tit. siliceo-calcaire, Haüy, t. IV, pag. 307; Brun, quelquefois blanchâtre, translucide vers les bords, quelquefois opaque, cristallisé : *voyez* sur les formes géométriques, M. Haüy, tom. IV, pag. 309; d'une consistance fragile, cependant un peu difficile à réduire en poudre; infusible au chalumeau.

On le trouve en Bavière près de Passaw, dans une roche très-riche en feld-spath, à Arendal en Norwége, où il se présente en très-beaux cristaux bruns, dans du feld-spath en roche rougeâtre : l'on y en voit aussi de blanchâtres sur des cristaux d'épidote.

Voici la liste des lieux principaux où l'on trouve le titane.

A L'ETAT D'OXIDE. (Ruthile de Werner).

1.° Les monts Crapacks du côté de Zepsel, de Nensohl, en *cristaux aciculaires;*

2.° A Cajuclo, non loin de Buytrugo (nouvelle Castille), dans une montagne de gneiss, dans du quartz micacé en rognons avec des tourmalines;

3.° Au Saint Gothard, en aiguilles entrelacées, dans le gneiss, le mica et le quartz, ainsi que dans le feld-spath;

4.° A Saint-Yriex (Haute-Vienne), en cristaux isolés en général, mais quelquefois adhérens a de petits fragmens de quartz transparent micacé: le gisement de cette espece de titane n'est pas commun;

5.° Sur la montagne de Saint-Christophe et sur celle de l'Armeulière dans Loisan (Isere) en réseaux, et plus souvent en cristaux octaedres (connus autrefois sous le nom d'*anatase* et d'*oisanite*);

6.° Trouvé par MM. Héricart et Jurine, près de Genève, dans un bloc roulé d'amphibole traversé par du quartz; le titane y était en cristaux rouges;

7.° A Rauris (pays de Salzbourg), dans les cavités et les interstices de cristaux prismatiques de mica;

8.° Près du hameau de Leschaux, à la montée de

Saint-Jean de Belleville, en remontant le torrent de Doron qui se jette dans l'Isère ( Alpes Dauphinoises), non loin de Moutiers. C'est-la que M. Héricart de Thury, ingénieur des mines, a découvert du titane en aiguilles réticulées d'un brillant métallique éclatant, d'un jaune doré plus ou moins vif et en état puvérulent, ayant pour gangue un fer spatique, accompagné de grandes lames de fer oligistes. Journal des mines, ventôse en 12, n.° 90.

A L'ETAT CALCARÉO-QUARTZEUX (Nigrine Werner).

1.° En Bavière, à Passaw dans une roche de feld-spath jaunâtre;

2.° En Norwége, à Arrendal, avec le feld-spath et l'épidote;

3.° En Franconie, à Aschaffenbourg, en cristaux dans un granit;

4.° En Egypte, dans plusieurs granits; reconnu par Cordier, ingénieur des mines, qui avait accompagné Dolomieu.

5.° En France, aux mines d'argent des Chalanches, dans les roches amphiboliques de l'éboulement de la vallée de la Romanche (Isère); entre Moutiers et Conflans dans un granit un peu alteré, entre le Chemin et l'Isère. Près de Nantes dans une roche amphibolique et dans beaucoup d'autres lieux.

## CHROME.

C'est une heureuse découverte en chimie et en minéralogie que celle qui nous a appris que la belle couleur de l'émeraude du Pérou, et celle de la diallage verte tiennent leur principe colorant de l'oxide d'un métal jusqu'alors inconnu, et que la couleur rouge orangé du plomb de Sibérie, et le rouge plus éclatant encore, mais nuancé d'un peu de jaune du spinelle, appartenaient à l'acide du même métal. C'est à MM. Vauquelin et Klaproth, que l'on a l'obligation de cette importante découverte. Comme il fallait donner un nom à ce nouveau métal, on l'a tiré de ses propriétés colorantes, ce qui valait mieux que de le puiser dans les résultats abstraits des formes géométriques que l'on ne peut obtenir dans plusieurs cas, que par des calculs qui ne sont pas à la portée de tout le monde. Ici le mot chrôme ( corps colorant ) est excellent, parcequ'il est dérivé d'une propriété qui frappe non-seulement les sens, mais qui tient à celle du minéral, aussi l'a t-on adopté sans peine, tant en France que chez l'étranger; et il faut remercier bien sincèrement M. Haüy, qui en est l'auteur, d'avoir fait un aussi bon choix.

MM. Vauquelin et Macquart analysèrent, en 1778, le plomb rouge de Sibérie que ce dernier avait apporté de Russie. La matière verte qu'ils obtinrent dans un des produits de leurs travaux chimiques fixa leur attention, et sa couleur sembla leur désigner *une substance métallique particuliere unie au plomb rouge*. Voyez page 186, de l'Essai de Minéralogie de Macquart. Les choses en restèrent-la cependant jusqu'en 1791, époque ou M. Vauquelin reprenant ce travail, y reconnut enfin, d'une manière positive, l'existence du nouveau métal. De son côté M. Klaproth faisait à peu près dans le même temps, un travail qui lui donna des résultats semblables.

M. Vauquelin réduisit le nouveau métal; et ce qu'il en obtint était d'un gris de plomb et avait l'éclat métallique. Son tissu aigre et cassant était formé de petits grains fins et serrés, entrecoupés de très-petites aiguilles qui occupaient des vides; à l'extérieur, le morceau était recouvert de semblables aiguilles cristallines disposées en barbes de plumes. Le chalumeau n'attaque point ce résultat, mais convertis la partie qu'on soumet à son action en une sorte d'efflorescence qui tire sur la couleur verte : tel est le chrôme.

Si la dose d'oxigene propre à oxider le chrôme en vert augmente, la couleur verte commence à passer au rouge; j'en ai vu de beaux exemples dans la collection de Patrin, où l'on voit des cristaux de plomb de Sibérie, moitié verts et moitié rouges.

C'est sans doute un beau travail de l'art que celui qui nous a mis à portée de découvrir le principe colorant qui teint en vert l'émeraude et en rouge écarlate le spinelle; et ici la chimie a fait en quelques sortes des prodiges, en allant arracher ce secret à la nature.

Je dois observer en même temps que le chrôme n'ayant été trouvé que dans un état de combinaison, et non dans un état métallique, le minéralogiste est obligé de le recevoir des mains de l'art pour le distribuer dans ses classifications méthodiques, et le présenter isolé, et pour ainsi dire d'une manière abstraite, parce que les combinaisons dans lesquelles il entre, appartiennent à des métaux ou à des minéraux dont les places sont déjà déterminées.

## TANTALE.

Lorsque ce nouveau métal est mélangé de fer ou de manganèse, il est appelé *tantalite.*

Lorsqu'il est mélangé d'ytria, il est nommé *ytrotantalite.*

Il fut trouvé dans la paroisse de Kimito en Finlande, dans une montagne de quartz blanc mêlé de mica et traversé par des filons de feld-spath laminaire rouge, qui forme la gangue de ce minéral; en cristaux, qui ressemblent au grenat ou à l'étain oxidé; surface lisse, chatoyante et noirâtre. Cassure compacte, brillant métallique, poussière d'un gris-noir foncé, tirant sur le brun; dur, faisant feu avec le briquet, point attirable; pesanteur spécifique 7,953; insoluble dansles acides.

FIN DE LA PREMIÈRE PARTIE.

# EXPLICATION DES PLANCHES

Les cinq planches en couleurs, placées à la fin de ce volume, ont été faites pour suppléer, par de bonnes figures, à ce que laissent toujours à désirer les descriptions les plus soignées et les plus exactes, de certains minéraux encore peu connus, particulièrement dans le genre des roches.

Comment se former, par exemple, à l'aide du seul discours, une idée juste du *porphyre orbiculaire* découvert en Corse, si ceux à qui l'on parle n'ont rien vu d'analogue à quoi l'on puisse le comparer ?

Il en est ainsi du *granit globuleux*, trouvé dans la même île, qui n'est encore répandu que dans un petit nombre de cabinets en France et à peine connu chez les étrangers en raison de sa rareté; mais il faut en convenir, la chose présentait de grandes difficultés. Les minéraux ayant été jusqu'à présent l'écueil de la peinture, et les tentatives faites jusqu'à ce jour n'ayant pas suffisamment répondu au désir qu'on avait de bien faire et aux peines qu'on a prises pour y parvenir.

Il est juste de dire que depuis quelque temps le goût de l'instruction plus généralement répandu en France, les moyens de l'acquérir plus multipliés à Paris qu'ailleurs, ont rejailli sur les artistes, et il s'est formé d'excellens dessinateurs et de bons graveurs en histoire naturelle depuis que ceux-ci joignent à l'intelligence de leur art la connaissance des objets dont ils s'occupent.

Ce sont ces circonstances qui m'ont enhardi à faire exécuter en couleur les cinq planches ci-jointes, pour lesquelles rien n'a été épargné, d'après des dessins faits sous mes yeux par MM. Oudinot, Cloquet, Angelo-Modona et graves avec beaucoup de soin par MM. Lambert, Mondet et madame Jourdan.

PLANCHE XVIII (1). Granit rose d'Egypte, dit granit rose antique, représenté d'après un morceau rapporté des carrières de Sienné, par M. Rozières, et gravé par M. Lambert.

PLANCHE XIX. Granit de la même espèce, adhérent au granit à petits grains, tiré des mêmes carrières, ce qui prouve que leur système de formation date de la meme époque, et que dans aucun cas on ne doit en faire deux espèces, mais une simple variété; gravé par M. Lambert.

PLANCHE XX. Granit orbiculaire de Corse; du bloc qui fut trouvé isolé et en masse arrondies, sur la petite plaine du *Taravo*, dans l'arrondissement de Sartenne; dessiné par M. Oudinot, et gravé par madame Jourdan

PLANCHE XX *bis*. Porphyre orbiculaire de Corse. Cette belle roche, dont le système de formation est analogue à celui du granit ci-dessus, en diffère par la nature de la pierre, par sa couleur, par la disposition et la grandeur des globules; a été dessinée par Angelo-Modona, habile peintre Bolonnais, actuellement à Paris.

PLANCHE XXI. Une des plus belles variétés de porphyre, tant par la finesse de la pâte, le ton de couleur, que par la forme des cristaux; du cabinet de M. Dedrée: dessinée par M. Cloquet, gravée par M. Mondet.

*Nota*. La table est à la fin de la seconde partie.

Ces cinq planches ont été imprimées en couleurs par M. Langlois, un des meilleurs imprimeurs en taille-douce.

---

(1) Les dix-sept planches qui précèdent, se trouvent dans tome I.er de ces Essais de Géologie.

Lambert, Sculp.

Granit-rose d'Egypte.

Lambert, Sculp.

Granit-rose d'Egypte adhérant au Gneiss.

Granit Orbiculaire de Corse.

Pl. XX.bis

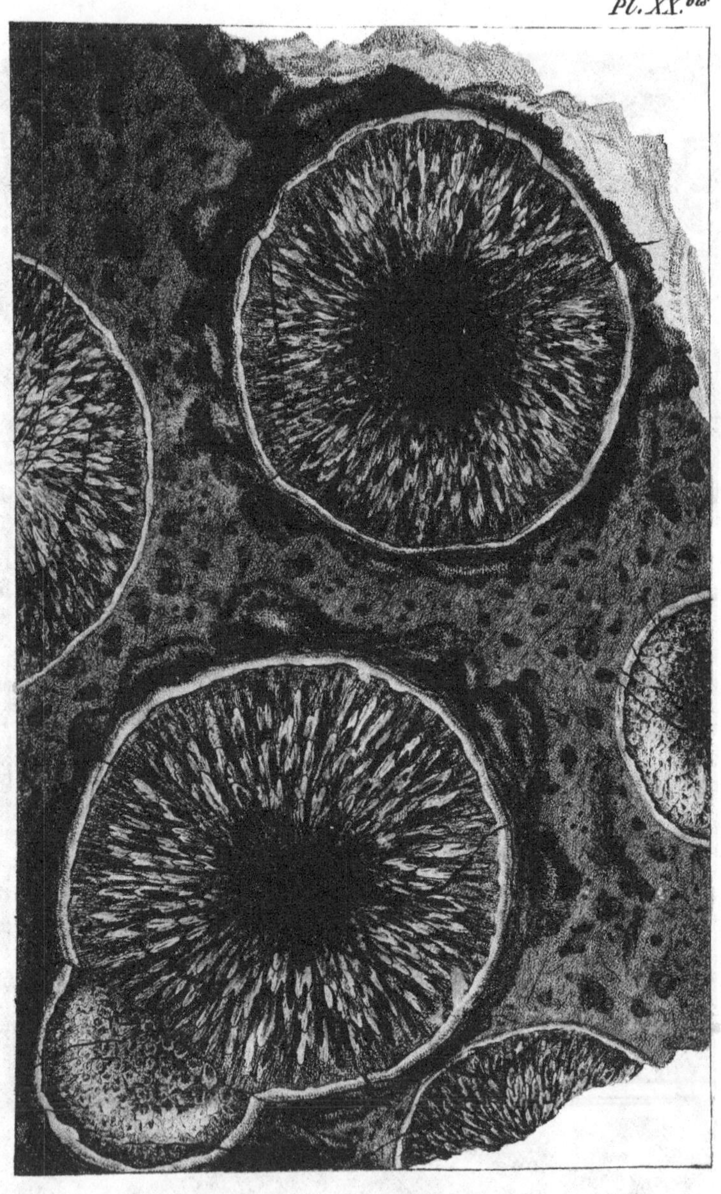

*Porphyre orbiculaire de Corse.*

Planche XXI.

Cloquet del. Glairon Mondet Sculp.

Porphyre

Printed in the United States
By Bookmasters